U0299235

全解深度学习

九大核心算法

于浩文 ◎ 编著

跟我一起学 人工智能

清华大学出版社

北京

内 容 简 介

本书专注于介绍基于深度学习的算法。从探索深度学习的数学基础和理论架构，到九大经典的深度学习算法，旨在为读者提供一个从基础到高级的全方位指导。截至 2024 年，书中介绍的 9 个算法几乎涵盖了整个深度学习领域的经典和前沿算法。

本书在第 1 章和第 2 章介绍深度学习的基础：数学基础与神经网络算法。从第 3 章开始，逐步引领读者进入深度学习的核心领域，即一些基于神经网络的变体算法：卷积神经网络、循环神经网络、编码器-解码器模型，以及目前火热的变形金刚算法、生成对抗网络和扩散模型。这些章节不仅讲解了各个模型的基础理论和关键技术，还详细介绍这些模型在自然语言处理、计算机视觉等领域的应用案例。本书的后半部分聚焦于图神经网络和强化学习这些前沿算法，深入浅出地讲解了它们的基础知识、算法变体及经典模型等高级话题。这些内容为读者理解和应用深度学习技术提供了坚实的理论基础。

本书适合对深度学习领域感兴趣的本科生、研究生及相关行业的从业者阅读。

图书在版编目（CIP）数据

全解深度学习：九大核心算法 / 于浩文编著. -- 北京：清华大学出版社，2025. 1.
（跟我一起学人工智能）. -- ISBN 978-7-302-67910-3

Ⅰ. TP181

中国国家版本馆 CIP 数据核字第 2025MS4446 号

责任编辑：赵佳霓
封面设计：吴　刚
责任校对：时翠兰
责任印制：刘海龙

出版发行：清华大学出版社
　　　　网　　　址：https://www.tup.com.cn，https://www.wqxuetang.com
　　　　地　　　址：北京清华大学学研大厦 A 座　　　　邮　　编：100084
　　　　社 总 机：010-83470000　　　　　　　　　　　邮　　购：010-62786544
　　　　投稿与读者服务：010-62776969，c-service@tup.tsinghua.edu.cn
　　　　质量反馈：010-62772015，zhiliang@tup.tsinghua.edu.cn
　　　　课件下载：https://www.tup.com.cn，010-83470236
印　装　者：涿州汇美亿浓印刷有限公司
经　　销：全国新华书店
开　　本：186mm×240mm　　印　张：18.75　　　　字　　数：422 千字
版　　次：2025 年 3 月第 1 版　　　　　　　　　　印　　次：2025 年 3 月第 1 次印刷
印　　数：1～1500
定　　价：79.00 元

产品编号：104347-01

前 言
PREFACE

在人工智能的辉煌舞台上,深度学习扮演着主角的角色,不仅令科学家兴奋不已,也让普通人对未来充满了无限遐想,但当我们站在技术巨人的肩膀上凝视未来时,往往会被它庞大的身躯和错综复杂的内部机制所困惑。这是一个充满了挑战和机遇的新世界,每个渴望探索的心都希望能在这片土地上留下自己的足迹。

《全解深度学习——九大核心算法》是为那些勇敢的探索者而写的。我们的旅程从深度学习的基础数学原理出发,像是在茫茫大海中设置的灯塔,为航行者指引方向,然后一起深入探讨神经网络的奥秘,揭开卷积、循环及其他复杂模型背后的面纱,让这些知识不再遥不可及。

本书没有避开深度学习之旅的崎岖和曲折。相反,我们正视每个挑战,无论是数学原理的推导,还是模型优化的策略都一一解析,并尽可能地以通俗、类比的表述方式进行解释说明。更重要的是,本书还特别介绍了当前深度学习领域的热点问题和前沿技术,如变形金刚算法、生成对抗网络和扩散模型等,旨在引导读者理解并掌握这些复杂但极具潜力的新技术,试图捕捉深度学习发展的每次脉动。

这不仅是一本书,它更像是一艘航船,载着对知识渴望的你我,穿越深度学习技术的海洋,探索知识的边界。随着深度学习技术的不断演进,我们的旅程永远不会结束。每天都有新的发现和新的挑战等待着我们。希望《全解深度学习——九大核心算法》能成为你的指南针,无论你在这个领域是初学者还是有志于更深入研究的学者都能在这个旅程中找到属于自己的位置,与这个时代一起成长,开创属于自己的未来。

本书主要内容

第 1 章:深度学习的数学基础,包括微积分、线性代数、概率论和统计学,为读者后续的学习奠定坚实的基础。

第 2 章:介绍神经网络的理论基础,包括线性模型、损失函数、梯度下降算法等,为理解更复杂的深度学习模型打下基础。

第 3 章:聚焦于卷积神经网络(CNN),从其计算方法到特征提取过程,详细介绍 CNN 在图像识别中的关键作用和应用实例。

第 4 章:深入讲解循环神经网络(RNN)及其变体模型,如 LSTM 和 GRU,展示了它们在处理序列数据,特别是语言模型和文本预处理方面的应用。

第 5 章：探讨编码器-解码器模型，包括其在自然语言处理和计算机视觉领域的核心应用，如 Seq2Seq、VAE 模型等。

第 6 章：详述变形金刚算法的基础知识和应用，特别是在自然语言处理、计算机视觉领域的 Transformer 模型，如 BERT 和 Vision Transformer，以及它们如何改变了传统模型的使用和效果。

第 7 章：深入分析生成对抗网络（GAN）及其改进模型，探讨 GAN 在图像生成、模式崩溃问题及其解决方法等方面的应用。

第 8 章：详细介绍扩散模型，特别是 Denoising Diffusion Probabilistic Models（DDPM）的原理和应用，展示了这一类模型在生成任务中的潜力。

第 9 章：探讨图神经网络的基础和模型，包括 GCN、GraphSAGE、Graph Attention Network 等，以及它们在数据分析和处理中的应用。

第 10 章：讲述强化学习的基本概念、基于价值和基于策略的深度强化学习方法，以及演员-评论家模型，展示了强化学习在决策过程中的应用。

本书通过这 10 章的内容，为读者提供一个深度学习领域从入门到进阶的全面指南，旨在帮助读者理解深度学习的核心理论、掌握主要技术，并应用于实践中。扫描目录上方的二维码可下载配套资源。

于浩文

2024 年 10 月

目 录
CONTENTS

配套资源

第 1 章

深度学习数学基础

1.1 高等数学之微积分

微积分分为微分学和积分学,两者互为逆运算。微分运算常常称为导数运算。

1.1.1 重识微分

微分(Differential)和导数(Derivative)都与函数的变化率有关,它们是两个相关但不完全相同的概念。首先一起深入了解这两者的定义和区别。

1. 导数

导数描述了一个函数在某一点上的切线斜率。如果有一个函数 $y = f(x)$,则其在点 x 处的导数通常表示为 $f'(x)$ 或 $\dfrac{dy}{dx}$。导数的定义是函数在该点的平均变化率的极限,公式如下:

$$f'(x) = \lim_{\Delta x \to 0} \frac{f(x + \Delta x) - f(x)}{\Delta x} \tag{1-1}$$

2. 微分

微分描述了函数值的微小变化与自变量的微小变化之间的关系。对于函数 $y = f(x)$,它的微分表示为 dy 和 dx,其中 dy 是函数值的微小变化,而 dx 是自变量的微小变化。微分的定义基于导数,可以表示为

$$dy = f'(x) \cdot dx \tag{1-2}$$

所以,导数和微分都与函数的变化率有关,但它们的重点略有不同。导数关注的是函数在某点的切线斜率,而微分关注的是函数值的微小变化与自变量的微小变化之间的关系。简言之,导数是一个比率或斜率的概念,而微分描述了当自变量发生微小变化时,因变量如何变化。

下面笔者分别从几何、物理和代数角度解释导数的含义。

导数的几何解释是:该函数曲线在这一点上的切线斜率。

导数的物理解释是:导数的物理意义随不同物理量的不同而不同,但都是该量的变化

得快慢的函数,即变化率。

导数的代数解释是:更精细的除法运算。

前两个解释的角度相信读者已经很熟悉了,那么怎么理解导数的代数是更精细的除法运算这一说法呢?

举一个物理例子:距离 $s=25\text{m}$,时间 $t=5\text{s}$,求平均速度 v。

这个问题很好回答,正常的除法即可轻松处理($v=s/t$),但是如果速度不是匀速的,而且希望求得第 5s 时的瞬时速度,则该怎么办?

$$v = \frac{\mathrm{d}s}{\mathrm{d}t}\bigg|_{t=5} = \lim_{\Delta t \to 0} \frac{s(5+\Delta t) - s(5)}{\Delta t} \tag{1-3}$$

如式(1-3)的解法,Δt 是一个很多的时段,用 $(5+\Delta t)$ 时刻走过的路程 $s(5+\Delta t)$ 减去第 5 秒时走过的路程 $s(5)$,再除以时段 Δt,解得的就是第 5 秒时的瞬时速度。当 Δt 无穷小时,就是导数的概念了,即 $\lim\limits_{\Delta t \to 0} \frac{s(5+\Delta t) - s(5)}{\Delta t}$。

可以看出来导数是即时的变化率,放在路程和时间这个物理场景下,瞬时速度就是路程的即时变化率,其求解的方法就是一个简单的除法,本质上还是除法运算。

1.1.2　微分的解读

回忆一下微分的数学表达式:

$$\frac{\mathrm{d}y}{\mathrm{d}x} = f'(x) = \lim_{h \to 0} \frac{f(x+h) - f(x)}{h} \tag{1-4}$$

导数含义的解读:

(1)导数揭示了函数 $f(x)$ 在某点的切线斜率。

(2)导数揭示了函数 $f(x)$ 在某点的变动规律。

在这里笔者更推崇第 2 种解读方法,其实可以把 $\mathrm{d}x$ 乘到等号右边,这样会更形象,即

$$\frac{\mathrm{d}y}{\mathrm{d}x} = f'(x)$$
$$\mathrm{d}y = f'(x)\mathrm{d}x \tag{1-5}$$

举个例子来解读什么叫函数 $f(x)$ 在某点的变动规律。假设 $f(x)=x^2$,求 $x=5$ 处的导数。

$$\frac{\mathrm{d}y}{\mathrm{d}x} = 2x = 10 \quad \mathrm{d}y = 10\mathrm{d}x \tag{1-6}$$

即,变量 x 变动一点点,将引起函数 $f(x)$ 值相对于变量 x 十倍的变化,这点很重要。

可以根据这个解读来推导一下微分的乘法法则和幂法则。举一个例子,假设函数 $h(x) = f(x) \cdot g(x)$,先回忆一下微分的乘法法则

$$h'(x) = \frac{\mathrm{d}h}{\mathrm{d}x} = \frac{\mathrm{d}f}{\mathrm{d}x}g(x) + f(x)\frac{\mathrm{d}g}{\mathrm{d}x} = f'g + fg' \tag{1-7}$$

　　下面来推导一下乘法法则是怎么来的。首先,把函数 $h(x) = f(x) \cdot g(x)$ 放在求解矩形面积这个例子中,即 $h(x)$ 是矩形面积、$f(x)$ 是宽、$g(x)$ 是高,此时当变量 x 变动一点点时,根据微分的解读,其意义是矩形面积的变动率,如图 1-1 所示。其中,$\mathrm{d}h$ 为面积的变动,即图 1-1 中深色的部分:$\mathrm{d}h = \mathrm{d}f \cdot g(x) + f(x) \cdot \mathrm{d}g + \mathrm{d}f \cdot \mathrm{d}g$,由于 $\mathrm{d}f \cdot \mathrm{d}g$ 是二阶无穷小,约等于 0,所以可以约掉;再在等号左右两边分别除去 $\mathrm{d}x$ 就得到了微分的乘法法则 $\dfrac{\mathrm{d}h}{\mathrm{d}x} = \dfrac{\mathrm{d}f}{\mathrm{d}x} g(x) + f(x) \dfrac{\mathrm{d}g}{\mathrm{d}x}$。此时,$\mathrm{d}h$ 为面积的变动,而 $\dfrac{\mathrm{d}h}{\mathrm{d}x}$ 为面积的变动率。

　　下面来推导一下这个导数的幂法则是怎么来的,先来回忆一下幂法则

$$\frac{\mathrm{d}(x^n)}{\mathrm{d}x} = n x^{n-1} \tag{1-8}$$

　　还用刚刚的例子,如果此时 $f(x)$ 和 $g(x)$ 都等于 x,则 $h(x) = x^2$,$\mathrm{d}h = \mathrm{d}x^2$,如图 1-2 所示。

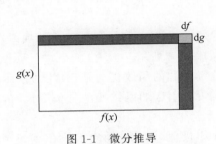

图 1-1　微分推导　　　　　　　　图 1-2　导数幂法则推导

此时正方形面积的变动根据公式推导如下:

$$\mathrm{d}h = x \cdot \mathrm{d}x + x \cdot \mathrm{d}x + \mathrm{d}x \cdot \mathrm{d}x = 2x\,\mathrm{d}x \tag{1-9}$$

因为 $\mathrm{d}h = \mathrm{d}x^2$,代入整理得到 $\dfrac{\mathrm{d}x^2}{\mathrm{d}x} = 2x$。

　　这个推导结果与直接使用幂法则 $\mathrm{d}h = \mathrm{d}x^2 = 2x$ 求得的结果是一致的。同样的方法推广到三维空间,乘法法则和幂法则的推导也是适用的,如图 1-3 所示。

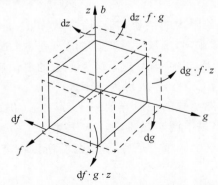

图 1-3　高维空间的导数乘法法则和幂法则推导

此时的体积计算公式为 $y = f(x) \cdot g(x) \cdot z(x)$，体积的变动为

$$\mathrm{d}y = \mathrm{d}f \cdot g \cdot z + \mathrm{d}g \cdot f \cdot z + \mathrm{d}z \cdot f \cdot g \qquad (1\text{-}10)$$

如果此时 $f(x)$、$g(x)$ 和 $z(x)$ 都等于 x，则体积的变动 $\mathrm{d}y$ 为

$$\mathrm{d}y = \mathrm{d}x \cdot x^2 + \mathrm{d}x \cdot x^2 + \mathrm{d}x \cdot x^2$$
$$= 3x^2 \mathrm{d}x \qquad (1\text{-}11)$$

体积的变动率为

$$\frac{\mathrm{d}y}{\mathrm{d}x} = 3x^2 \qquad (1\text{-}12)$$

可以想象，继续推广到高维空间也是适用的，这里就不方便进行可视化了。

1.1.3　微分与函数的单调性和凹凸性

直接写出定义：$f(x)$ 在 (a,b) 内可导，如果 $f'(x) > 0$，则函数在 (a,b) 内单调递增；如果 $f'(x) < 0$，则函数在 (a,b) 内单调递减。

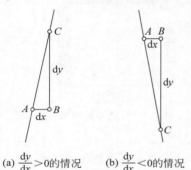

(a) $\dfrac{\mathrm{d}y}{\mathrm{d}x} > 0$的情况　　(b) $\dfrac{\mathrm{d}y}{\mathrm{d}x} < 0$的情况

图 1-4　函数的单调性

用微分的定义（微分解释了函数变动的规律）也容易解释单调性，如图 1-4 所示。

当 x 的变动引起的函数变动是正增长时，函数单调递增。当 x 的变动引起的函数变动是负增长时，函数单调递减。

接下来介绍极值，如果函数 $f(x)$ 在点 $x = c$ 处可导，并且其导数等于 0：当在 c 的左邻域 $f'(x) > 0$，右邻域 $f'(x) < 0$ 时，$f(c)$ 为 $f(x)$ 的极大值；当在 c 的左邻域 $f'(x) < 0$，右邻域 $f'(x) > 0$ 时，$f(c)$ 为 $f(x)$ 的极小值，如图 1-5 所示。

最后，理解一下函数的凹凸性，这与函数的二阶导数相关。如果函数 $f(x)$ 在 (a,b) 内连续且二阶可导，当在 (a,b) 内 $f''(x) > 0$，则函数为凹函数；当在 (a,b) 内 $f''(x) < 0$，则函数为凸函数，如图 1-6 所示。

考查 $f(x) = x^3$ 在第一象限内的性质，其一阶导数 $f'(x) = 3x^2$ 始终大于 0（当 $x > 0$ 时），这明确地指出了在第一象限内，函数是单调递增的。进一步观察其二阶导数 $f''(x) = 6x$，它在第一象限也始终大于 0（当 $x > 0$ 时），这意味着函数的单调递增速度在这个区域内是持续加快的，因此在第一象限，$f(x) = x^3$ 表现为凸函数。

相对地，在第三象限，虽然函数的一阶导数 $f'(x) = 3x^2$ 仍然大于 0，但由于 x 在这个象限是负数，所以函数实际上是单调递减的，其二阶导数 $f''(x) = 6x$ 在第三象限为负，这意味着函数的单调递减速度在这个区域内是持续减缓的，所以在第三象限，$f(x) = x^3$ 表现为凹函数。

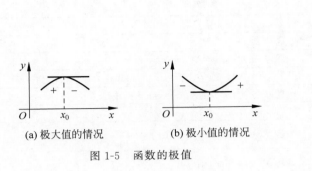

y
+
−
O
x_0
x
(a) 极大值的情况
y
−
+
O
x_0
x
(b) 极小值的情况

图 1-5　函数的极值

4
2
O
−2
−4

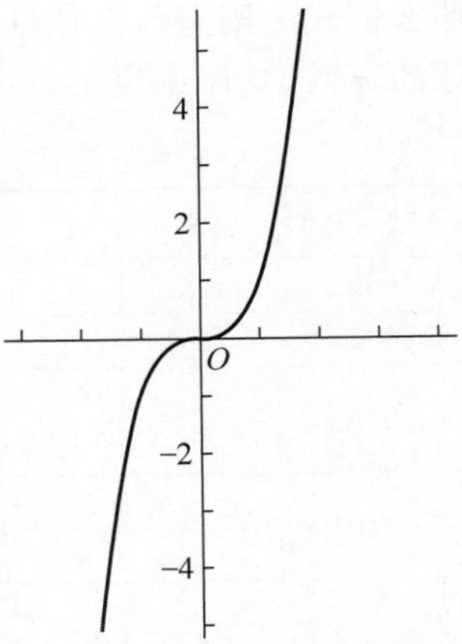

图 1-6　函数 x 的 3 次方

1.1.4　微分的链式法则

在机器学习中，尤其是在深度学习和神经网络中，链式法则用于计算复合函数的导数，这在反向传播算法中尤为关键。具体来讲，当训练一个深度神经网络时，需要计算损失函数相对于每个权重的梯度。由于神经网络的每层都是复合的，所以链式法则能够从输出层逐步回到输入层，计算这些梯度。

先来看一下微分链式法则的数学公式：

$$y=f(g(x))$$

$$\frac{\mathrm{d}y}{\mathrm{d}x}=\frac{\mathrm{d}f}{\mathrm{d}x}=\frac{\mathrm{d}f}{\mathrm{d}g}\cdot\frac{\mathrm{d}g}{\mathrm{d}x}=f'(g(x))\cdot g'(x) \tag{1-13}$$

理解起来很简单，就像剥洋葱一样，一层一层地剥开。链式法则一般用于复合函数的求导，先对外层函数求导，再乘上内层函数的导数。之前一直强调导数是函数的变动规律，那么链式法则就是变动的传导法则。

【例 1-1】

$$y=\sin(x^2)$$
$$h=x^2$$
$$y=\sin(h) \tag{1-14}$$

对 y 求导的步骤如下：

$$\frac{\mathrm{d}y}{\mathrm{d}h}=\cos h\quad \mathrm{d}y=\cos h\,\mathrm{d}h$$
$$\mathrm{d}h=\mathrm{d}x^2=2x\,\mathrm{d}x$$
$$\mathrm{d}y=\cos x^2\cdot 2x\,\mathrm{d}x\Rightarrow\frac{\mathrm{d}y}{\mathrm{d}x}=\cos x^2\cdot 2x \tag{1-15}$$

解释一下，x 的变动会引起 h 的变动，进而引起 y 的变动。链式法则就是变动的传导法则。

那么链式法则有什么用处呢？常见的作用有两个，第 1 个作用是帮助推导一些常见初等函数的导数，具体见表 1-1。

表 1-1 常见初等函数的导数

函 数 类 型	导 数 推 导
常函数	若 $f(x)=c$，则 $f'(x)=0$
幂函数	若 $f(x)=x^n$，则 $f'(x)=n \cdot x^{n-1}$
三角函数	若 $f(x)=\sin x$，则 $f'(x)=\cos x$
	若 $f(x)=\cos x$，则 $f'(x)=-\sin x$
指数函数	若 $f(x)=a^x$，则 $f'(x)=a^x \cdot \ln a$
	若 $f(x)=\mathrm{e}^x$，则 $f'(x)=\mathrm{e}^x$
对数函数	若 $f(x)=\log_a x$，则 $f'(x)=\dfrac{1}{x\ln a}$
	若 $f(x)=\ln x$，则 $f'(x)=\dfrac{1}{x}$

第 2 个作用是可以对隐函数进行求导。先来解释什么叫隐函数：形如 $F(x,y)=0$ 的函数叫隐函数，将自变量和因变量放在同一个式子中，隐藏了二者之间的函数关系，因此称为隐函数。

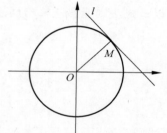

图 1-7 求圆在 $(4,3)$ 处的导数

那么什么叫显函数呢？对应隐函数概念，显函数可以理解为自变量和因变量的函数关系明显的函数，形如 $y=f(x)$。

对比来看是不是很清晰。最后，将隐函数变形成显函数的过程称为隐函数的显示化。圆的方程就是典型的隐函数，已知圆的方程为 $x^2+y^2=25$，点 M 的坐标为 $(4,3)$，如图 1-7 所示。

求 M 点的切线，则 $y=\pm\sqrt{25-x^2}$，因为 $y>0$，所以 $y=\sqrt{25-x^2}$。将圆的方程转化到 $y=\sqrt{25-x^2}$ 的形式即称为隐函数的显示化，然后针对这个函数求导，再代入 $x=4,y=3$ 求出结果即可。

实际上，可以不进行隐函数的显示化，使用链式法则来直接求导，过程如下。

$$y=y(x)$$
$$x^2+y^2=25 \Rightarrow x^2+(y(x))^2=25$$
$$2x+2y(x)\frac{\mathrm{d}y}{\mathrm{d}x}=0$$
$$\frac{\mathrm{d}y}{\mathrm{d}x}=-\frac{x}{y} \tag{1-16}$$

最后代入 $x=4,y=3$ 求出结果即可。

1.1.5 偏微分与全微分

在机器学习中，许多函数都是多变量的。需要知道每个输入变量的变化如何影响输出。

偏微分正是用于这个目的的。例如,在线性回归中可能要最小化多变量函数(损失函数,详见 2.12 节)。偏微分指明每个权重的变化如何影响总体误差。

偏微分适用于自变量有两个及两个以上的函数,本质上是一种降维后的运算。

【例 1-2】 求解 $f(x,y)=-x^2-y^2+5$ 在 $(2,3)$ 处,关于 x 的偏导,求法是先将 $y=3$ 代入函数后进行关于 x 的求导,再将 $x=2$ 代入求得最后的结果,如下所示。

$$\frac{\partial f}{\partial x}\bigg|_{(x_0,y_0)}=\frac{\mathrm{d}}{\mathrm{d}x}f(x,y_0)\bigg|_{x=x_0}$$

$$\frac{\partial f}{\partial x}\bigg|_{(2,3)}=\frac{\mathrm{d}}{\mathrm{d}x}(-x^2-9+5)=-2x\big|_{x=2}=-4 \tag{1-17}$$

函数 $f(x,y)$ 由于有两个自变量,所以其函数存在于三维空间,如图 1-8 所示。

求解关于 x 的偏微分时,固定住 y,相当于图中的矩形平面,然后关于 x 进行求导,本质上是一种降维后的求导运算。

至于全微分,则是偏微分的求和,公式如下。

$$\mathrm{d}z=\frac{\partial f}{\partial x}\mathrm{d}x+\frac{\partial f}{\partial y}\mathrm{d}y \tag{1-18}$$

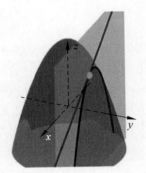

图 1-8 $f(x,y)$ 关于 x 的偏微分

其含义可类比于微分的含义,即自变量 (x,y) 的微小变动引起的函数变动 $\mathrm{d}z$ 等于 x 微小变动引起的变化 $\frac{\partial f}{\partial x}$ 加上 y 微小变动引起的变化 $\frac{\partial f}{\partial y}$。

1.1.6 梯度与方向导数

梯度是机器学习中的核心概念,尤其是在优化中,梯度提供了一个方向,指明如何调整参数以最小化损失函数。在梯度下降算法中,使用梯度的负方向来更新模型的权重,以逐步减少误差。

梯度是一个向量,它的各个分量是多变量函数的各个偏微分。对于函数 $f(x,y)$,其梯度 ∇f 在点 (x,y) 处定义为

$$\nabla f(x,y)=\left(\frac{\partial f}{\partial x},\frac{\partial f}{\partial y}\right) \tag{1-19}$$

如果函数是三维空间中的一个标量场,例如 $f(x,y,z)$,则其梯度如下:

$$\nabla f(x,y,z)=\left(\frac{\partial f}{\partial x},\frac{\partial f}{\partial y},\frac{\partial f}{\partial z}\right) \tag{1-20}$$

梯度的方向是函数增长最快的方向,其大小(或长度)表示该方向上的变化率。

在介绍偏微分时,可以求 x 或 y 方向上的导数。那么,可不可以求任意方向上的微分呢? 这就是方向导数,方向导数考虑的是函数在某一指定方向上的导数。这个方向由一个单位向量 $\boldsymbol{u}$ 给出。对于函数 $f(x,y)$,在方向 $\boldsymbol{u}$ 上的方向导数定义为

$$D_{\vec{u}} f(x,y) = \langle \frac{\partial f}{\partial x}, \frac{\partial f}{\partial y} \rangle \cdot \boldsymbol{u} \tag{1-21}$$

其中,$\boldsymbol{u} = \langle \cos\theta, \sin\theta \rangle$是方向向量,$\langle \frac{\partial f}{\partial x}, \frac{\partial f}{\partial y} \rangle$是函数 f 在点(x,y)处的梯度。实际上,方向导数意味着即时变化量,梯度意味着函数增长最快的方向,方向向量意味着当前选择的求导方向。接下来逐一解释这些概念。

方向导数意味着即时变化量:方向导数描述了多变量函数在给定方向上的变化率。读者可以将其视为在一个特定方向上,当从一个点移动一个微小的距离时,函数值的"即时"变化。例如在地形图中,方向导数可以指出,如果朝某个特定方向走,则地形的斜率或高度变化是多少。

梯度意味着函数增长最快的方向:梯度是一个向量,它的方向指向函数增长最快的方向,而其大小表示该方向上的变化率。继续使用地形图的例子:梯度会指向应该走的方向,以便最快地上山。它的长度(或大小)表示这个方向上的斜率或坡度有多陡峭。

方向向量意味着当前选择的求导方向:方向向量是一个单位向量,它定义了想要计算方向导数的方向。在地形图上,这就像决定朝哪个方向走,以确定那个方向上的斜率。这个方向不一定是最陡峭的方向(由梯度给出),但它是选择的方向。

综上所述,当考虑一个多变量函数的方向导数时,实际上是在思考:"如果朝这个特定方向(由方向向量给出)移动,则函数值会怎么变化?"梯度就提供了一个参考,指明的是哪个方向上函数的变化最大。

1.1.7　泰勒公式与麦克劳林公式

泰勒公式允许用多项式来近似复杂的函数,这在算法中有时用于简化计算。例如,在高斯过程回归和一些其他贝叶斯方法中,泰勒展开用于线性化关于后验的计算。

泰勒公式的本质是用简单的多项式来近似拟合复杂的函数。

先回忆一下微分:

$$\frac{f(x_0 + \Delta x) - f(x_0)}{\Delta x} \approx f'(x_0) \tag{1-22}$$

若 $f'(x_0)$存在,则在 x_0 附近有 $f(x_0 + \Delta x) - f(x_0) \approx f'(x_0)\Delta x$,令 $\Delta x = x - x_0$,将 Δx 代入公式(1-22)整理得到:

$$f(x) \approx f(x_0) + f'(x_0)(x - x_0) \tag{1-23}$$

这就是泰勒公式思想的起源,即函数 $f(x)$ 可能是一个很复杂的函数,甚至复杂到写不出函数公式,但可以用该函数中某点 P 的函数值 $f(x_0)$和导数 $f'(x_0)$进行近似,进一步解释一下,首先希望近似函数能通过给定的点,例如点 P 的函数值 $f(x_0)$,然后为了确保近似函数的形状与原函数相似,希望它们在点 P 的斜率是一样的,这就是求一阶导数的原因。

但是,仅仅知道在点 P 的斜率可能不足以描述整个函数的形状。为了更好地模拟函数的形状,可能需要考虑函数的弯曲程度,也就是凹凸性。这就是为什么要考虑二阶导数,然后为了捕捉更多的细节,可能还需要三阶、四阶甚至更高阶的导数,导数阶数越多对函数的约束能力越强,越能拟合出一个确定的函数,所以泰勒公式可以写成:

$$P_n(x)=f(x_0)+f'(x_0)(x-x_0)+\frac{f''(x_0)}{2!}(x-x_0)^2+\cdots+\frac{f^{(n)}(x_0)}{n!}(x-x_0)^n$$

$$(1-24)$$

刚刚介绍了导数阶数,下面想想$(x-x_0)^n$,$n=1,2,3,\cdots$这个多项式有什么用?

【例1-3】　分别求$f(x)=e^x$在点$x=0$处的各阶多项式,如图1-9所示。

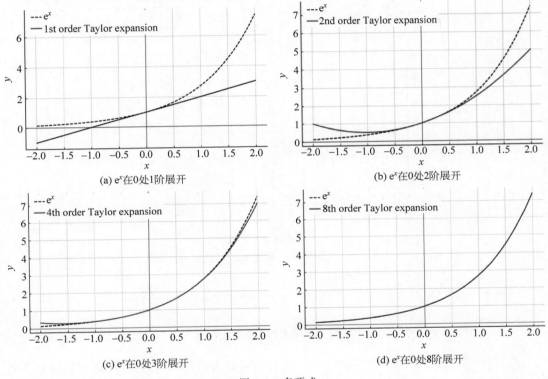

图1-9　多项式

想象用一条曲线来近似描述一座山的形状(复杂函数)。如果只使用直线(线性函数),则可能只能大致描述山的一个斜坡,但如果使用了一条曲线(例如二次函数或更高次的函数),就可以更准确地描述山的轮廓。也就是说低阶项(如线性或二次项)通常在函数的起始部分起主导作用,而高阶项(如三次、四次或更高的项)在函数的远端起主导作用。这就是为什么泰勒公式中有多项式的原因。

最后解释一下阶乘$n!$的作用,如图1-10(a)和图1-10(b)所示,分别表示x^2和x^9。当x取值较大时,x^2完全被x^9压制,x^9+x^2几乎只有x^9的特性,因此由于高阶的幂函数增长太快,所以需要除阶乘来减缓增速。

至于麦克劳林公式则是泰勒公式的简单版,即$f(x_0)=f(0)$时的泰勒公式:

(a) x^2 函数曲线

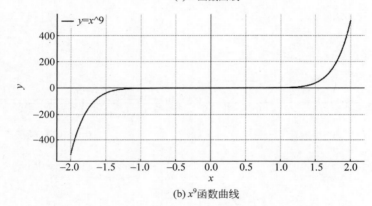

(b) x^9 函数曲线

图 1-10　阶乘作用

$$f(x) = f(0) + f'(0)x + \frac{f''(0)}{2!}x^2 + \cdots + \frac{f^{(n)}(0)}{n!}x^n + \frac{f^{(n+1)}(\theta x)}{(n+1)!}x^{n+1} \quad (0 < \theta < 1)$$

$$\approx f(0) + f'(0)x + \frac{f''(0)}{2!}x^2 + \cdots + \frac{f^{(n)}(0)}{n!}x^n \tag{1-25}$$

最后,再提一下泰勒公式的本质:当一个复杂函数太复杂不可求时,可以用该函数某点的值和该点的多阶导数进行拟合。

1.1.8　拉格朗日乘子法

拉格朗日乘子法是一种优雅的方法,用于解决在约束条件下寻找函数的极值点的问题。例如,著名的机器学习算法支持向量机(SVM)就使用拉格朗日乘子法来最大化两个类别之间的边界,同时满足某些约束。

进一步更详细地讨论这种方法的步骤和原理。

考虑一个要最大化或最小化的目标函数 $f(\boldsymbol{x})$,其中 $\boldsymbol{x}$ 是一个向量。同时,有一个约束 $g(\boldsymbol{x}) = 0$。

当约束满足时,目标函数的梯度 ∇f 和约束的梯度 ∇g 必须是平行的。这是因为在任何

其他方向上, f 都可以在不违反约束的情况下进一步增加或减少。这意味着存在一个常数 λ, 使

$$\nabla f = \lambda \nabla g \tag{1-26}$$

其中, λ 即为拉格朗日乘子。

步骤:

(1) 构建拉格朗日函数: 将目标函数和约束结合成一个新的函数。

$$L(\boldsymbol{x}, \lambda) = f(\boldsymbol{x}) + \lambda g(\boldsymbol{x}) \tag{1-27}$$

(2) 计算偏导数: 对于每个变量 x_i 和拉格朗日乘子 λ, 求出拉格朗日函数的偏导数。

$$\frac{\partial L}{\partial x_i} = 0 \quad \text{和} \quad \frac{\partial L}{\partial \lambda} = 0 \tag{1-28}$$

(3) 解方程组: 式(1-28)的方程组给出了 $n+1$ 个方程(其中 n 是变量的数量), 解此方程组可以得到 $\boldsymbol{x}$ 和 λ 的值。

(4) 检验解: 确定每个解是最大值、最小值还是鞍点。

拉格朗日乘子法的核心思想是: 在约束表面上, 函数 f 只有在其梯度与约束的梯度平行时才能达到极值。这是因为, 如果 f 的梯度不是约束的梯度的倍数, 则总有一种方法可以沿着约束表面稍微移动以改善 f 的值。

1.1.9　重识积分

积分的几何解释是: 该函数曲线下的面积。

积分的物理解释是: 积分的物理意义随不同物理量的不同而不同, 例如对力在时间上积分就是某段时间内力的冲量; 如果是对力在空间上的积分就是某段位移里力做的功。

积分的代数解释是: 更精细的乘法运算。

这里如何理解积分是更精细的乘法运算? 还是放到路程、速度、时间这个物理系统中举例: 假设现在速度 $v = 5\text{m/s}$、时间 $t = 10\text{s}$, 路程 s 怎么求? 很简单正常的乘法即可处理($s = vt$), 但是有个前提, 即速度是恒定的。那么如果是变速的呢? 这就是积分的内容了。

假设现在的速度 $v = 2t$, 求当 $t = 10\text{s}$ 时行驶过的路程? 积分的思想是将时间段尽可能地切分成小段, 以每一小段起始时刻的瞬时速度作为这一小段时间内的平均速度, 最后把这些小段时间内各自行驶的路程加起来就是 10s 内行驶的总路程, 具体解法如下:

1s 时, 小汽车的速度 $v_1 = 2t = 2 \cdot 1 = 2(\text{m/s})$; 2s 时, 小汽车的速度 $v_2 = 2t = 2 \cdot 2 = 4(\text{m/s})$; 3s 时, 小汽车的速度 $v_3 = 2t = 2 \cdot 3 = 6(\text{m/s})$; 依次算下去, 10s 时, 小汽车的速度 $v_{10} = 2t = 2 \cdot 10 = 20(\text{m/s})$。再用乘法运算计算出每一小段时间($t = 1\text{s}$)的距离, 即

$$s_1 = v_1 t = 2\text{m/s} \cdot 1\text{s} = 2\text{m}$$

$$s_2 = v_2 t = 4\text{m/s} \cdot 1\text{s} = 4\text{m}$$

$$\vdots$$

$$s_{10} = v_{10} t = 20\text{m/s} \cdot 1\text{s} = 20\text{m} \tag{1-29}$$

再将这些距离加起来，引入一个求和符号 $s = \sum\limits_{i=1}^{10} s_i$，即

$$
\begin{aligned}
s &= \sum_{i=1}^{10} s_i \\
&= s_1 + s_2 + s_3 + \cdots + s_{10} \\
&= 2 + 4 + 6 + \cdots + 20 \\
&= \frac{10(2 + 20)}{2} \\
&= 110
\end{aligned}
\tag{1-30}
$$

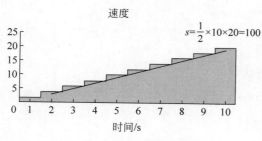

图 1-11 积分近似求解路程

式（1-30）中将 10s 以一秒为间隔切分成 10 个小段时间，最后求得的路程是 110m，可视化图片如图 1-11 所示。可以想象，当时间间隔足够小时，这个速度函数图像近似三角形，此时这个三角形的面积的大小等于 100，刚刚近似求得的 110m 离这个正确答案已经非常接近了。

所以积分的本质就是更精细的乘法，最后求和就可以得到输出结果了。一个简单的归类方式，这里可以把整除的加减乘除归为初等数学，把微积分这种精细的乘除运算归为高等数学。

1.1.10 不定积分和反导数

不定积分在机器学习中主要用于计算函数的原函数，尤其是在概率密度函数和累积分布函数之间的转换中。例如，在概率论和统计中，累积分布函数（CDF）是概率密度函数（PDF）的不定积分。对于某些模型，如概率图模型，可能需要在 PDF 和 CDF 之间进行转换。

不定积分和反导数是一个概念的两种不同说法，其本质就是求导过程的逆过程。"求导过程的逆过程"指的是，如果先对函数进行微分得到其导数，然后进行不定积分，则将得到原始函数（可能加上一个常数）。

不定积分表示的是一个函数的原函数集合，给定一个函数 $f(x)$，其不定积分表示为 $\int f(x) \mathrm{d}x$。结果是一个函数（或函数族），而不是一个具体的数值。常常在这个结果中加入一个常数项 C，因为对结果进行微分后，任何常数都会消失。

反导数是描述导数的逆操作的另一种说法。如果函数 $F(x)$ 是函数 $f(x)$ 的反导数，则 $F'(x) = f(x)$。

其实可以从反函数的角度来理解反导数，例如指数函数和对数函数互为反函数，举个具体的例子：

已知一种病毒每分钟感染人数增加一倍,想知道 6 分钟能感染多少人,可以写成指数函数进行求解,即 $2^6 = 64$。如果现在已知感染了 64 个人,想知道需要几分钟,则写成对数函数进行求解,即 $\log_2 64 = 6$。从这个例子可以看出,所谓的"反"就是将已知条件和求解目标进行对换而已。

上面的类比其实并不严谨。反导数实际上是一个集合,它是一族函数。因为常数的求导结果为 0,所以不定积分的求解结果上还要加一个常数项 C,这个 C 可以等于任何常数,即

$$\int \mathrm{d}y = y + C \tag{1-31}$$

1.1.11　定积分与牛顿-莱布尼茨公式

牛顿-莱布尼茨公式提供了一种计算定积分的方法,即通过求取两个不定积分的差值。在机器学习中,这常常用于计算概率或期望值。例如在贝叶斯机器学习中,经常需要计算概率分布的期望值或方差。使用牛顿-莱布尼茨公式,可以通过求解不定积分来得到这些值。

牛顿-莱布尼茨公式揭示的是某函数在一个区间内的积分与该函数的反导数的关系,公式表示为

$$\int_a^b f(x)\mathrm{d}x = F(b) - F(a) \tag{1-32}$$

举个例子,已知速度 $v(t) = -\dfrac{4}{9}\left(t - \dfrac{3}{2}\right)^2 + 1$,求 $t = 0$ 到 $t = 3$ 的路程。求解方法有两种,一种是按照积分的定义,将 $0 \sim 3$ 这段时间段尽可能地细分,如图 1-12(a)所示,将求解曲线下面积的问题转化成求解这些矩阵面积之和的问题。另一种方法就是利用牛顿-莱布尼茨公式进行求解,如图 1-12(b)所示。

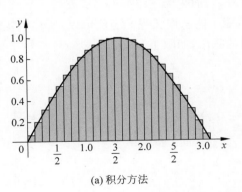

(a) 积分方法

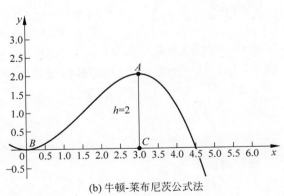

(b) 牛顿-莱布尼茨公式法

图 1-12　路程求解

对速度求不定积分:

$$\int v(t)\mathrm{d}t = -\frac{4}{27}\left(t - \frac{3}{2}\right)^3 + t + c$$

$$\int_0^3 f(x)\,\mathrm{d}x = F(3) - F(0) = -\frac{4}{27}\left(3 - \frac{3}{2}\right)^3 + 3 + c - \left(-\frac{4}{27}\left(0 - \frac{3}{2}\right)^3 + 0 + c\right) = 2$$

(1-33)

1.1.12　微积分的基本定理

微积分不仅研究一个函数更深刻的性质(更精细的乘除法),还研究不同函数之间的关系。举一个圆的例子,如果已知圆的周长,则该怎么求面积? 如图 1-13 所示。

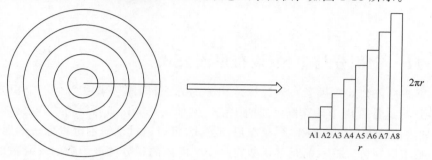

图 1-13　积分近似求解圆面积

在图 1-13 中,当知道周长求面积时就用到了积分的思想:精细的乘法后求和。具体来讲:将圆以同心圆的方式切分并展平,每个切出来的环类似于一个长方形。圆的面积就等于这些长方形面积的总和。当把这些长方形按照从低到高的顺序排列且切出来的长方形的数量无限多时,这些长方形组成的形状类似于三角形,此时面积的求解就等于三角形的面积,即圆的周长公式为 $L = 2\pi r$,圆的面积公式为 $A = \pi r^2$;化成三角形后边长分别为半径 r 和周长 $2\pi r$,则面积为 $f(x) = \pi r^2$。

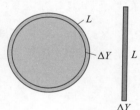

图 1-14　微分近似求解圆的周长

那么,当已知面积时,能不能求周长呢? 当然可以,这其中就用到了求导的思想:精细的除法,如图 1-14 所示。

圆环的面积为

$$\begin{aligned} S_1 &= \pi r^2 - \pi(r - \Delta r)^2 \\ &= \pi r^2 - \pi(r^2 - 2r\Delta r + \Delta r^2) \\ &= 2\pi r \Delta r - \pi \Delta r^2 \end{aligned}$$

(1-34)

矩形的面积为

$$S_2 = \Delta r \cdot L$$

(1-35)

圆环的面积约等于矩形的面积,即 $\Delta r \cdot L = 2\pi r \Delta r - \pi \Delta r^2$。约分后周长 L 等于 $2\pi r - \pi \Delta r$。利用微分的思想,当 Δr 无穷小时,周长 $L = \lim\limits_{\Delta r \to 0}(2\pi r - \pi \Delta r) = 2\pi r$。

对圆环来讲,当 Δr 无穷小时,$\dfrac{\mathrm{d}S_1}{\mathrm{d}r} = \lim\limits_{\Delta r \to 0} \dfrac{2\pi r \Delta r - \pi \Delta r^2}{\Delta r} = 2\pi r$。

总结如下。

圆的面积公式：$A=\pi r^2$ $f(x)=\pi x^2$；圆的周长公式：$L=2\pi r$ $g(x)=2\pi x$。$f(x)$ 求微分等于 $g(x)$；$g(x)$ 求积分等于 $f(x)$。根据这个例子就可以引出微积分的基本定理了。

微积分的基本定理可以分为两部分。第一部分：如果 F 是 f 在闭区间 $[a,b]$ 上的一个原函数，则 $\int_a^b f(x)\mathrm{d}x=F(b)-F(a)$，这意味着给定一个连续函数的导数，可以计算该函数在某个区间上的总变化；第二部分：如果 f 在闭区间 $[a,b]$ 上是连续的，并且 F 是 f 在 $[a,b]$ 上的一个原函数，则 $F'=f$，这意味着给定一个函数，可以找到它的导数，并可以得到函数在每点上的瞬时变化率。

考虑到圆的例子，这两部分都得到了很好的演示。当从面积函数 $A(r)=\pi r^2$ 到周长函数 $C(r)=2\pi r$ 时，实际上是在应用微积分的基本定理的第二部分；当从周长函数到面积函数进行积分时，是在应用基本定理的第一部分。

在实际应用中，微积分的基本定理提供了一种强大的工具，能够在积分和微分之间进行转换。这在物理学、工程学、经济学等领域都是非常有价值的。例如，在物理学中，速度与位移之间的关系、电流与电荷之间的关系都可以用这个基本定理来描述；在生态学或生物学中，生物种群的增长率与其总体数量之间的关系也可以用这个定理来描述。

总体来讲，微积分的基本定理提供了一个统一的框架，便于我们理解和应用微分和积分在各种不同背景下的关系。

1.2 线性代数

1.2.1 线性方程组

关于线性代数的相关知识，先从线性方程组开始讲起，线性方程组的一般形式如下。

$$\begin{cases} a_{11}x_1+a_{12}x_2+\cdots+a_{1n}x_n=b_1 \\ a_{21}x_1+a_{22}x_2+\cdots+a_{2n}x_n=b_2 \\ \qquad\qquad\vdots \\ a_{m1}x_1+a_{m2}x_2+\cdots+a_{mn}x_n=b_m \end{cases} \tag{1-36}$$

其中，a_{ij} 表示 i 行 j 列的系数；x_n 表示变量/未知数；b_m 表示常数。

举个例子，现在有方程组如下：

$$\begin{cases} x+2y=7 \\ x-y=1 \end{cases} \tag{1-37}$$

每个方程都只有两个未知数，这样的方程就是二维空间中的一条直线，而求含有两个未知数的两个方程组成的方程组的解，等价于求两条直线的交点。很容易求出以上线性方程组的解为 $x=3$，$y=2$，图形结果如图 1-15 所示。

此时，方程组存在一个唯一解。当然，两条直线并不一定交于一点，它们可能平行，也可

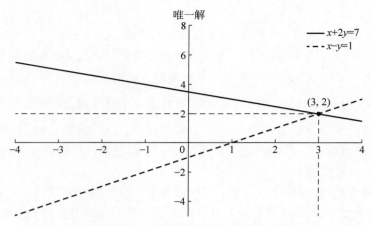

图 1-15　方程组存在一个解

能重合，重合的两条直线上的每个点都是交点。考虑下面两个方程组：

$$\begin{cases} x - 2y = -1 \\ -x + 2y = 3 \end{cases} \qquad \begin{cases} x - 2y = -1 \\ -x + 2y = 1 \end{cases} \tag{1-38}$$

其中，第 1 个方程组中的两条直线平行，没有交点，即方程组无解，如图 1-16（a）所示；第 2 个方程组中的两条直线重合，有无数交点，即方程组有无穷多解，如图 1-16（b）所示。

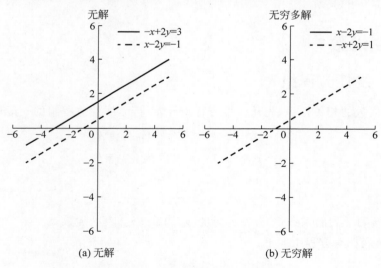

(a) 无解　　　　　　　　　　　　　　　(b) 无穷解

图 1-16　方程组存在无穷解或者无解

　　通过上面的例子，可以总结一个重要的结论：线性方程组的解只有 3 种情况：一个解、无穷解和无解。

　　现在把方程扩展到 3 个未知数的线性方程组，这样每个方程将确定三维空间中的一个平面，如图 1-17 所示。

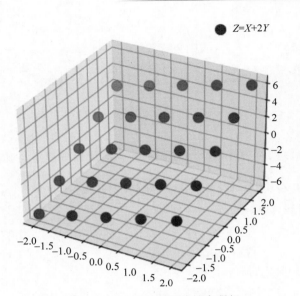

图 1-17　3 个未知数的线性方程组

现在想象一下 3 个这样的平面在三维空间中的分布会有几种情况？其实也是上述的 3 种情况：

（1）当 3 个平面相互平行时，无解。

（2）当 3 个平面相交于一条线时，无穷解。

（3）当 3 个平面相较于一点时，只有一个解。

为了更直观地理解 3 个平面交于一点的情境，可以将其比喻为桌子的一个角：桌面与两个侧面分别代表 3 个相交的平面，它们交于一点，即桌角。如果继续推广到高维空间其实也是这个结论，这里就不做演示了。

再来看线性方程组的一般公式：

$$\begin{cases} a_{11}x_1 + a_{12}x_2 + \cdots + a_{1n}x_n = b_1 \\ a_{21}x_1 + a_{22}x_2 + \cdots + a_{2n}x_n = b_2 \\ \vdots \\ a_{m1}x_1 + a_{m2}x_2 + \cdots + a_{mn}x_n = b_m \end{cases} \tag{1-39}$$

其中，a_{ij} 表示 i 行 j 列的系数；x_n 表示变量/未知数；b_m 表示常数。

可以通过矩阵系统进行简化，如图 1-18 所示。

（1）把系数从线性方程组中提取出来，写成的矩阵称为系数矩阵。

（2）把常数项从线性方程组中提取出来，写成的矩阵称为常数项矩阵。

（3）把系数矩阵和常数项矩阵左右拼接在一起，写出的矩

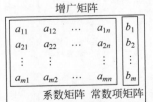

图 1-18　线性方程组的
矩阵表示

阵称为增广矩阵。

特别地，若 $b_1 = b_2 = \cdots = b_n = 0$，则方程组变为

$$
\begin{aligned}
a_{11}x_1 + a_{12}x_2 + \cdots + a_{1n}x_n &= 0 \\
a_{21}x_1 + a_{22}x_2 + \cdots + a_{2n}x_n &= 0 \\
&\vdots \\
a_{m1}x_1 + a_{m2}x_2 + \cdots + a_{mn}x_n &= 0
\end{aligned}
\tag{1-40}
$$

上面的线性方程组被称为齐次线性方程组。齐次线性方程组与其系数矩阵一一对应。

1.2.2　线性方程组的矩阵求解法

线性方程组的矩阵求解法：

$$
\begin{cases}
2x - y = 1 & \text{(a)} \\
x + 2y = 0 & \text{(b)}
\end{cases}
\rightarrow
\begin{bmatrix}
2 & -1 & 1 \\
1 & 2 & 0
\end{bmatrix}
\tag{1-41}
$$

步骤一：(a) = (a) × 2，即 $4x - 2y = 2$

$$
\begin{cases}
4x - 2y = 2 & \text{(a)} \\
x + 2y = 0 & \text{(b)}
\end{cases}
\rightarrow
\begin{bmatrix}
4 & -2 & 1 \\
1 & 2 & 0
\end{bmatrix}
\tag{1-42}
$$

步骤二：(b) = (a) + (b)，即 $5x + 0y = 2$

$$
\begin{cases}
4x - 2y = 2 & \text{(a)} \\
5x + 0y = 2 & \text{(b)}
\end{cases}
\rightarrow
\begin{bmatrix}
4 & -2 & 1 \\
5 & 0 & 2
\end{bmatrix}
\tag{1-43}
$$

最后可以解得 $x = 2/5$，再将 x 代回(a)式，解得 $y = -1/5$。

在上面的例子中，用到了行列式基本的 3 个初等行变换操作：

（1）对某个行乘以一个不为 0 的常数 k（第 1 步中用到的操作）。

（2）某个行可以被它自己或另一个的和所替换（第 2 步中用到的操作）。

（3）行与行之间可以交换顺序（例子中没用到，但是可以想象两个函数上下交换位置而不影响求解）。

下面介绍阶梯形矩阵，如果一个矩阵被称为阶梯型矩阵，需满足两个条件：

（1）如果它既有零行，又有非零行，则零行在下，非零行在上。

（2）对于所有的非零行，其第 1 个非零元素所在的列号必须从上到下递增。

换句话说，如果所给矩阵为阶梯型矩阵，则矩阵中每行的第 1 个不为 0 的元素的左边及其所在列以下全为 0，如下所示。

$$
\begin{bmatrix}
c_{11} & c_{12} & \cdots & c_{1r} & c_{1r+1} & \cdots & c_{1n} \\
0 & c_{22} & \cdots & c_{2r} & c_{2r+1} & \cdots & c_{2n} \\
\vdots & \vdots & & \vdots & \vdots & & \vdots \\
0 & 0 & \cdots & c_{rr} & c_{rr+1} & \cdots & c_m \\
0 & 0 & \cdots & 0 & 0 & \cdots & 0 \\
\vdots & \vdots & & \vdots & \vdots & & \vdots \\
0 & 0 & \cdots & 0 & 0 & \cdots & 0
\end{bmatrix}
\tag{1-44}
$$

行最简形矩阵是阶梯形矩阵的特殊例子,在阶梯形矩阵中,若非零行的第 1 个非零元素全是 1,并且非零行的第 1 个元素 1 所在列的其余元素全为 0,该矩阵就被称为行最简形矩阵。

$$\begin{bmatrix} 1 & 0 & 0 & -1 \\ 0 & 1 & 0 & -2 \\ 0 & 0 & 1 & 2 \end{bmatrix} \tag{1-45}$$

如果在行最简形矩阵中,非零行有且只有一个非零元素且为 1,则该矩阵就被称为标准形矩阵。

$$\begin{bmatrix} 1 & 0 & 0 & 0 \\ 0 & 1 & 0 & 0 \\ 0 & 0 & 1 & 0 \end{bmatrix} \tag{1-46}$$

基本概念介绍完了,那么阶梯形矩阵有什么用呢？回过头看刚刚讲解过的线性方程组的矩阵求解过程就会发现,这个求解过程实际上就是求线性方程组增广矩阵的阶梯形矩阵的过程,它有个特殊的名字,叫作高斯消元法。

考虑方程组：

$$\begin{cases} x + 2y + z = 9 & (1) \\ 2x + 4y - 3z = 1 & (2) \\ 3x + 6y + 2z = 4 & (3) \end{cases} \tag{1-47}$$

其对应的增广矩阵为

$$\left[\begin{array}{ccc:c} 1 & 2 & 1 & 9 \\ 2 & 4 & -3 & 1 \\ 3 & 6 & 2 & 4 \end{array}\right] \tag{1-48}$$

步骤一：处理第 1 列,使第 1 列只有顶部的元素为 1,其余为 0。

首先从第 2 行中减去第 1 行的两倍：

$$\left[\begin{array}{ccc:c} 1 & 2 & 1 & 9 \\ 0 & 0 & -5 & -17 \\ 3 & 6 & 2 & 4 \end{array}\right] \tag{1-49}$$

再从第 3 行减去第 1 行的 3 倍：

$$\left[\begin{array}{ccc:c} 1 & 2 & 1 & 9 \\ 0 & 0 & -5 & -17 \\ 0 & 0 & -1 & -23 \end{array}\right] \tag{1-50}$$

步骤二：处理第 2 列,由于第 2 列除第 1 个元素外的所有元素都是 0,可以直接跳过这一步并处理第 3 列。

步骤三：处理第 3 列,使第 3 列的第 2 行元素为 1,其余为 0。

为了将第 2 行第 3 列的 -5 变为 1,将第 2 行除以 -5：

$$
\begin{bmatrix} 1 & 2 & 1 & \vdots & 9 \\ 0 & 0 & 1 & \vdots & 3.4 \\ 0 & 0 & -1 & \vdots & -23 \end{bmatrix} \tag{1-51}
$$

接下来为了使第 3 行第 3 列的元素变为 0,将第 2 行加到第 3 行上:

$$
\begin{bmatrix} 1 & 2 & 1 & \vdots & 9 \\ 0 & 0 & 1 & \vdots & 3.4 \\ 0 & 0 & 0 & \vdots & -19.6 \end{bmatrix} \tag{1-52}
$$

结论:通过上述的高斯消元过程,可以得到了一个上三角形的增广矩阵。根据这个矩阵,可以通过回代法得到方程组的解,但需要注意,式(1-52)的最后一行实际上是一个恒等式,这意味着原方程组具有无数多的解。

最后,介绍几个矩阵的性质:

(1) 任一矩阵可经过有限次初等行变换化成阶梯形矩阵。

(2) 任一矩阵可经过有限次初等行变换化成行最简形矩阵。

(3) 矩阵在经过初等行变换化为最简形矩阵后,再经过初等列变换,还可以化为最简形矩阵,因此,任一矩阵可经过有限次初等变换化成标准形矩阵。

(4) 一个矩阵的行最简形矩阵是唯一确定的。

1.2.3 矩阵乘法

矩阵乘积(Matmul Product)是两个矩形相乘的操作,其结果是另一个矩阵。定义如下:

设有两个矩阵 A 和 B,令 A 是一个 $m \times n$ 的矩阵,而 B 是一个 $n \times p$ 的矩阵。那么矩阵 A 和 B 的乘积 C 是一个 $m \times p$ 的矩阵,每个元素由式(1-53)给出:

$$
C_{ij} = \sum_{k=1}^{n} A_{ik} B_{kj} \tag{1-53}
$$

其中,C_{ij} 是结果矩阵 C 的第 i 行第 j 列的元素。

设有矩阵 A 和 B 如下:

$$
A = \begin{bmatrix} 1 & 2 \\ 3 & 4 \end{bmatrix} \tag{1-54}
$$

$$
B = \begin{bmatrix} 2 & 0 \\ 1 & 3 \end{bmatrix}
$$

计算 $A \times B$ 的结果为

$$
A \times B = \begin{bmatrix} 4 & 6 \\ 10 & 12 \end{bmatrix} \tag{1-55}
$$

哈达玛积(Element-wise Product)表示两个矩阵对应元素相乘,二者维数必须相同,用 $\odot$ 表示。如

$$
\begin{bmatrix} a_{11} & a_{12} \\ a_{21} & a_{22} \end{bmatrix} \odot \begin{bmatrix} b_{11} & b_{12} \\ b_{21} & b_{22} \end{bmatrix} = \begin{bmatrix} a_{11}b_{11} & a_{12}b_{12} \\ a_{21}b_{21} & a_{22}b_{22} \end{bmatrix} \tag{1-56}
$$

克罗内克积（Kronecker Product）表示两个任意大小矩阵间的运算,矩阵 A 的每个元素逐个与矩阵 B 相乘,用 $\otimes$ 表示。如

$$\begin{bmatrix} a_{11} & a_{12} \\ a_{21} & a_{22} \end{bmatrix} \otimes \begin{bmatrix} b_{11} & b_{12} \\ b_{21} & b_{22} \end{bmatrix} = \begin{bmatrix} a_{11}b_{11} & a_{11}b_{12} & a_{12}b_{11} & a_{12}b_{12} \\ a_{11}b_{21} & a_{11}b_{22} & a_{12}b_{21} & a_{12}b_{22} \\ a_{21}b_{11} & a_{21}b_{12} & a_{22}b_{11} & a_{22}b_{12} \\ a_{21}b_{21} & a_{21}b_{22} & a_{22}b_{21} & a_{22}b_{22} \end{bmatrix} \tag{1-57}$$

1.2.4　向量的数乘

在上述讲解中,已经涉及了 3 个主要的数学系统:线性方程组、函数图形和矩阵。现在将介绍第 4 个系统:向量。线性代数的一个核心挑战是它涵盖了多个数学系统。要成功地掌握线性代数,关键的学习策略是理解这些系统之间的联系和互动。通过将知识点在不同系统中的应用相互关联,可以更深入地理解概念,实现知识的融会贯通。

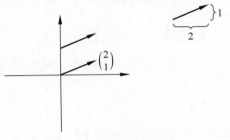

图 1-19　向量

首先看向量的通俗理解:向量是一个指令,不是一个坐标,可以存在于坐标系下的任何位置。怎么理解呢？如图 1-19 所示。

向量 $\begin{pmatrix} 2 \\ 1 \end{pmatrix}$ 可以看作向右走两个单位,向上走一个单位。它可以存在于坐标系下的任何位置。$\begin{pmatrix} 2 \\ 1 \end{pmatrix}$ 并不代表其在坐标系中的 x 轴和 y 轴坐标。

向量的数乘（scalor）指用一个标量来乘向量,改变的是向量的长短,但不改变方向。如

$$2\begin{bmatrix} 2 \\ 1 \end{bmatrix} = \begin{bmatrix} 4 \\ 2 \end{bmatrix} \tag{1-58}$$

1.2.5　向量的加法

向量的加法（Vector Addition）计算采用平行四边形法则（首尾相连）:以同一起点的两个向量为邻边作平行四边形,则以公共起点为起点的对角线所对应向量就是和向量,如图 1-20 所示。

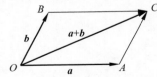

图 1-20　向量的平行
四边形法则

举个例子:

$$\begin{bmatrix} 2 \\ 1 \end{bmatrix} + \begin{bmatrix} -1 \\ 1 \end{bmatrix} = \begin{bmatrix} 1 \\ 2 \end{bmatrix} \tag{1-59}$$

按照指令翻译:向右移动两个单位→向上移动一个单位→向左移动一个单位→向上移动一个单位。

1.2.6　向量的线性组合

向量的线性组合（Linear Combination）：实际上就是向量数乘和向量加法的组合。可以用公式 $x_1 \boldsymbol{a}_1 + x_2 \boldsymbol{a}_2 + \cdots + x_n \boldsymbol{a}_n$ 表示，其中 x_n 是常数，如

$$2 \begin{bmatrix} 2 \\ 1 \end{bmatrix} - \begin{bmatrix} 1 \\ 1 \end{bmatrix} = \begin{bmatrix} 5 \\ 1 \end{bmatrix} \tag{1-60}$$

向量的线性组合与线性方程组紧密相关：当寻求向量的线性组合的解时，实际上是在解决一个对应的线性方程组，如

$$x_1 \begin{bmatrix} 2 \\ 1 \end{bmatrix} + x_2 \begin{bmatrix} -1 \\ 1 \end{bmatrix} = \begin{bmatrix} 0 \\ -2 \end{bmatrix} \xrightarrow{\text{转换为线性方程组求解}} \begin{cases} 2x_1 - x_2 = 0 \\ x_1 + x_2 = -2 \end{cases} \tag{1-61}$$

1.2.7　向量空间

向量空间指的是线性组合的集合，例如 $\boldsymbol{b}$ 的向量空间是整个二维空间：

$$\boldsymbol{b} = x_1 \begin{bmatrix} 2 \\ 1 \end{bmatrix} + x_2 \begin{bmatrix} -1 \\ 1 \end{bmatrix} \tag{1-62}$$

即在二维空间中的任何一个向量 $\boldsymbol{b}$ 都可以通过向量 $\begin{bmatrix} 2 \\ 1 \end{bmatrix}$ 和 $\begin{bmatrix} -1 \\ 1 \end{bmatrix}$ 的线性组合进行表示。向量空间的严谨定义是：对向量加法和数乘（线性组合）都封闭的非空集合，就是向量空间。

基本单位向量（Standard Basis Vector）指向量中只有一个标量为 1，其余标量均为 0。如式（1-63）为二维向量空间的基本单位向量：

$$\text{span}\left\{ \begin{bmatrix} 1 \\ 0 \end{bmatrix}, \begin{bmatrix} 0 \\ 1 \end{bmatrix} \right\} = R^2 \tag{1-63}$$

怎么确定一个向量 $\boldsymbol{b}$ 是否在 $\{\boldsymbol{a}_1, \boldsymbol{a}_2, \cdots, \boldsymbol{a}_n\}$ 的向量空间中呢？其实就是求解向量 $\boldsymbol{b}$ 是否可以在向量空间中被表示。如判断向量 $\begin{bmatrix} -1 \\ 4 \\ 11 \end{bmatrix}$ 是否存在于向量空间 $\left\{ \begin{bmatrix} 1 \\ 2 \\ -4 \end{bmatrix}, \begin{bmatrix} -3 \\ -5 \\ 13 \end{bmatrix}, \begin{bmatrix} 2 \\ -1 \\ -12 \end{bmatrix} \right\}$ 中。

可以把这个问题转换成线性方程组求解的问题，即求解一个向量是否在向量空间中，就是求向量对应的线性方程组是否有解，其转换成线性方程组的过程如下。

$$x_1 \begin{bmatrix} 1 \\ 2 \\ -4 \end{bmatrix} + x_2 \begin{bmatrix} -3 \\ -5 \\ 13 \end{bmatrix} + x_3 \begin{bmatrix} 2 \\ -1 \\ -12 \end{bmatrix} = \begin{bmatrix} -1 \\ 4 \\ 11 \end{bmatrix} \tag{1-64}$$

$$\begin{bmatrix} x_1 \\ 2x_1 \\ -4x_1 \end{bmatrix} + \begin{bmatrix} -3x_2 \\ -5x_2 \\ 13x_2 \end{bmatrix} + \begin{bmatrix} 2x_3 \\ -x_3 \\ -12x_3 \end{bmatrix} = \begin{bmatrix} -1 \\ 4 \\ 11 \end{bmatrix} \tag{1-65}$$

$$\begin{bmatrix} x_1 - 3x_2 + 2x_3 \\ 2x_1 - 5x_2 - x_3 \\ -4x_1 + 13x_2 - 12x_3 \end{bmatrix} = \begin{bmatrix} -1 \\ 4 \\ 11 \end{bmatrix} \tag{1-66}$$

$$\begin{bmatrix} 1 & -3 & 2 \\ 2 & -5 & -1 \\ -4 & 13 & -12 \end{bmatrix} \begin{bmatrix} x_1 \\ x_2 \\ x_3 \end{bmatrix} = \begin{bmatrix} -1 \\ 4 \\ 11 \end{bmatrix} \tag{1-67}$$

注意,这只是一种表达方式,并不能把 x 的值解出来,要求解还是要转换成增广矩阵再进行求解。最后可解得

$$\begin{aligned} x_1 &= 30 \\ x_2 &= 11 \Rightarrow \boldsymbol{x} = \begin{bmatrix} 30 \\ 11 \\ 1 \end{bmatrix} \\ x_3 &= 1 \end{aligned} \tag{1-68}$$

1.2.8 向量的线性相关和线性无关

如果 $x_1\boldsymbol{a}_1 + x_2\boldsymbol{a}_2 + \cdots + x_n\boldsymbol{a}_n = \boldsymbol{0}$,可以找到至少一个 x_i 不为 0,即 $x_1, x_2, \cdots, x_n$ 不全为 0,则 $\{\boldsymbol{a}_1, \boldsymbol{a}_2, \cdots, \boldsymbol{a}_n\}$ 线性相关。

如果 $x_1\boldsymbol{a}_1 + x_2\boldsymbol{a}_2 + \cdots + x_n\boldsymbol{a}_n = \boldsymbol{0}$,只在 $x_1 = x_2 = \cdots = x_n = 0$ 的情况下成立,则 $\{\boldsymbol{a}_1, \boldsymbol{a}_2, \cdots, \boldsymbol{a}_n\}$ 线性无关。

关于线性相关性存在一个定理: $n+1$ 个 n 维向量必线性相关。例如 3 个三维向量可以线性无关,如图 1-21(a)所示,但 3 个二维向量一定线性相关,如图 1-21(b)所示。

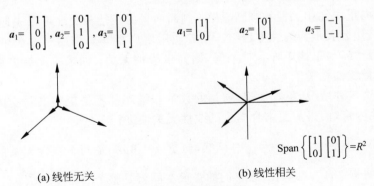

(a)线性无关   (b)线性相关

图 1-21 线性相关性

如何判断一组向量是否线性相关呢? 直接进行矩阵求解就可以了,如

$$\boldsymbol{a}_1 = \begin{bmatrix} -1 \\ 0 \\ 2 \end{bmatrix}, \boldsymbol{a}_2 = \begin{bmatrix} 3 \\ -2 \\ 2 \end{bmatrix}, \boldsymbol{a}_3 = \begin{bmatrix} 5 \\ 2 \\ -6 \end{bmatrix}$$

判断 $x_1\boldsymbol{a}_1 + x_2\boldsymbol{a}_2 + x_3\boldsymbol{a}_3 = \boldsymbol{0}$ 是否线性相关?

$$\boldsymbol{Ax} = \boldsymbol{0}$$

$$\begin{bmatrix} -1 & 3 & 5 \\ 0 & -2 & 2 \\ 2 & 2 & -6 \end{bmatrix}\begin{bmatrix} x_1 \\ x_2 \\ x_3 \end{bmatrix} = \begin{bmatrix} 0 \\ 0 \\ 0 \end{bmatrix} \rightarrow \left[\begin{array}{ccc:c} -1 & 3 & 5 & 0 \\ 0 & -2 & 2 & 0 \\ 2 & 2 & -6 & 0 \end{array}\right] \Rightarrow \left[\begin{array}{ccc:c} 1 & -3 & 5 & 0 \\ 0 & 1 & -1 & 0 \\ 0 & 0 & 1 & 0 \end{array}\right]$$

(1-69)

解得 $x_3 = 0, x_2 = 0, x_1 = 0$,根据之前线性相关性的定义,$\boldsymbol{a}_1$、$\boldsymbol{a}_2$、$\boldsymbol{a}_3$ 线性无关。如果对 $\boldsymbol{a}_3$ 的值进行修改,则相关性会有什么变化呢?

$$\boldsymbol{a}_1 = \begin{bmatrix} -1 \\ 0 \\ 2 \end{bmatrix}, \boldsymbol{a}_2 = \begin{bmatrix} 3 \\ -2 \\ 2 \end{bmatrix}, \boldsymbol{a}_3 = \begin{bmatrix} -2 \\ 0 \\ 4 \end{bmatrix}$$

(1-70)

$$\left[\begin{array}{ccc:c} -1 & 3 & -2 & 0 \\ 0 & -2 & 0 & 0 \\ 2 & 2 & 4 & 0 \end{array}\right] \Rightarrow \left[\begin{array}{ccc:c} 1 & -3 & 2 & 0 \\ 0 & 1 & 0 & 0 \\ 0 & 0 & 0 & 0 \end{array}\right]$$

解得

$$x_3 = k$$

$$x_2 = 0 \Rightarrow \boldsymbol{x} = \begin{bmatrix} -2 \\ 0 \\ 1 \end{bmatrix}$$

$$x_1 = -2k$$

此时 $\boldsymbol{x}$ 有无穷解,说明 $\boldsymbol{a}_1$、$\boldsymbol{a}_2$、$\boldsymbol{a}_3$ 线性相关。

小结一下向量线性相关性的判断思路:判断向量的线性相关性可以先通过将其转换为线性组合问题,然后表示为线性方程组。接着使用增广矩阵来描述该方程组并将其转换为阶梯形矩阵。最终,如果该矩阵有唯一解,则向量线性无关;如果有无穷多个解(对应一个自由列),则向量线性相关。

结合下面这 5 种情况,不难发现,向量的数量和维度都不是决定向量空间(也称为张成空间)的决定性因素,而是需要结合向量的线性无关性进行考量。

第 1 种情况:$\boldsymbol{u}_1 = \begin{bmatrix} 1 \\ 1 \end{bmatrix}, \boldsymbol{u}_2 = \begin{bmatrix} 0 \\ 1 \end{bmatrix}$,显然,向量 $\boldsymbol{u}_1$ 和 $\boldsymbol{u}_2$ 是两个线性无关的二维向量,它构成了二维空间 R^2 的一组基,因此它们的张成空间就是整个二维空间 R^2。

第 2 种情况:$\boldsymbol{u}_1 = \begin{bmatrix} 1 \\ 1 \end{bmatrix}, \boldsymbol{u}_2 = \begin{bmatrix} -1 \\ -1 \end{bmatrix}$,$\boldsymbol{u}_1 = -\boldsymbol{u}_2$,因此 $\boldsymbol{u}_1$ 和 $\boldsymbol{u}_2$ 是线性相关的共线向量,它们的张成空间是一条穿过原点的一维直线。

第 3 种情况:$\boldsymbol{u}_1 = \begin{bmatrix} 1 \\ 1 \\ 1 \end{bmatrix}, \boldsymbol{u}_2 = \begin{bmatrix} -1 \\ -1 \\ 1 \end{bmatrix}$,$\boldsymbol{u}_1$ 和 $\boldsymbol{u}_2$ 是两个线性无关的三维向量,但是由于向

量的个数只有两个,因此它们的张成空间是三维空间中的一个穿过原点的平面。

第 4 种情况:$\boldsymbol{u}_1 = \begin{bmatrix} 1 \\ 1 \\ 1 \end{bmatrix}$,$\boldsymbol{u}_2 = \begin{bmatrix} 1 \\ -1 \\ 1 \end{bmatrix}$,$\boldsymbol{u}_2 = \begin{bmatrix} 3 \\ -1 \\ 3 \end{bmatrix}$,虽然向量的个数是 3,但 $\boldsymbol{u}_3 = \boldsymbol{u}_1 + 2\boldsymbol{u}_2$,

因此它们是 3 个线性相关的共面向量,张成的空间仍然只是三维空间中的一个穿过原点的平面。

第 5 种情况:$\boldsymbol{u}_1 = \begin{bmatrix} 1 \\ 1 \\ 1 \end{bmatrix}$,$\boldsymbol{u}_2 = \begin{bmatrix} 1 \\ -1 \\ 1 \end{bmatrix}$,$\boldsymbol{u}_2 = \begin{bmatrix} 3 \\ -1 \\ 5 \end{bmatrix}$,$\boldsymbol{u}_1$、$\boldsymbol{u}_2$、$\boldsymbol{u}_3$ 这 3 个向量线性无关,构成三维空间 R^3 中的一组基,因此它们的张成空间是整个三维空间 R^3。

1.2.9 向量乘法

向量的点积和内积(Inner Product,Dot Product),用 · 表示,两个向量的行列数必须相同,点积的结果是对应元素相乘后求和,结果是一个标量,如

$$
\begin{aligned}
\boldsymbol{a} &= (a_1, a_2, \cdots, a_n) \\
\boldsymbol{b} &= (b_1, b_2, \cdots, b_n) \\
\boldsymbol{a} \cdot \boldsymbol{b} &= a_1 b_1 + a_2 b_2 + \cdots + a_n b_n
\end{aligned} \tag{1-71}
$$

点积的几何意义可以用来计算两个向量的夹角:$\cos\theta = \dfrac{\boldsymbol{ab}}{|\boldsymbol{a}\| \boldsymbol{b}|}$。

至于向量长度的求解,n 维向量的长度:$\|\boldsymbol{x}\| = \sqrt{[x,x]} = \sqrt{x_1^2 + x_2^2 + \cdots + x_n^2} \geqslant 0$,当 $|\boldsymbol{x}| = 1$ 时称为单位向量。向量的长度的求解满足齐次性,即 $\|\lambda\boldsymbol{x}\| = |\lambda| \cdot \|\boldsymbol{x}\|$;也满足三角不等式,即 $\|\boldsymbol{x}+\boldsymbol{y}\| \leqslant \|\boldsymbol{x}\| + \|\boldsymbol{y}\|$。

注意:点积和内积其实还是有区别的,目前暂时将二者视为同一个概念,后续再来细究。

向量的外积(Outer Product),用 $\otimes$ 表示,如

$$
\begin{aligned}
\boldsymbol{u} &= (u_1, u_2, \cdots, u_m) \\
\boldsymbol{v} &= (v_1, v_2, \cdots, v_n)
\end{aligned}
$$

$$
\boldsymbol{u} \otimes \boldsymbol{v} = \begin{bmatrix} u_1 v_1 & u_1 v_2 & \cdots & u_1 v_n \\ u_2 v_1 & u_2 v_2 & \cdots & u_2 v_n \\ \vdots & \vdots & \ddots & \vdots \\ u_m v_1 & u_m v_2 & \cdots & u_m v_n \end{bmatrix} \tag{1-72}
$$

向量的叉积(Cross Product),用 × 表示,如

$$
\begin{aligned}
\boldsymbol{a} &= (x_1, y_1, z_1) \\
\boldsymbol{b} &= (x_2, y_2, z_2)
\end{aligned}
$$

$$a \times b = \begin{vmatrix} i & j & k \\ x_1 & y_1 & z_1 \\ x_2 & y_2 & z_2 \end{vmatrix} = (y_1 z_2 - y_2 z_1)i + (z_1 x_2 - z_2 x_1)j + (x_1 y_2 - x_2 y_1)k$$

$$i = [1,0,0], j = [0,1,0], k = [0,0,1] \tag{1-73}$$

读者可能对叉积不太熟悉,其计算结果的几何意义是两个向量的法向量。举个例子:a 是 x 轴的单位向量,b 是 y 轴的单位向量,二者叉积的结果就是 z 轴的单位向量,即

$$a = (1,0,0)$$
$$b = (0,1,0)$$
$$i = (1,0,0)$$
$$j = (0,1,0)$$
$$k = (0,0,1)$$
$$a \times b = \begin{vmatrix} i & j & k \\ 1 & 0 & 0 \\ 0 & 1 & 0 \end{vmatrix} = (0 \times 0 - 0 \times 1)i + (0 \times 0 - 0 \times 1)j + (1 \times 1 - 0 \times 0)k = k$$

$$\tag{1-74}$$

1.2.10 向量的正交

两两正交的非零向量组成的向量组称为正交向量组,若 $a_1, a_2, \cdots, a_r$ 是两两正交的非零向量,则 $a_1, a_2, \cdots, a_r$ 线性无关。例如已知三维空间 R^3 中的两个向量 $a_1 = \begin{bmatrix} 1 \\ 1 \\ 1 \end{bmatrix}, a_2 = \begin{bmatrix} 1 \\ -2 \\ 1 \end{bmatrix}$ 正交,试求一个非零向量 a_3,使 a_1, a_2, a_3 两两正交。

解题思路:当内积等于 0 时,意味着两个向量正交。

显然 $a_1 \perp a_2$,设 $a_3 = (x_1, x_2, x_3)^T$,若 $a_1 \perp a_3, a_2 \perp a_3$,则 a_1、a_2、a_3 两两正交。

$$[a_1, a_3] = a_1^T a_3 = x_1 + x_2 + x_3 = 0$$
$$[a_2, a_3] = a_2^T a_3 = x_1 - 2x_2 + x_3 = 0$$

$$Ax = \begin{bmatrix} 1 & 1 & 1 \\ 1 & -2 & 1 \end{bmatrix} \begin{bmatrix} x_1 \\ x_2 \\ x_3 \end{bmatrix} = \begin{bmatrix} 0 \\ 0 \end{bmatrix} \tag{1-75}$$

解系数矩阵:

$$\begin{bmatrix} 1 & 1 & 1 \\ 1 & -2 & 1 \end{bmatrix} \sim \begin{bmatrix} 1 & 1 & 1 \\ 0 & -3 & 0 \end{bmatrix} \sim \begin{bmatrix} 1 & 1 & 1 \\ 0 & 1 & 0 \end{bmatrix} \sim \begin{bmatrix} 1 & 0 & 1 \\ 0 & 1 & 0 \end{bmatrix} \tag{1-76}$$

得

$$\begin{cases} x_1 = -x_3 \\ x_2 = 0 \end{cases}$$

从而有基础解系 $\begin{bmatrix} -1 \\ 0 \\ 1 \end{bmatrix}$，令 $\boldsymbol{a}_3 = \begin{bmatrix} -1 \\ 0 \\ 1 \end{bmatrix}$。

规范正交基：n 维向量 $\boldsymbol{e}_1,\boldsymbol{e}_2,\cdots,\boldsymbol{e}_r$ 是向量空间 $V \subset R^n$ 中的向量，满足：(1)$\boldsymbol{e}_1$，$\boldsymbol{e}_2,\cdots,\boldsymbol{e}_r$ 是向量空间 V 中的一个基；(2)$\boldsymbol{e}_1,\boldsymbol{e}_2,\cdots,\boldsymbol{e}_r$ 两两正交；(3)$\boldsymbol{e}_1,\boldsymbol{e}_2,\cdots,\boldsymbol{e}_r$ 都是单位向量。则称 $\boldsymbol{e}_1,\boldsymbol{e}_2,\cdots,\boldsymbol{e}_r$ 是 V 的一个规范正交基。例如，$\boldsymbol{e}_1 = \begin{bmatrix} 1 \\ 0 \\ 0 \\ 0 \end{bmatrix}$，$\boldsymbol{e}_2 = \begin{bmatrix} 0 \\ 1 \\ 0 \\ 0 \end{bmatrix}$，$\boldsymbol{e}_3 = \begin{bmatrix} 0 \\ 0 \\ 1 \\ 0 \end{bmatrix}$，

$\boldsymbol{e}_4 = \begin{bmatrix} 0 \\ 0 \\ 0 \\ 1 \end{bmatrix}$ 是 R^4 的一个规范正交基。

1.2.11 向量与矩阵

1. 初等矩阵

矩阵可以看作向量的变换，单位矩阵是对角线全 1 的矩阵，相当于 0 变换。

$$\begin{bmatrix} 1 & 0 & 0 \\ 0 & 1 & 0 \\ 0 & 0 & 1 \end{bmatrix} = \boldsymbol{I}$$

矩阵的初等行变换等价于对单位矩阵做初等行变换再乘上要变换的矩阵。

可以发现初等矩阵是对角矩阵，如果一个对角矩阵的值不为 1，则会对向量产生什么影响呢？如图 1-22 所示。

可以发现，此时的影响是在 x 轴或 y 轴上对向量进行伸缩。那么普通的矩阵又有什么效果呢？如图 1-23 所示。

可以发现，普通的矩阵还可以对向量产生旋转的变换效果。

2. 可逆矩阵

可逆矩阵把求解向量 $\boldsymbol{x}$ 的问题转换成了求可逆矩阵本身的问题，如以下公式推导所示。

$$\boldsymbol{A}\boldsymbol{x} = \boldsymbol{b}$$
$$\boldsymbol{A}^{-1}\boldsymbol{A}\boldsymbol{x} = \boldsymbol{A}^{-1}\boldsymbol{b}$$
$$\boldsymbol{x} = \boldsymbol{A}^{-1}\boldsymbol{b} \tag{1-77}$$

$$\begin{bmatrix} 3 & 0 \\ 0 & 1 \end{bmatrix}\begin{bmatrix} x \\ y \end{bmatrix} = \begin{bmatrix} 3x \\ y \end{bmatrix}$$

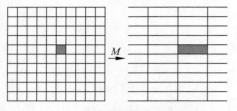

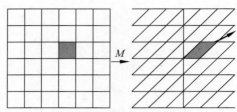

图 1-22 对角矩阵对向量的影响   图 1-23 普通矩阵对向量的影响

可逆矩阵的求解与矩阵 $\boldsymbol{A}$ 和初等矩阵 $\boldsymbol{I}$ 有关,具体推导如下:

假设 $\boldsymbol{A} = \begin{bmatrix} 1 & -2 & 1 \\ -3 & 7 & -6 \\ 2 & -3 & 0 \end{bmatrix}$,求可逆矩阵 $\boldsymbol{A}^{-1}$ 的过程如下:

$$\left[\begin{array}{ccc:ccc} 1 & -2 & 1 & 1 & 0 & 0 \\ -3 & 7 & -6 & 0 & 1 & 0 \\ 2 & -3 & 0 & 0 & 0 & 1 \end{array}\right] \Rightarrow \left[\begin{array}{ccc:ccc} 1 & 0 & 0 & -18 & -3 & 5 \\ 0 & 1 & 0 & -12 & -2 & 3 \\ 0 & 0 & 1 & -5 & -1 & 1 \end{array}\right] \qquad (1\text{-}78)$$

通过矩阵的初等行变换将左边矩阵推导成右面的格式即完成了可逆矩阵的计算,此时

可逆矩阵:$\boldsymbol{A}^{-1} = \begin{bmatrix} -18 & -3 & 5 \\ -12 & -2 & 3 \\ -5 & -1 & 1 \end{bmatrix}$。

3. 矩阵的行列式

这里先谈行列式的几何意义,最后谈行列式的计算方法的由来。思考一下,经过线性变换,空间发生了变化,相应的面积也会发生变化,如图 1-24 所示。

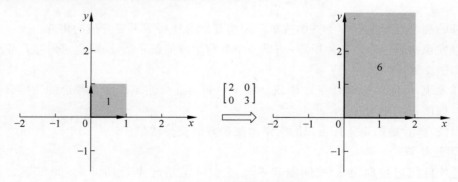

图 1-24 矩阵的行列式

在 x 轴基向量扩大 2 倍且 y 轴基向量扩大 3 倍的情况下,面积扩大了 6 倍,而这个 6 正好就是线性变换后矩阵的行列式,由此可见,行列式的几何意义就是:线性变换改变面积(体积、超平面)的比例。下面引出正式的定义:

$$\det \begin{bmatrix} a & c \\ b & d \end{bmatrix} = ad - bc \tag{1-79}$$

从几何上来推理一下式(1-79)，随意假设 x 轴基向量与 y 轴基向量在任意一个线性变化的作用下变换，结果如图 1-25 所示。

由于求的是图 1-25 中平行四边形的面积，从图上构建出整个长方形，得到每部分区域，做减法就可以得到结果了，整个减法如下：

$$(a + c) \times (b + d) - 2 \times (1/2ab) - 2 \times (1/2cd) - 2cb = ad - bc \tag{1-80}$$

在上面的基础上来考虑何为行列式为 0。

行列式为 0 证明空间变换的比例为 0，那么说明空间进行了收缩，也就是降维或者说数据冗余，如图 1-26 所示，两个向量共线，本来两个向量应该撑起一个平面，但是现在只有一条线，所以就从二维变为了一维。

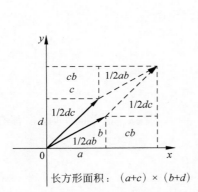

图 1-25　矩阵行列式的几何推导

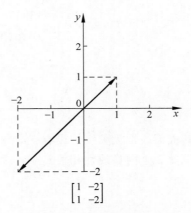

图 1-26　矩阵行列式为 0

图 1-26 其实也可以理解成线性相关，于是将整个逻辑串联起来就是：

（1）线性相关＝有冗余＝两个或多个向量在同一平面（点、空间、超平面）＝空间变化率为 0＝行列式为 0。

（2）线性无关＝没有冗余＝任何一个向量都不会被其他向量表示＝空间变化率不为 0＝行列式不为 0。

行列式还有许多其他重要的性质和应用，下面列出了一些行列式的主要用途和性质。

（1）解线性方程组：对于一个线性方程组 $Ax = b$，如果系数矩阵 A 的行列式 $|A|$ 不为 0，则该方程组有唯一解。

（2）矩阵的逆：对于一个方阵 A，如果它的行列式不为 0，则 A 是可逆的，并且其逆矩阵可以通过行列式来表示。

（3）空间体积：在三维空间中，一个三阶方阵的行列式表示与该矩阵列向量形成的并行六面体的体积有关。对于更高维的空间，行列式的绝对值与相应的超体积有关。

（4）线性变换的"伸缩"因子：行列式的绝对值表示线性变换对体积的放大或缩小

比例。

（5）特征值和特征向量：行列式与矩阵的特征多项式的计算密切相关，这进一步与矩阵的特征值和特征向量有关。

（6）微分方程的解：在求解某些微分方程时，行列式可以用于判断解的存在性和唯一性。

（7）几何和物理中的应用：行列式经常在几何、物理和工程学中出现，用于描述各种物理和几何性质，如电磁学、流体力学和弹性力学中的某些问题。

这只是行列式的一些基本应用和性质，实际上，它在数学和其他学科中还有许多其他的应用和重要性。

4. 矩阵的秩

秩表示什么呢？假设 4 个行向量组成的矩阵 $\boldsymbol{A}$ 如下：

$$\boldsymbol{\alpha}_1 = (1,1,3,1), \boldsymbol{\alpha}_2 = (0,2,-1,4),$$
$$\boldsymbol{\alpha}_3 = (0,0,0,5), \boldsymbol{\alpha}_4 = (0,0,0,0)$$

$$\boldsymbol{A} = \begin{bmatrix} 1 & 1 & 3 & 1 \\ 0 & 2 & -1 & 4 \\ 0 & 0 & 0 & 5 \\ 0 & 0 & 0 & 0 \end{bmatrix} \tag{1-81}$$

求其极大线性无关组假设有 $k_1\boldsymbol{\alpha}_1 + k_2\boldsymbol{\alpha}_2 + k_3\boldsymbol{\alpha}_3 = 0$（因为 $\boldsymbol{\alpha}_4$ 是零向量，跟谁都有关，所以只假设前 3 个向量线性相关）。

$$\begin{cases} k_1 = 0, \\ k_1 + 2k_2 = 0, \\ 3k_1 - k_2 = 0, \\ k_1 + 4k_2 + 5k_3 = 0 \end{cases} \tag{1-82}$$

解得 $k_1 = k_2 = k_3 = 0$，即 $\boldsymbol{\alpha}_1, \boldsymbol{\alpha}_2, \boldsymbol{\alpha}_3$ 线性无关。

矩阵的秩表示当前矩阵中线性无关的向量组的个数，在当前例子中秩为 3。

在之前说过矩阵可以看作对向量进行变换，例如可以对二维图形进行旋转，可采用旋转矩阵 $\begin{bmatrix} \cos(\theta) & -\sin(\theta) \\ \sin(\theta) & \cos(\theta) \end{bmatrix}$。此时的旋转矩阵秩为 2，变换后的效果如图 1-27 所示。

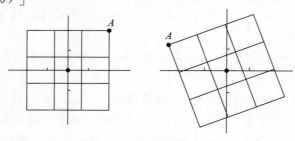

图 1-27　旋转矩阵

变换后的结果依然是二维的。如果用矩阵 $\begin{bmatrix} 1 & -1 \\ 1 & -1 \end{bmatrix}$ 进行变换呢？此时矩阵的秩为 1，变换效果如图 1-28 所示。

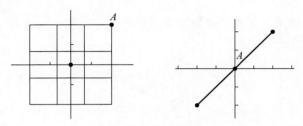

图 1-28　旋转降维

变换后的结果变成了一维。这里就体现出矩阵的秩对向量的变换作用，即如果矩阵的秩低于向量空间的维度，则会对向量进行降维。

最后强调一下，矩阵的秩实际上代表了矩阵中不重复的主要特征个数。举个生活中的例子：家里有 3 只小猫咪，给它们拍摄了 100 张照片，组成了 10 行 10 列的矩阵，该矩阵的秩等于 3，就算拍 1000 张照片，组成的矩阵的秩还是 3。

1.2.12　特征值和特征向量

通俗地理解特征值和特征向量描述了什么，例如怎么获得成功的人生？在正确的道路上坚持并继续努力下去。可以把千百种人生选择看作特征向量（它是有方向的）；把在这个方向上的努力看作特征值（它是一个衡量大小的量）。

下面引出它的数学定义：对于给定矩阵 A，寻找一个常数 λ 和非零向量 x，使向量 x 被矩阵 A 作用后，所得的向量 Ax 与原向量 x 平行，并且满足 $Ax = \lambda x$，其中，x 是特征向量，λ 是特征值，特征值越大表示该特征向量越重要。举个例子来理解：

向量 $e_1 = \begin{bmatrix} 1 \\ 0 \end{bmatrix}$ 和向量 $e_2 = \begin{bmatrix} 0 \\ 1 \end{bmatrix}$ 都是矩阵 $A = \begin{bmatrix} 3 & 0 \\ 0 & 2 \end{bmatrix}$ 的特征向量。

因为它们都可写成 $Ax = \lambda x$ 的形式：

$$Ae_1 = \begin{bmatrix} 3 & 0 \\ 0 & 2 \end{bmatrix} \begin{bmatrix} 1 \\ 0 \end{bmatrix} = \begin{bmatrix} 3 \\ 0 \end{bmatrix} = 3e_1$$

$$Ae_2 = \begin{bmatrix} 3 & 0 \\ 0 & 2 \end{bmatrix} \begin{bmatrix} 0 \\ 1 \end{bmatrix} = \begin{bmatrix} 0 \\ 2 \end{bmatrix} = 2e_2$$

(1-83)

特征向量有无数个，并且此时特征向量对原始向量只有伸缩作用，没有旋转作用。小结一下：矩阵和向量作乘法，向量会变成另一个方向或长度的新向量，主要会发生旋转、伸缩变化，如果矩阵乘以某些向量后，向量不发生旋转变换，只发生伸缩变换，就说这些向量是矩阵的特征向量，伸缩的比例就是特征值。

最后，怎么求解特征向量呢？公式如下：

$$Ax = \lambda x$$
$$Ax = \lambda(Ix) = \lambda Ix$$
$$(A - \lambda I)x = 0 \tag{1-84}$$

式(1-84)把解特征向量变成了求解齐次方程的问题。例如求 $A = \begin{bmatrix} 2 & 0 \\ 0 & 3 \end{bmatrix}$ 的特征值。

$$|A - \lambda I| = 0$$

$$X = \begin{bmatrix} 2 & 0 \\ 0 & 3 \end{bmatrix} - \lambda I = \begin{bmatrix} 2-\lambda & 0 \\ 0 & 3-\lambda \end{bmatrix}$$

$$\det(X) = (2-\lambda)(3-\lambda) \tag{1-85}$$

很容易看出 $\lambda_1 = 2, \lambda_2 = 3$。把 λ 代入式 $Av = \lambda v$：

$$\begin{bmatrix} 2 & 0 \\ 0 & 3 \end{bmatrix} \begin{bmatrix} v_i \\ v_j \end{bmatrix} = \begin{bmatrix} 2v_i \\ 3v_j \end{bmatrix} = 2 \cdot \begin{bmatrix} v_i \\ v_j \end{bmatrix} \quad 此式在 v_j = 0 时对任何 v_i 成立$$

$$\begin{bmatrix} 2 & 0 \\ 0 & 3 \end{bmatrix} \begin{bmatrix} v_i \\ v_j \end{bmatrix} = \begin{bmatrix} 2v_i \\ 3v_j \end{bmatrix} = 3 \cdot \begin{bmatrix} v_i \\ v_j \end{bmatrix} \quad 此式在 v_i = 0 时对任何 v_j 成立 \tag{1-86}$$

说明，x 轴和 y 轴上所有的向量都是特征向量，并且经过矩阵 A 的作用会在 x 轴上拉伸两倍，在 y 轴上拉伸 3 倍。

特征值分解：$A = P\Lambda P^{-1}$，其中 P 是矩阵 A 的特征向量组成的矩阵；Λ 是特征值组成的对角矩阵，里面的特征值是由大到小排列的，这些特征值所对应的特征向量用于描述这个矩阵的变化方向。

特征值分解的过程就是求解 $|A - \lambda I| = 0$，即求解下面的线性方程组：

$$\begin{vmatrix} a_{11}-\lambda & a_{12} & \cdots & a_{1n} \\ a_{21} & a_{22}-\lambda & \cdots & a_{2n} \\ \vdots & \vdots & & \vdots \\ a_{n1} & a_{n2} & \cdots & a_{nn}-\lambda \end{vmatrix} = 0 \tag{1-87}$$

可以解出 n 个特征值：$\lambda_1, \lambda_2, \cdots, \lambda_n$，再把 n 个特征值代入式子 $(A - \lambda I)x = 0$。可以求出 n 个对应的特征向量 $P_1, P_2, \cdots, P_n$。

对于每个特征值与特征向量满足：$Ax_i = \lambda_i x_i$。

因为

$$P = [x_1, x_2, \cdots, x_n], \Lambda = \begin{bmatrix} \lambda_1 & & \\ & \ddots & \\ & & \lambda_n \end{bmatrix}$$

$Ax_i = \lambda_i x_i$ 的等号左边等于：

$$[Ax_1, Ax_2, \cdots, Ax_n] = A[x_1, x_2, \cdots, x_n] = AP$$

$Ax_i = \lambda_i x_i$ 的等号右边等于：

$$[\lambda_1 x_1, \lambda_2 x_2, \cdots, \lambda_n x_n] = [x_1, x_2, \cdots, x_n]\begin{bmatrix} \lambda_1 & & \\ & \ddots & \\ & & \lambda_n \end{bmatrix} = P\Lambda$$

可得 $AP = P\Lambda$，如果矩阵 P 可逆，则有 $A = P\Lambda P^{-1}$。

至于特征分解的意义，通过一个具体的例子来讲解：对于矩阵 A 而言，由于是方阵，不会对向量的维度进行升降，所以矩阵代表的运动实际上只有旋转和拉伸两种，其特征值分解后的结果如图 1-29 所示。

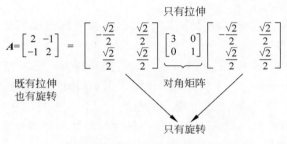

图 1-29　特征值分解

通过图 1-29 来看特征值分解，实际上把旋转和拉伸运动都分解开了。为什么要分解呢？其实是为了筛选出整体中最具有代表性的特征。举个例子：图像也可以被视为矩阵，图像的每个点都由 RGB 值定义，所以每个图像可以被表示为 3 个巨型矩阵（分别是 R、G、B 矩阵）。

SVD 分解可以被认为是特征值分解（Eigen Value Decomposition，EVD）的延伸。特征值分解将一个矩阵分解为两组正交的特征向量和一个特征值对角线矩阵。

而特征值矩阵又是从大到小排列的，特征值大小的下降速度很快，可以通过丢弃一些特征值小的特征值来压缩数据。对于压缩图像来讲，只要人眼不可察觉便可以认为是成功的压缩。

简单来讲，就是通过把一块大的数据分解为很多项，通过给数据的每个项的重要程度排序，挑选出一部分最重要的数据并保留，丢弃一部分最不重要的数据，从而实现数据压缩。

1.3　概率论

概率论主要研究随机事件。人们对某些事件发生的可能性高低一般有直观的认识，所以未经特殊训练就会使用"可能""不可能"之类的词汇。概率论会介绍如何量化这种可能性。

为了更深入地研究随机现象，需要把随机试验的结果数量化，也就是引进随机变量来描述随机试验的结果。

有一些随机试验的结果直接是用数值表示的。例如，观察一次射击中的"命中环数"，可能的基本结果为"中 0 环"，"中 1 环"，$\cdots$，"中 10 环"。于是可以引进变量 X 来表示这些出现的"命中环数"："$X = 0$"表示事件"中 0 环"，"$X = 1$"表示事件"中 1 环"等，从而这一随机试验的各个基本事件就用变量 X 取某个数值表示了，而且这个随机试验的其他可能结果如

"命中环数不超过 1"这一事件 A 也可以用变量 X 来表示,即

$$A = X \leqslant 1 \tag{1-88}$$

其中引入的变量 X 就是随机变量。

一般地,把表示随机现象的各种结果或描述随机事件的变量叫作随机变量。随机变量通常用大写英文字母 X,Y,Z 等表示。

随机变量具有两个特点:

(1)在一次试验之前,不能预言随机变量取什么值,即随机变量的取值具有偶然性,它的取值决定于随机试验的结果。

(2)随机变量所有可能的取值是事先知道的,而且对应于随机变量取某一数值或某一范围的概率也是确定的。

引进随机变量以后,就可以把对随机事件的研究转换为对随机变量的研究,从而可以引用微积分等其他数学理论和方法来研究随机现象。用来刻画随机变量在某一方面的特征的常数就统称为数字特征。学习随机变量的数字特征有什么用呢?首先来看几个生活中的例子:

(1)高考后志愿的填报一般先查询自己心仪大学的往年录取分数线再进行填报……那么录取分数线就是一个数字特征。

(2)父母每个月给多少生活费?通常是先了解一下其他大学生一个月大概需要花多少钱,然后确定生活费的数额。在这里其他大学生的生活费也是数字特征。

(3)考完数学后,一般第 1 个念头就是想知道自己考了多少分,然后可能想知道班里的最高分是多少……这也是数字特征。

(4)中午去食堂吃饭,想到大概要花多少钱……还是数字特征。

由此可以得出结论:生活中处处是数字特征。

那么概率论为什么要引入数字特征呢?概率论的核心是计算概率,在此之前必须确定随机现象的规律(确定模型),所以要引入随机变量,再确定随机变量的分布,在此基础上才解决了概率的计算问题,但在实际问题中,分布通常极难确定,只好退而求其次,了解一下随机变量的大概规律,即随机变量的平均值、波动范围等,这些就是数字特征。

1.3.1 频数

频数(Frequency)又称次数,指一组数据中某个值出现的次数。频率(Relative Frequency)指一组数据中某个值出现的比例。

$$\text{Relative Frequency} = \frac{\text{Frequency}}{n} \tag{1-89}$$

这里要澄清一个概念:Frequency 有时被翻译成频数,有时被译成频率,具体翻译取决于上下文。

在统计学中,频数是指某一事件在数据集中出现的次数,而频率(或称相对频率)则表示某一事件发生的次数与总事件数的比例。

在物理学中,Frequency 通常被翻译为频率,表示单位时间内完成周期性变化的次数。

例如,一个振动 100 次/秒的物体具有 100Hz 的频率。

最后讲一下概率,又称或然率、机会率、或可能性,是概率论的基本概念。概率是对随机事件发生的可能性的度量,一般以一个 0~1 的实数表示一个事件发生的可能性大小。

1.3.2 数据位置

1. 平均数/均值

平均数(Average)是表示一组数据集中趋势的量数,是指在一组数据中所有数据之和再除以这组数据的个数,是反映数据集中趋势的一项指标。

主要特点如下:

(1) 易受极端值影响。

(2) 数学性质优良。

(3) 数据对称分布或接近对称分布时应用。

1) 算数平均数

算数平均数(Arithmetic Average)是一组数据中所有数据之和再除以数据的个数,是反映数据集中趋势的一项指标。

$$\overline{X} = \frac{X_1 + X_2 + \cdots + X_n}{N} = \frac{\sum\limits_{i=1}^{N} X_i}{N} \tag{1-90}$$

2) 加权平均数

加权平均数(Weighted Average)是不同比重数据的平均数,加权平均数就是把原始数据按照合理的比例来计算。

$$\overline{X} = \frac{X_1 f_1 + X_2 f_2 + \cdots + X_m f_m}{f_1 + f_2 + \cdots + f_m} = \frac{\sum\limits_{i=1}^{N} X_i f_i}{\sum\limits_{i=1}^{N} f_i} \tag{1-91}$$

2. 众数

众数(Mode)是指在统计分布上具有明显集中趋势点的数值,代表数据的一般水平。也是一组数据中出现次数最多的数值,有时众数在一组数中有好几个,用 M 表示。

主要特点如下:

(1) 一组数据中出现次数最多的变量值。

(2) 适合于数据量较多时使用。

(3) 不受极端值的影响。

(4) 一组数据可能没有众数也可能有几个众数。

3. 中位数

中位数(Median)又称中值,统计学中的专有名词,是按顺序排列的一组数据中居于中间位置的数,代表一个样本、种群或概率分布中的一个数值,其可将数值集合划分为相等的上下两部分。对于有限的数集,可以通过把所有观察值按高低排序后找出正中间的一个值作为中位数。如果观察值有偶数个,则通常取最中间的两个数值的平均数作为中位数。

主要特点如下:

(1) 不受极端值的影响。在有极端数值出现时,中位数作为分析现象中集中趋势的数值,比平均数更具有代表性。

(2) 主要用于顺序数据,也可以用于数值型数据,但不能用于分类数据。

(3) 各变量值与中位数的离差绝对值之和最小。

4. 四分位数

四分位数(Quartile)也称四分位点,是指在统计学中把所有数值由小到大排列并分成四等份,处于 3 个分割点位置的数值就是四分位数。四分位数多应用于统计学中的箱线图绘制。它是一组数据排序后处于 25% 和 75% 位置上的值。四分位数是通过 3 个点将全部数据等分为 4 部分,其中每部分包含 25% 的数据。很显然,中间的四分位数就是中位数,因此通常所讲的四分位数是指处在 25% 位置上的数值(称为下四分位数)和处在 75% 位置上的数值(称为上四分位数)。与中位数的计算方法类似,根据未分组数据计算四分位数时,首先对数据进行排序,然后确定四分位数所在的位置,该位置上的数值就是四分位数。

例如有以下 8 个数:1、2、4、5、6、8、32、64。

Q1 在第 $(8+1)/4=2.25$ 位,介于第 2 位和第 3 位之间,但是更靠近第 2 位,所以第 2 位数权重占 75%,第 3 位数权重占 25%:Q1 $=(2\times0.75+4\times0.25)/(0.75+0.25)=2.5$。

Q2 在第 $(8+1)/2=4.5$ 位,即第 4 和第 5 位的平均数:Q2 $=5.5$。

同理,Q3 在第 $(8+1)/4\times3=6.75$ 位,在第 6 位和第 7 位之间,更靠近第 7 位,所以,第 7 位权重 75%,第 6 位权重 25%:Q3 $=(32\times0.75+8\times0.25)/(0.75+0.25)=26$。

1.3.3 数据散布

1. 数学期望

数学期望(Mathematical Expectations)是对长期价值的数字化衡量。

数学期望值是理想状态下得到的试验结果的平均值,是试验中每次可能的结果概率乘以其结果的总和,是最基本的数学特征之一,它反映随机变量平均取值的大小。换句话说,期望值像是随机试验在同样的机会下重复多次,是所有那些可能状态的平均结果。

离散型随机变量数学期望严格的定义为设离散型随机变量 X 的分布列为 $P\{X=x_i\}=p_i, i=1,2,\cdots$。若级数 $\sum\limits_{i=1}^{+\infty}x_ip_i$ 绝对收敛,则将级数 $\sum\limits_{i=1}^{+\infty}x_ip_i$ 的和称为随机变量 X 的数学期望(也称期望或均值),记为 $E(X)$,即 $E(X)=x_1p_1+x_2p_2+\cdots+x_ip_i+\cdots=\sum\limits_{i=1}^{+\infty}x_ip_i$。

连续型随机变量数学期望严格的定义为设连续型随机变量 X 的概率密度函数为 $f(x)$,积分 $\int_{-\infty}^{+\infty}xf(x)\mathrm{d}x$ 绝对收敛,则定义 X 的数学期望 $E(X)$ 为 $E(X)=\int_{-\infty}^{+\infty}xf(x)\mathrm{d}x$。

一个随机变量的数学期望是一个常数,它表示随机变量取值的一个平均;这里用的不是算术平均,而是以概率为权重的加权平均。数学期望反映了随机变量的一大特征,即随机变量的取值将集中在其期望值附近,这类似于物理中质点组成的质心。

最后,强调一下平均数和数学期望的联系:平均数是一个统计学概念,期望是一个概率论概念。平均数是试验后根据实际结果统计得到的样本的平均值,期望是试验前根据概率分布"预测"的样本的平均值。

之所以说"预测"是因为在试验前可以得到的期望与实际试验得到的样本的平均数总会不可避免地存在偏差,毕竟随机试验的结果永远充满着不确定性。如果能进行无穷次随机试验并计算出其样本的平均数,则这个平均数其实就是期望。当然实际上根本不可能进行无穷次试验,但是试验样本的平均数会随着试验样本的增多越来越接近期望,就像频率随着试验样本的增多会越来越接近概率一样。

如果说概率是频率随样本趋于无穷的极限,期望就是平均数随样本趋于无穷的极限。

2. 方差

方差(Variance)用来描述随机变量与数学期望的偏离程度。如果把单个数据点称为 X_i,则 X_1 是第 1 个值,X_2 是第 2 个值,以此类推,一共有 n 个值。均值称为 M。初看上去 $\sum(X_i - M)$ 就可以作为描述数据点散布情况的指标,也就是对每个 X_i 与 M 的偏差求和。换句话讲,是单个数据点减去数据点的平均的总和。此方法看上去很有逻辑性,但却有一个致命的缺点:高出均值的值和低于均值的值在求和时可以相互抵消,因此上述定义的结果趋于 0。这个问题可以通过取差值的绝对值来解决(也就是说,忽略负值的符号),但是由于各种原因,统计学家不喜欢绝对值。另外一个剔除负号的方法是取平方,因为任何数的平方肯定是正的,因此便得到了方差的分子 $\sum(X_i - M)^2$。

再考虑一个问题:例如有 25 个值的样本,根据方差计算出标准差是 10。如果把这 25 个值复制一下变成 50 个样本呢,直觉上 50 个样本的数据点分布情况应该是不变的,但是公式中的累加会产生更大的方差值,所以需要通过除以数据点数量 n 来弥补这个漏洞,因此,方差的定义如下:

$$D(X) = \frac{\sum\limits_{i=1}^{N}(x_i - \overline{x_i})^2}{n} \tag{1-92}$$

$D(X)$ 越小,意味着 X 的取值比较集中在数学期望 $E(X)$ 附近。反之,$D(X)$ 越大,意味着 X 的取值越分散,因此,$D(X)$ 是刻画 X 取值分散程度的一个量,是衡量 X 取值分散程度的一个尺度。

3. 标准差

标准差(Standard Deviation)是通过方差除以样本量再开平方根得到的,具体公式如下:

$$\sigma = \sqrt{\frac{\sum\limits_{i=1}^{N}(x_i - \overline{x_i})^2}{n}} \tag{1-93}$$

与方差的作用类似,标准差也能反映一个数据集的离散程度,它是各点与均值的平均距离。平均数相同的数据,标准差未必相同。

4. 极差

极差又称范围误差或全距(Range),以 R 表示,计算方法是其最大值与最小值之间的差距,即最大值减最小值后所得的数据。

5. 四分数范围

四分位数,即把所有数值由小到大排列并分成四等份,处于 3 个分割点位置的数值就是四分位数。第三四分位数与第一四分位数的差值称为四分位数间距(Interquartile Range,IQR),简称四分位距。

四分位距是描述统计学中的一种方法,但由于四分位距不受极大值或极小值的影响,因此常用于描述非正态分布资料的离散程度,其数值越大,数据离散程度越大,反之离散程度越小。

6. 图形表示

以图形的方式来表示随机变量的分布,根据随机变量的数量可以选择合适的图像表示方法,如图 1-30 所示。常用的图像表示方法如下。

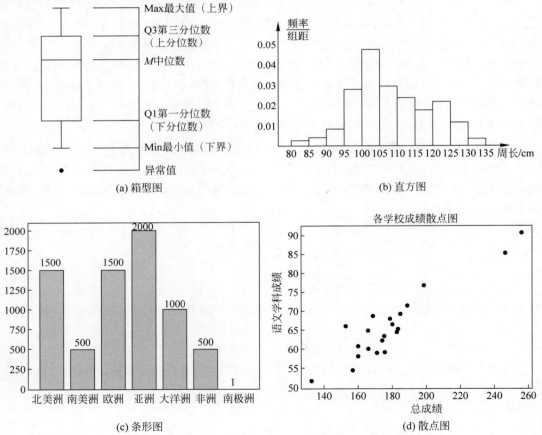

图 1-30　数据常见的图形表示

（1）箱型图（Box Plot）：易于观察数据的分布密度。

（2）直方图（Histogram）：统计不同数据范围的频数，无线细化后可拟合概率密度曲线。

（3）条形图（Bar Chart）：适应于统计分类型离散数据。

（4）散点图（Scatter Plot）：易于观察两个变量的相关性。

1.3.4 随机变量的类型和概率分布

要明白概率分布，首先需要知道数据有哪些类型及什么是分布。

1. 数据类型

在统计学里，随机变量的数据类型有两种，分别为离散型随机变量和连续型随机变量。

1）离散型随机变量

离散数据即数据的取值是不连续的。例如抛硬币就是一个典型的离散数据，因为抛硬币只有两种数值（也就是两种结果，要么是正面，要么是反面）。

离散数据严格的定义如下：如果随机变量 X 的所有可能取值为有限个，或虽是无限多个但可以一一列举出来，则称 X 为离散型随机变量。例如一批产品的次品数，某一时间段内到某商场的顾客人数。

2）连续型随机变量

离散型随机变量都建立在随机变量的取值可以一一列举出来的基础之上，但在许多实际问题中所遇见的随机变量是不可列举的，而是连续地充满了某个实数区间。连续型随机变量取任意的数值。例如时间就是一个典型的连续数据 1.25min、1.251min、1.2512min，它能无限分割。连续数据就像一条平滑的连绵不断的道路，可以沿着这条道路一直走下去。

2. 概率分布

概率分布清楚而完整地表示了随机变量 X 所取值的概率分布情况。离散型随机变量的概率分布可用表格形式来表示，称为分布列，见表 1-2。

表 1-2 离散型随机变量概率分布

X	x_1	x_2	$\cdots$	x_k
P	p_1	p_2	$\cdots$	p_k

离散型随机变量的概率分布列具有下列性质：

$$\sum_{k=1}^{+\infty} p_k = 1$$
$$p_k \geqslant 0, \quad k = 1, 2, \cdots \tag{1-94}$$

连续型随机变量的概率分布如图 1-31 所示。

那么为什么要去统计概率分布呢？当统计学家开始研究概率分布时，他们看到，有几种形状反复出现，于是就研究它们的规律，根据这些规律来解决特定条件下的问题。大家想想当年高考的时候，为了备战语文作文，可以准备一个自己的"万能模板"，任何作文题目都可

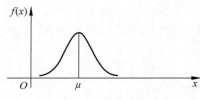

图 1-31　连续性概率分布

以套用该模板,快速解决写作文这个难题。同样地,记住概率里这些特殊分布的好处就是:当下次遇到类似的问题时,就可以直接套用"模板"(这些特殊分布的规律)来解决问题了,而这就是研究概率分布的意义所在。

概率分布可以被分为理论概率分布(Theoretical Probabilities)和经验概率分布(Empirical Probabilities)。

(1)理论概率分布:科学家总结出来的常见分布,具体分为离散型概率分布(如二项分布、泊松分布等)和连续性概率分布(如指数分布、正态分布等)。

(2)经验概率分布:经验分布函数是对产生样本点的累积分布函数的估计,简单来说是根据样本估计出来的分布。

1.3.5　理论概率分布之常见的离散型分布

1. 两点分布

如果随机变量 X 的分布列如下:

$$P\{X=1\}=p(0<p<1)$$
$$P\{X=0\}=q=1-p \tag{1-95}$$

则称 X 服从两点分布。两点分布也叫伯努利分布(Bernoulli)或 0-1 分布。

两点分布虽简单,但很有用。当随机试验只有两个可能结果,并且都有正概率时,就确定一个服从两点分布的随机变量。例如检查产品质量是否合格;检查某车间的电力消耗是否超过负荷;某射手对目标的一次射击是否中靶等试验都可以用服从二点分布的随机变量来描述。

2. 二项分布

如果随机变量 X 的概率分布为

$$P(X)=k=C_n^k p^k q^{n-k}, \quad k=0,1,2,\cdots,n,0<p<1, \quad q=1-p \tag{1-96}$$

则称 X 服从参数为 n,p 的二项分布,其中,二项定理的系数计算方法如下:

$$C_n^k=\frac{n!}{k!(n-k)!} \tag{1-97}$$

二项分布记为 $X\sim B(n,p)$ 或 $X\sim b(n,p)$。

服从二项分布的随机变量的直观背景可解释为重复服从二项分布的试验 n 次,某事件 A 发生的次数 X 是服从二项分布的随机变量。

二项分布有什么用呢?假设遇到一件事情,如果该事情发生次数固定,而想要统计的是成功的次数,就可以用二项分布的公式快速计算出概率来。

如何判断是不是二项分布?顾名思义,二项代表事件有两种可能的结果。生活中有很多这样只有两种结果的二项情况,例如表白结果是二项的,一种成功;另一种是失败。二项分布符合下面 4 个特点:

（1）做某件事的次数（也叫试验次数）是固定的，用 n 表示。

（2）每次事件都有两个可能的结果（成功或者失败）。

（3）每次成功的概率都是相等的，成功的概率用 p 表示。

（4）感兴趣的是成功 x 次的概率是多少。

【例 1-4】 某一仪器由 3 个相同的独立工作的元件构成。该仪器工作时每个元件发生故障的概率为 0.1。试求该仪器工作时发生故障的元件数 X 的分布列。

设 X 为随机变量，可以取以下的数值：$X=0$（仪器中没有一个元件发生故障）；$X=1$（仪器中有一个元件发生故障）；$X=2$（仪器中有两个元件发生故障）；$X=3$（仪器中有 3 个元件发生故障）。

若将对每个元件的一次观察看成一次试验，因每次观察的结果只有两个：发生故障或正常，而发生故障的概率都是 0.1，又因为各元件发生故障与否是相互独立的，因此属于二项分布，即 $X \sim B(3,0.1)$。于是 X 的分布列为

$$P\{X=k\} = C_k^3 (0.1)^k (0.9)^{3-k}, \quad k=0,1,2,3$$

$$P\{X=0\} = 0.9^3 = 0.729$$

$$P\{X=1\} = C_3^1 (0.1)(0.9)^2 = 0.243 \tag{1-98}$$

$$P\{X=2\} = C_3^2 (0.1)^2 (0.9) = 0.027$$

$$P\{X=3\} = 0.1^3 = 0.001$$

这里读者别害怕数学公式，每项的含义前面已经讲得很清楚了。这个公式就是计算做某件事情 n 次，成功 x 次的概率。很多数据分析工具（Excel、Python、R）提供了计算工具，只要代入研究问题的数值，就可以得到结果。

最后提一下二项分布的期望：$E(x)=np$。表示某事情发生 n 次，预期成功多少次。那么知道这个期望有什么用呢？做任何事情之前，知道预期结果肯定会对后面的决策有帮助。例如抛硬币 5 次，每次概率是 1/2，那么期望 $E(x)=5 \times \dfrac{1}{2} = 2.5$ 次，也就是有大约 3 次可以抛出正面。再例如投资了 5 只股票，假设每只股票赚到钱的概率是 80%，那么期望 $E(x) = 5 \times 80\% = 4$，也就是预期会有 4 只股票投资成功，即赚到钱。

3．几何分布

几何分布实际上与二项分布非常像，先来看几何分布的 4 个特点：

（1）做某件事的次数（也叫试验次数）是固定的，用 n 表示。

（2）每次事件都有两个可能的结果（成功或者失败）。

（3）每次成功的概率都是相等的，成功的概率用 p 表示。

（4）感兴趣的是进行 x 次尝试这件事情，取得第 1 次成功的概率是多大。

正如读者所看到的，几何分布和二项分布的区别只有第 4 点，也就是解决问题的目的不同。几何分布的数学公式如下：

$$p(x) = (1-p)^{x-1} p \tag{1-99}$$

其中,p 为成功概率,即为了在第 x 次尝试取得第 1 次成功,首先要失败$(x-1)$次。

假如在表白之前,计算出即使尝试表白 3 次,在最后 1 次成功的概率还是小于 50%,还没有抛硬币的概率高。那就要考虑换个追求对象了。或者首先提升下自己,提高自己每次表白的概率。

最后,几何分布的期望是 $E(x)=1/p$。假如每次表白的成功概率是 60%,同时也符合几何分布的特点,所以期望 $E(x)=1/p=1/0.6 \approx 1.67$。这意味着表白 1.67 次(约等于 2 次)会成功。这样的期望让表白发起者信心倍增,起码不需要努力上百次才能成功,表白两次还是能做到的,有必要尝试下。

4. 泊松分布

如果随机变量 X 的概率分布为

$$P\{X\}=k=\frac{\lambda^k e^{-\lambda}}{k!}, \quad k=0,1,2,\cdots \tag{1-100}$$

其中,常数 $\lambda>0$,则称 X 服从参数为 λ 的泊松分布,记为 $X \sim P(\lambda)$;k 代表事情发生的次数;λ 代表给定时间范围内事情发生的平均次数。

那么泊松分布有什么用呢?如果想知道某个时间范围内,发生某件事情 x 次的概率有多大。这时就可以用泊松分布轻松计算了。例如一天内中奖的次数,一个月内某机器损坏的次数等。

知道这些事情的概率有什么用呢?当然是根据概率的大小来做出决策了。例如组织一次抽奖活动,最后算出来一天内中奖 10 次的概率都超过了 90%,然后对期望和活动成本进行比较,如果发现要赔不少钱,则这个活动就别组织了。

泊松分布符合以下 3 个特点:

(1)事件是独立事件。

(2)在任意相同的时间范围内,事件发生的概率相同。

(3)想知道某个时间范围内,发生某件事情 x 次的概率有多大。

例如组织了一个促销抽奖活动,只知道 1 天内中奖的平均个数为 4 个,想知道 1 天内恰巧中奖次数为 8 的概率是多少。

$$P(X)=8=\frac{4^8 e^{-4}}{8!} \approx 0.0298 \tag{1-101}$$

最后,泊松概率还有一个重要性质,它的数学期望和方差相等,即都等于 λ。

5. 离散型数据分布小结

1)概率分布的作用

下次遇到类似的问题,就可以直接套用"模板"(这些特殊分布的规律)来求得概率了。

2)常见的离散概率分布有哪些

(1)二点分布:表示一次试验只有两种结果,即随机变量 X 只有两个可能的取值。

(2)二项分布:感兴趣的是成功 x 次的概率是多少。

(3)几何分布:感兴趣的是进行 x 次尝试这件事情,取得第 1 次成功的概率是多大。

（4）泊松分布：想知道某个时间范围内,发生某件事情 x 次的概率是多大。

3）二点分布和二项分布的区别

二点分布是试验次数为1的伯努利试验,而二项分布是试验次数为 n 次的伯努利试验。

1.3.6 理论概率分布之常见的连续型分布

1. 概率密度函数

对于连续型随机变量,由于其取值不能一一列举出来,因而不能用离散型随机变量的分布列来描述其取值的概率分布情况,但人们在大量的社会实践中发现连续型随机变量落在任一区间 $[a,b]$ 上的概率,可用某一函数 $f(x)$ 在 $[a,b]$ 上的定积分来计算。于是有了下列定义:对于随机变量 X,如果存在非负可积函数 $f(x)(-\infty<x<+\infty)$,使对任意 $a,b(a<b)$ 都有 $P\{a\leqslant X\leqslant b\}=\int_a^b f(x)\mathrm{d}x$,则称 X 为连续型随机变量,并称 $f(x)$ 为连续型随机变量 X 的概率密度函数（Probability Density Function,PDF）,简称概率密度或密度函数。

2. 累积分布函数

不管 X 是什么类型（连续、离散、其他）的随机变量都可以定义它的累积分布函数 $F_x(x)$（Cumulative Distribution Function,CDF）,有时简称为分布函数。对于连续性随机变量,CDF 就是 PDF 的积分,PDF 就是 CDF 的导数:

$$F_X(x)=Pr(X\leqslant x)=\int_{-\inf}^x f_X(t)\mathrm{d}t \tag{1-102}$$

1）均匀（Uniform）分布

设连续型随机变量 X 在有限区间 $[a,b]$ 上取值,并且它的概率密度为

$$f(x)=\begin{cases}\dfrac{1}{b-a} & a\leqslant x\leqslant b\\ 0 & \text{其他}\end{cases} \tag{1-103}$$

则称 X 服从区间 $[a,b]$ 上的均匀分布,可记成 $X\sim U[a,b]$,如图 1-32 所示,其中第 1 种分布使用实线表示,范围为 $[0,0.5]$,概率密度为 2;第 2 种分布使用虚线表示,范围为 $[0.5,1.5]$,概率密度为 1。

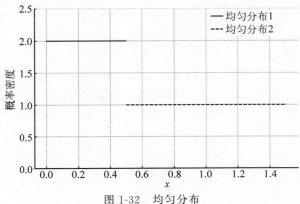

图 1-32 均匀分布

【例 1-5】 设公共汽车每隔 5min 一班，乘客到站是随机的，则等车时间 X 服从 $[0,5]$ 上的均匀分布，求 X 的密度函数并求某乘客随机地去乘车而候车时间不超过 3min 的概率？

解：X 服从 $[0,5]$ 上的均匀分布，故其密度函数为

$$f(x) = \begin{cases} \dfrac{1}{5} & 0 \leqslant x \leqslant 5 \\ 0 & \text{其他} \end{cases} \tag{1-104}$$

候车时间不超过 3min 的概率为

$$P\{0 \leqslant X \leqslant 3\} = \int_0^3 \frac{1}{5}\mathrm{d}x = \frac{3}{5} \tag{1-105}$$

2）指数（Exponential）分布

指数分布可以用来表示独立随机事件发生的时间间隔，例如旅客进机场的时间间隔等。许多电子产品的寿命分布一般服从指数分布。有的系统的寿命分布也可用指数分布来近似。它在可靠性研究中是最常用的一种分布形式。

设连续型随机变量 X 的概率密度为

$$f(x) = \begin{cases} \lambda \mathrm{e}^{-\lambda x} & x \geqslant 0 \\ 0 & x < 0 \end{cases} \tag{1-106}$$

其中，常数 $\lambda > 0$，则称 X 服从参数为 λ 的指数分布，可记成 $X \sim E(\lambda)$，如图 1-33 所示，其中，第 1 种分布使用实线表示（$\lambda = 2$）；第 2 种分布使用虚线表示（$\lambda = 1$）。

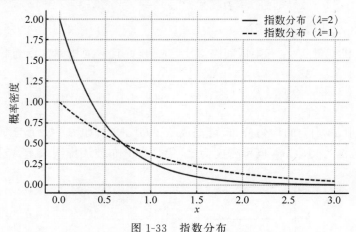

图 1-33　指数分布

【例 1-6】 设某人造卫星的寿命 X（单位：年）服从参数为 $2/3$ 的指数分布。若 3 颗这样的卫星同时升空投入使用，求 2 年后 3 颗卫星都正常运行的概率？

解：X 的密度函数为

$$f(x) = \begin{cases} \dfrac{2}{3}\mathrm{e}^{-\frac{2}{3}x} & x \geqslant 0 \\ 0 & x < 0 \end{cases} \tag{1-107}$$

故 1 颗卫星 2 年后还正常运行的概率为

$$P\{X \geqslant 2\} = \int_2^{+\infty} \frac{2}{3} e^{-\frac{2}{3}x} \, dx = e^{-\frac{4}{3}} \tag{1-108}$$

因此,2 年后 3 颗卫星都正常的概率为

$$P\{Y = 3\} = (e^{-\frac{4}{3}})^3 = e^{-4} \approx 0.0183 \tag{1-109}$$

3) 正态(Normal)分布

正态分布又名高斯分布,是一个在数学、物理及工程等领域都非常重要的概率分布,在统计学的许多方面有着重大的影响力。若连续型随机变量 X 的密度函数为

$$f(x) = \frac{1}{\sqrt{2\pi}\sigma} e^{-\frac{(x-\mu)^2}{2\sigma^2}}, \quad -\infty < x < +\infty \tag{1-110}$$

其中,μ 为均值,σ 为标准差,$\mu,\sigma(\sigma > 0)$ 都为常数,则称 X 服从参数为 μ,σ 的正态分布,简记为 $X \sim N(\mu,\sigma^2)$。因其曲线呈钟形,因此又经常称为钟形曲线。通常所讲的标准正态分布是 $\mu = 0,\sigma = 1$ 的正态分布。

在正态分布的参数中,μ 决定了其位置,标准差 σ^2 决定了分布的幅度。具体来讲,若固定 σ 而改变 μ 的值,则正态分布密度曲线沿着 x 轴平行移动,而不改变其形状,可见曲线的位置完全由参数 μ 确定。若固定 μ 而改变 σ 的值,则当 σ 越小时图形变得越陡峭;反之,当 σ 越大时图形变得越平缓,如图 1-34 所示,其中第 1 种分布使用实线表示($\mu = 0,\sigma = 0.5$);第 2 种分布使用虚线表示($\mu = 1,\sigma = 1$)。

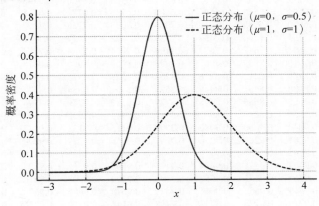

图 1-34 正态分布

正态分布中一些值得注意的量如下:

(1) 密度函数关于平均值对称。

(2) 平均值与它的众数及中位数是同一数值。

(3) 68.268949% 的面积在平均数左右的一个标准差的范围内。

(4) 95.449974% 的面积在平均数左右两个标准差的范围内。

(5) 99.730020% 的面积在平均数左右 3 个标准差的范围内。

(6) 99.993666% 的面积在平均数左右 4 个标准差的范围内。

（7）函数曲线的拐点为离平均数一个标准差距离的位置。

在实际应用中，常考虑一组数据具有近似于正态分布的概率分布。若其假设正确，则约 68.3% 数值分布在距离平均值有一个标准差之内的范围，约 95.4% 数值分布在距离平均值有两个标准差之内的范围，以及约 99.7% 数值分布在距离平均值有 3 个标准差之内的范围。称为"68-95-99.7 法则"或"经验法则"，其他的概率范围可见正态分布概率表，如图 1-35 所示。图中的表是标准正态分布的累积概率表，也称 z 表。行代表 z 值小数点前 1 位，列代表 z 值小数点第 2 位。例如，如果 z 值为 1.23，根据 z 表，先找第 13 行，再找第 4 列，得到概率为 0.8907。

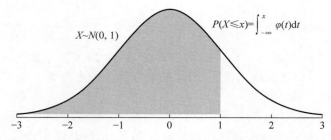

	0.00	0.01	0.02	0.03	0.04	0.05	0.06	0.07	0.08	0.09
0.0	0.5000	0.5040	0.5080	0.5120	0.5160	0.5199	0.5239	0.5279	0.5319	0.5359
0.1	0.5398	0.5438	0.5478	0.5517	0.5557	0.5596	0.5636	0.5675	0.5714	0.5753
0.2	0.5793	0.5832	0.5871	0.5910	0.5948	0.5987	0.6026	0.6064	0.6103	0.6141
0.3	0.6179	0.6217	0.6255	0.6293	0.6331	0.6368	0.6406	0.6443	0.6480	0.6517
0.4	0.6554	0.6591	0.6628	0.6664	0.6700	0.6736	0.6772	0.6808	0.6844	0.6879
0.5	0.6915	0.6950	0.6985	0.7019	0.7054	0.7088	0.7123	0.7157	0.7190	0.7224
0.6	0.7257	0.7291	0.7324	0.7357	0.7389	0.7422	0.7454	0.7486	0.7517	0.7549
0.7	0.7580	0.7611	0.7642	0.7673	0.7704	0.7734	0.7764	0.7794	0.7823	0.7852
0.8	0.7881	0.7910	0.7939	0.7967	0.7995	0.8023	0.8051	0.8078	0.8106	0.8133
0.9	0.8159	0.8186	0.8212	0.8238	0.8264	0.8289	0.8315	0.8340	0.8365	0.8389
1.0	0.8413	0.8438	0.8461	0.8485	0.8508	0.8531	0.8554	0.8577	0.8599	0.8621
1.1	0.8643	0.8665	0.8686	0.8708	0.8729	0.8749	0.8770	0.8790	0.8810	0.8830
1.2	0.8849	0.8869	0.8888	0.8907	0.8925	0.8944	0.8962	0.8980	0.8997	0.9015
1.3	0.9032	0.9049	0.9066	0.9082	0.9099	0.9115	0.9131	0.9147	0.9162	0.9177
1.4	0.9192	0.9207	0.9222	0.9236	0.9251	0.9265	0.9279	0.9292	0.9306	0.9319
1.5	0.9332	0.9345	0.9357	0.9370	0.9382	0.9394	0.9406	0.9418	0.9429	0.9441
1.6	0.9452	0.9463	0.9474	0.9484	0.9495	0.9505	0.9515	0.9525	0.9535	0.9545
1.7	0.9554	0.9564	0.9573	0.9582	0.9591	0.9599	0.9608	0.9616	0.9625	0.9633
1.8	0.9641	0.9649	0.9656	0.9664	0.9671	0.9678	0.9686	0.9693	0.9699	0.9706
1.9	0.9713	0.9719	0.9726	0.9732	0.9738	0.9744	0.9750	0.9756	0.9761	0.9767
2.0	0.9772	0.9778	0.9783	0.9788	0.9793	0.9798	0.9803	0.9808	0.9812	0.9817
2.1	0.9821	0.9826	0.9830	0.9834	0.9838	0.9842	0.9846	0.9850	0.9854	0.9857
2.2	0.9861	0.9864	0.9868	0.9871	0.9875	0.9878	0.9881	0.9884	0.9887	0.9890
2.3	0.9893	0.9896	0.9898	0.9901	0.9904	0.9906	0.9909	0.9911	0.9913	0.9916
2.4	0.9918	0.9920	0.9922	0.9925	0.9927	0.9929	0.9931	0.9932	0.9934	0.9936
2.5	0.9938	0.9940	0.9941	0.9943	0.9945	0.9946	0.9948	0.9949	0.9951	0.9952
2.6	0.9953	0.9955	0.9956	0.9957	0.9959	0.9960	0.9961	0.9962	0.9963	0.9964
2.7	0.9965	0.9966	0.9967	0.9968	0.9969	0.9970	0.9971	0.9972	0.9973	0.9974
2.8	0.9974	0.9975	0.9976	0.9977	0.9977	0.9978	0.9979	0.9979	0.9980	0.9981
2.9	0.9981	0.9982	0.9982	0.9983	0.9984	0.9984	0.9985	0.9985	0.9986	0.9986
3.0	0.9987	0.9987	0.9987	0.9988	0.9988	0.9989	0.9989	0.9989	0.9990	0.9990

图 1-35　正态分布概率表

可以通过计算随机变量的 z 值(Z-score),得知其距离均值有多少个标准差。z 值的计算公式为

$$z = \frac{x - \mu}{\sigma} \tag{1-111}$$

其中,x 是随机变量的值,μ 是总体均值,σ 是总体标准差。当 $\mu=0$,$\sigma=1$ 时,正态分布就成为标准正态分布,记作 $N(0,1)$。z 值将两组或多组数据转换为无单位的 Z-score 分值,使数据标准统一化,提高了数据可比性,同时也削弱了数据解释性。z 值的量代表着实测值和总体平均值之间的距离,是以标准差为单位进行计算的。大于均值的实测值会得到一个正数的 z 值,小于均值的实测值会得到一个负数的 z 值。

在数据分析与挖掘中,很多方法需要样本符合一定的标准,如果需要分析的诸多自变量不是同一个量级,就会给分析工作造成困难,甚至影响后期建模的精准度。

【例 1-7】　假设要比较 A 与 B 的考试成绩,A 的考卷满分是 100 分(及格 60 分),B 的考卷满分是 700 分(及格 420 分)。很显然,A 考出的 70 分与 B 考出的 70 分代表着完全不同的意义,但是从数值来讲,A 与 B 在数据表中都是用数字 70 代表各自的成绩。

那么如何能够用一个同等的标准来比较 A 与 B 的成绩呢?Z-score 就可以解决这一问题。在对数据进行 Z-score 标准化之前,需要得到如下信息:

(1) 总体数据的均值(μ),在上面的例子中,总体可以是整个班级的平均分,也可以是全市、全国的平均分。

(2) 总体数据的标准差(σ),这个总体要与均值中的总体在同一个量级。

(3) 个体的观测值(x),在上面的例子中,即 A 与 B 各自的成绩。

通过将以上 3 个值代入式(1-111)中就能够将不同的数据转换到相同的量级上,从而实现标准化。

重新回到前面的例子,假设:A 班级的平均分是 80,标准差是 10,A 考了 90 分;B 班的平均分是 400,标准差是 100,B 考了 600 分。可以计算得出,A 的 Z-score 是(90−80)/10=1,B 的 Z-score 是(600−400)/100=2,因此 B 的成绩更为优异。

因此,可以看出来,通过 Z-score 可以有效地把数据转换为统一的标准,并进行比较,但是需要注意,Z-score 本身没有实际意义,它的现实意义需要在比较中得以实现,这也是 Z-score 的缺点之一。

Z-score 最大的优点是简单,容易计算,在很多工具中,例如 R 语言,不需要加载包,仅仅凭借最简单的数学公式就能够计算出 Z-score 并进行比较。此外,Z-score 能够应用于数值型的数据中,并且不受数据量级的影响,因为它本身的作用就是消除量级给分析带来的不便。

但是 Z-score 应用也有风险。首先,估算 Z-score 需要总体的平均值与方差,但是这一值在真实的分析与挖掘中很难得到,在大多数情况下是用样本的均值与标准差进行替代的,其次,Z-score 对于数据的分布有一定的要求,正态分布是最有利于 Z-score 计算的。最后,Z-score 消除了数据具有的实际意义,A 的 Z-score 与 B 的 Z-score 与他们各自的分数不再

有关系,因此 Z-score 的结果只能用于比较数据间的结果,数据的真实意义还需要还原原值。

最后,讲解一个易混淆的概念:u 分布和 z 分布。u 分布是标准正态分布,是以 0 为均值,以 1 为标准差的正态分布。z 分布是正态分布,是以 μ 为平均值,以 σ 为标准差的正态分布。对于 z 分布中的所有变量 X,转换为$(X-\mu)/\sigma$ 时,其服从 u 分布。

图 1-36　高尔顿钉板

正态分布是最常见也是最重要的一种分布,在自然界及社会生活、生产实际中很多随机变量服从或近似服从正态分布,例如产品的各种质量指标、测量误差、某地区的年降雨量和成年人的身高等。正态分布为什么常见?笔者认为主要有两个原因,一个是中心极限定理(Central Limit Theorem)。中心极限定理的一种解读是,如果某事物受到多种因素的影响,则不管每个因素本身是什么分布,它们求和后,结果的平均值就是正态分布。

下面这个游戏读者应该都见过,它叫作高尔顿钉板,如图 1-36 所示。

弗朗西斯·高尔顿爵士(1822—1911 年)是查尔斯·达尔文的表弟,是英格兰维多利亚时代的生物统计学家。他发明了一个叫作高尔顿钉板的装置,展示了正态分布的产生过程:高尔顿钉板是一种装置,它是一个木盒子,里面均匀地分布着若干钉子。从入口处把小球倒入钉板,弹珠往下滚的时候,撞到钉子就会随机选择往左走还是往右走,一颗弹珠一路滚下来会多次选择方向,最终的分布会接近正态分布。

高尔顿钉板有两处细节需要注意:

(1) 顶上只有一处开口。这是要求弹珠的起始状态一致,即要求同分布。

(2) 开口位于顶部中央。这倒无所谓,开在别的位置,分布形态不变,只是平移。

自然界为何有如此多的变量都服从正态分布?因为每个变量都是由一系列随机变量组成的。例如人的身高是由饮食、气候、基因等很多独立变量组成的,这些独立变量就像钉子一样一层一层独立地进行摆放,最初人的身高是固定的,就像从中间下滑的小球,经过多次随机因素之后,人的身高就变成了正态分布。

还有一个重要的原因是正态分布的最大熵性质。很多时候,并不知道数据的真实分布是什么,能从数据中获取的比较好的信息就是均值和方差,除此之外没有其他更加有用的信息,因此按照最大熵原理,应该选择在给定信息的限制下熵最大的概率分布,而这恰好是正态分布,因此按照最大熵的原理,由于对真实分布一无所知,如果数据不能有效地提供除了均值和方差之外的更多的信息,即便数据的真实分布不是正态分布,则这时正态分布就是最佳的选择。

　　如何检验正态分布呢？常见的基于图像的检验方法有偏度与峰度方法、P-P 图 & Q-Q 图方法和非参数检验方法。

　　① 偏度与峰度方法：偏度（Skewness）描述数据分布不对称的方向及其程度，如图 1-37 所示。

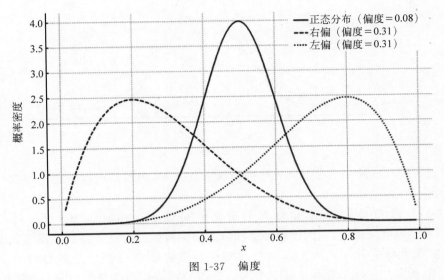

图 1-37　偏度

　　当偏度≈0 时，可认为分布是对称的，服从正态分布；当偏度＞0 时，分布为右偏，即拖尾在右边，峰尖在左边，也称为正偏态；当偏度＜0 时，分布为左偏，即拖尾在左边，峰尖在右边，也称为负偏态。

　　注意：数据分布的左偏或右偏，指的是数值拖尾的方向，而不是峰的位置，容易引起误解。

　　峰度（Kurtosis）：描述数据分布形态的陡缓程度，如图 1-38 所示。

　　峰度有两种常见的定义方式：Pearson 峰度和 Fisher 峰度（或超额峰度）。

　　Pearson 峰度：对于正态分布，其值为 3。

　　Fisher 峰度（超额峰度）：是 Pearson 峰度减 3，所以对于正态分布，其值为 0。

　　实线表示标准正态分布，其超额峰度为 0，表示与标准正态分布的峰度相比没有差异。虚线表示高峰分布（双指数或 Laplace 分布），其超额峰度明显大于 0，表示相较于标准正态分布，此分布的尾部更重，中心也更尖。点线表示低峰分布（宽的正态分布），其超额峰度明显小于 0，表示相较于标准正态分布，此分布的尾部更轻，中心也更扁。

　　了解偏度和峰度这两个统计量的含义很重要，在对数据进行正态转换时，需要将其作为参考，选择合适的转换方法。

　　② P-P 图 & Q-Q 图方法：P-P 图反映了变量的实际累积概率与理论累积概率的符合程度，Q-Q 图反映了变量的实际分布与理论分布的符合程度，两者意义相似都可以用来考查

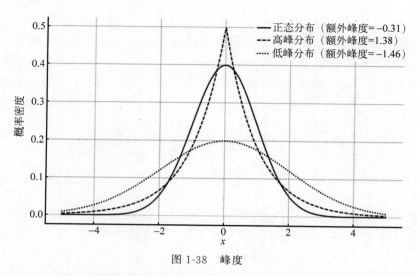

图 1-38　峰度

数据资料是否服从某种分布类型。若数据服从正态分布，则数据点应与理论直线（对角线）基本重合。

　　【例 1-8】　以 Q-Q 图为例，Q-Q 图的全称是 Quantile-Quantile 图（百分位数图），如图 1-39 所示。也就是说，此图的横轴和纵轴分别是两组数据的百分位数。每组数据的相同百分位数能在坐标系中确定一个点，这些点构成的图就是 Q-Q 图。正态 Q-Q 图就是正态百分位数图，即其中一组数据服从正态分布。这组数据可以作为横轴，也可以作为纵轴，不影响结果。

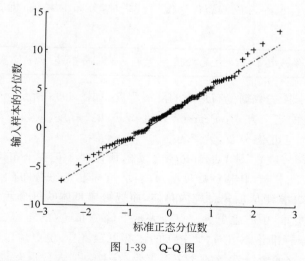

图 1-39　Q-Q 图

　　百分位数是什么意思？粗略地讲，就是将一组数据从小到大排列，如果有 10％的数字小于或等于某一数值，该数值就是这组数据的第 10 百分位数；如果有 25％的数字小于或等于某一数值，该数值就是这组数据的第 25 百分位数，一般将其称为第 1 个四分位数。如果两组数据的分布接近或相同,则相同百分位数的数值在其各自数轴上的相对位置应该接近。

③ 非参数检验(SW & KS):原假设为"来自总体的样本与正态分布无显著性差异,即符合正态分布",也就是说只有 $P>0.05$ 才能说明资料符合正态分布。通常正态分布的检验方法有两种,一种是 Shapiro-Wilk 检验,适用于小样本资料(SPSS 规定样本量≤5000),另一种是 Kolmogorov-Smirnov 检验,适用于大样本资料(SPSS 规定样本量>5000)。这里不展开叙述原理了,感兴趣的读者详见统计学相关章节。

1.3.7 经验概率分布

先来具体看一下经验分布函数的定义:首先,根据大数定理(详见 1.4.1 节),在抽样的次数足够大时,可以把抽样结果的频率当作概率,所以经验分布函数的核心思想就是把频率分布函数当作概率分布函数。来看一个例子。

若已知样本值 $x_1,x_2,\cdots,x_n$ 的频数、频率分布见表 1-3。

表 1-3 频数、频率分布

指标 X	x_1^*	x_2^*	$\cdots$	x_l^*
频数 n_i	n_1	n_2	$\cdots$	n_l
频率 f_i	$\dfrac{n_1}{n}$	$\dfrac{n_2}{n}$	$\cdots$	$\dfrac{n_l}{n}$

则经验分布函数被定义为

$$F_n(x) = \begin{cases} 0, & x < x_1^* \\ \dfrac{n_1 + \cdots + n_i}{n}, & x_i^* \leqslant x < x_{i+1}^* \quad i=0,1,2,\cdots,l-1 \\ 1, & x \geqslant x_l^* \end{cases} \tag{1-112}$$

像经验概率分布这种把频率分布函数作为概率分布函数是有理论依据的,被称为格里汶科定理:对于任意实数 x,当 $n \to \infty$ 时,经验分布函数 $F_n(x)$ 以概率 1 一致收敛于概率分布函数 $F(x)$,即当 n 充分大时,经验分布函数的任一个观察值 $F_n(x)$ 与总体分布函数 $F(x)$ 只有微小的差别,从而实际上可当作 $F(x)$ 来使用。

1. 总体与样本

把所研究的全部元素组成的集合称为总体,而把组成总体的每个元素称为个体。

生活中很多问题的总体是不可统计的,因此需要根据样本来估计总体的参数。一方面,可以使用样本估计的经验分布函数为这个问题选择一个相似的理论概率分布函数,这样就可以使用这些理论概率分布的性质来进一步解决问题了。另一方面,也可以先假设问题的理论概率分布函数,再通过样本估计的经验分布函数来验证之前的假设是否成立。值得注意的是,这种通过样本估计总体的做法肯定是有偏差的,怎么衡量这些偏差呢?可以使用接下来介绍的标准误差和置信区间进行描述。

经验概率分布是基于样本数据得出的概率分布。可以用于检验理论假设；还可以帮助为一批未知数据选择最合适的理论分布。当尝试确定适当的理论分布时，应该考虑数据生成机制。

2. 标准误差

回忆一下，假设数据是正态分布的。一旦知道了均值和标准差（SD），便知道了值分布的全部情况。根据概率表，对于任一个正态分布，大概 2/3（精确的数值是 68.2%）的值会落在均值－1 SD 和均值＋1 SD 之间。95.4% 的值会落在均值－2 SD 和均值＋2 SD 之间。SD 表示值环绕均值的分布情况。

生活中大部分研究的目的是预计某个整体的参数，如总体均值和总体标准方差。前面提到过很多问题的总体是不可统计的，因此需要根据样本来估计总体的参数。一旦有了估计值，另外一个问题就随之而来了：这个预计的精确程度怎样？这问题看上去无解。如果不知道确切的整体参数值，则能否评价预计值的接近程度呢？可是曾经的统计学家没有被吓倒。科学家给出了答案：将解法求助于概率，把问题转化成真实整体均值处于某个范围内的概率有多大？

具体一些，回答这个疑问的一种方法反复研究（试验）几百次，获得非常多组的样本，计算其均值，然后取这些样本均值的平均值，同一时候也计算得出它们的标准方差，然后用概率表可预计出一个范围，例如，包含 90% 或者 95% 的这些均值预计。这时就可以说整体均值 90% 或者 95% 会落在这个范围内。

我们将这些样本均值的标准差称为均值的标准误差（The Standard Error of the Mean），或标准误差（Standard Error，SE），其中有个关键点，为了得到"这些"样本均值，要反复研究（试验）很多次，但是，有些问题做一次研究已经非常困难了，不要说几百次了。好在一向给力的统计学家已经想出了基于单项研究（试验）确定 SE 的方法，即标准误差的计算公式。

总体标准差：

$$S = \sqrt{\frac{\sum\limits_{i=1}^{n}(x_i - \bar{x})^2}{n-1}} \tag{1-113}$$

样本标准差：

$$\sigma = \sqrt{\frac{\sum\limits_{i=1}^{n}(x_i - \bar{x})^2}{n}} \tag{1-114}$$

标准误差：

$$\sigma_n = \frac{\sigma}{\sqrt{n}} \tag{1-115}$$

先从直观的角度来讲：是哪些因素影响了对预计精确性的推断？一个明显的因素是研究的规模。样本规模 N 越大，反常数据对结果的影响就越小，结果就越接近整体的均值，所

以 N 应该出现在计算 σ_n 公式的分母中：由于 n 越大，σ_n 越小。相似地，第二因素是：数据的波动越小，越相信均值预计能精确反映它们，所以 σ 应该出现在计算公式的分子上：σ 越大，σ_n 越大。

所以，标准差实际上反映的是数据点的波动情况，而标准误差则是样本均值的波动情况。标准误差可以反映用样本均值来估计总体均值的可靠性。标准误差越小，表明当前用样本均值来估计总体均值的做法越可靠。

最后总结一下标准差和标准误差：本质上二者是同一个东西（都是标准差），但前者反映的是一种数据与均值的偏离程度，而后者反映的是一种"差错"，即用样本统计量去预计整体参数数的时候，对其"差错"大小（预计精度）的衡量。

3．置信区间

置信区间是指由样本统计量所构造的总体参数的估计区间。前面针对标准误差 SE，我们提到了某个值范围。有 95％或者 99％的信心觉得真实值就处在其中。这里将这个值范围称为"置信区间"（Confidence Intervals，CI）。接下来介绍它的计算方法。

观察正态分布表会发现 95％的区域处在 -1.96SD 和 $+1.96$SD 之间。

回想到前面的考试的样例。分数均值是 500，SD 是 100。在这个参数下，95％的分数处在 304 和 696 之间。怎样得到这两个值呢？首先把 SD 乘上 1.96，然后从均值中减去这部分，便得到下限 304，即（$500-1.96\times100$）。假设加到均值上便得到上限 696，即（$500+1.96\times100$）。CI 也是这样计算的，不同的地方是采用 SE 替代 SD，所以计算 95％置信区间的 CI 的公式是：

$$95\%\text{CI}=均值\pm(1.96\times\text{SE}) \tag{1-116}$$

SD 反映的是数据点环绕均值的分布状况，是数据报告中必须有的指标。SE 则反映了均值波动的情况，是研究反复多次后，期望得到的差异程度。SE 自身不传递实用的信息，主要功能是计算 95％和 99％的 CI。CI 反映的是真实的总体均值存在的范围。

1.4　统计学

统计学旨在根据数据样本推测总情况。大部分统计分析基于概率，所以这两方面的内容通常兼而有之。

1.4.1　大数定律与中心极限定理

大数定律与中心极限定理是统计学家总结出的自然现象，是概率统计的基石。很多定理和推论都是基于它们之上的研究。

1．大数法则

讲个故事，一位数学家调查发现，欧洲各地男婴与女婴的出生比例是 22：21，只有巴黎是 25：24，这极小的差别使他决心去查个究竟。最后发现，当时巴黎的风尚是重女轻男，有些人会丢弃生下的男婴,经过一番修正后,出生比例依然是 22∶21。中国的历次人口普查的结果也是 22∶21。人口比例所体现的,就是大数法则。

大数法则(Law of Large Numbers)又称大数定律或平均法则。在随机事件的大量重复出现中,往往呈现几乎必然的规律,这类规律就是大数法则。在试验不变的条件下,重复试验多次,随机事件的出现次数近似于它的概率。简单来讲就是把频率当作概率。

至于为什么叫平均法则是因为它的数学定义:若对任意的 $n > 1$ 都有 $X_1, X_2, \cdots, X_n$ 相互独立,期望为 μ,$S_n = X_1 + X_2 + \cdots + X_n$,则 $\dfrac{S_n}{n}$ 收敛到 μ。

含义:在 n 很大时,某随机变量序列的均值收敛于它的期望,这里的收敛即"充分接近"。如,样本数量很大时,样本均值依概率收敛于总体均值。

大数法则反映了世界的一个基本规律:在一个包含众多个体的大群体中,由于偶然性而产生的个体差异,着眼在一个个的个体上看,是杂乱无章、毫无规律、难于预测的,但由于大数法则的作用,整个群体却能呈现某种稳定的形态。例如花瓶是由分子组成的,每个分子都不规律地剧烈震动,但可曾见过一只放在桌子上的花瓶,突然自己跳起来?

2. 小数法则

大数法则是统计学的基本常识,有人称为统计学的灵魂。大数法则虽然威力无穷,但普通人却因其貌不扬而忽视。针对人们在思考时常常无视大数法则的现象,特韦斯基提出了小数法则(Law of Small Numbers)的概念。小数法则不是什么定律或法则,而是一种常见的心理误区。举个简单的例子,在玩抛硬币游戏的时候,如果连续五次抛硬币的结果都是正面,则会有很多人倾向于猜测下一次抛硬币的反面的概率比正面大,这就是小数法则带来的心理误区。

3. 中心极限定理

中心极限定理(Central Limit Theorem)指大量随机变量的和分布趋近于正态分布,即大量($n \to \infty$)、独立、同分布的随机变量之和,近似服从于一维正态分布。讲通俗一些:中心极限定理指的是给定一个任意分布的总体。每次从这些总体中随机抽取 n 个抽样,一共抽 m 次,然后把这 m 组抽样分别求出平均值。这些平均值的分布接近正态分布。服从:

$$\bar{x} \sim N\left(\mu, \left(\frac{\sigma}{\sqrt{n}}\right)^2\right) \tag{1-117}$$

【例 1-9】 现在要统计全国的人的体重,看一看我国平均体重是多少。当然,把全国所有人的体重都调查一遍是不现实的,所以假设共调查 1000 组,每组 50 个人,然后求出第 1 组的体重平均值、第 2 组的体重平均值,一直到最后一组的体重平均值。中心极限定理表明:这些平均值是呈现正态分布的,并且随着组数的增加,效果会越来越好。最后,再把 1000 组算出来的平均值加起来取个平均值,这个平均值会接近全国平均体重。

之所以叫作"中心",只是突出它的重要性,有两个较为接近的解释。一是,早时的研究者认为正态分布是一切分布甚至万物的中心(《数理统计简史》);二是,研究和分布的极限定理的人,认为这个定理是数学学科的中心(张宇)。

1.4.2 参数估计

统计推断是依据从总体中抽取的一个简单随机样本对总体进行分析和判断。统计推断的基本问题可以分为两大类：一类是参数估计问题，另一类是假设检验问题。本节主要讨论总体参数的点估计和区间估计。点估计的核心思想可以概括为离散思想，区间估计的核心思想可以概括为连续思想。对点估计，利用了样本的离散值进行参数估计；对区间估计，其利用了区间这一有效工具，通过特定的方法进行分析，是在某些方面相对点估计更好的估计方式。

1. 参数的点估计

参数是指总体分布中的未知参数，若总体分布形式已知，但它的一个或多个参数为未知，则需借助总体 X 的样本来估计未知参数。例如，在正态总体 $N(\mu, \sigma^2)$ 中，μ, σ^2 未知，μ 与 σ^2 就是参数；若在指数分布 $E(\lambda)$ 的总体中，λ 未知，则 λ 是参数。所谓参数估计就是由样本值对总体的未知参数做出估计。

点估计问题就是要构造一个只依赖于样本的量，作为未知参数或未知参数的函数的估计值。构造点估计常用的方法如下：

（1）矩估计法，用样本矩估计总体矩。

（2）最大似然估计法，利用样本分布密度构造似然函数来求出参数的最大似然估计。

（3）最小二乘法，主要用于线性统计模型中的参数估计问题。

（4）贝叶斯估计法。

作为入门介绍，这里不细究这些方法怎么计算，而且现在有很多科学计算库可以让读者直接在计算机中导包计算，先记住参数估计的思想就可以了。可以用来估计未知参数的估计量很多，于是产生了怎样选择一个优良估计量的问题。首先必须对优良性制定出准则，这种准则不是唯一的，可以根据实际问题和理论研究的方便程度进行选择。优良性准则有两大类：一类是小样本准则，即在样本大小固定时的优良性准则；另一类是大样本准则，即在样本大小趋于无穷时的优良性准则。这里不针对两种情况进行展开分析，仅介绍 3 个常见的优良性准则。

1）无偏性

无偏性不是要求估计量与总体参数不得有偏差，因为这是不可能的，既然是抽样，必然存在抽样误差，不可能与总体完全相同。无偏性指的是如果对这同一个总体反复多次抽样，则要求各个样本所得出的估计量（统计量）的平均值等于总体参数。符合这种要求的估计量被称为无偏估计量。

在随机抽样中，有时会抽到偏小的单位，有时会抽到偏大的单位，在无偏估计的情况下，这种误差没有系统性方向，随着样本的增加，这有大有小的误差会相互抵消，因此无偏估计量是指没有系统性误差。有偏估计量则不同，它的误差不会随着样本的增大而消失，而是具有一定的方向并会产生系统性误差。无偏估计如图 1-40(a) 所示，有偏估计如图 1-40(b) 所示，通过对比图可以更好地理解无偏性。

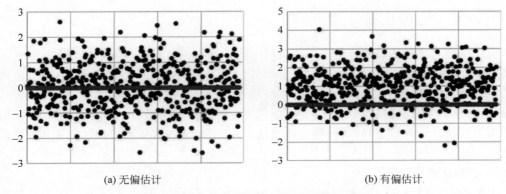

图 1-40　无偏估计和有偏估计

2）有效性

有效性也称为最小方差性，指的是估计量在所有无偏估计量中具有最小方差。估计量与总体之间必然存在着一定的误差，衡量这个误差大小的一个指标就是方差，方差越小，估计量对总体的估计也就越准确，这个估计量也就越有效。

3）一致性

一致性指的是随着样本量的增大，估计量的值越来越接近被估计的总体参数。如果一个估计量是一个一致估计量，则样本容量越大，代表性就越好，估计的可靠性就越高；如果不是一致估计量，则增大样本容量不会提高其代表性。

简而言之，参数的点估计就是利用从总体中抽取样本进行参数估计，并把结果当作总体参数的过程。

2. 参数的区间估计

点估计值经常有差异。为了解决这个问题，有了区间估计的做法。通俗地讲：区间估计是在点估计的基础上，给一个合理取值范围。

例如抽样鸡腿的平均质量为 150g，是一个点估计值。抽样鸡腿的平均质量为 145g 到 155g，是一个区间估计。

其中，145～155 称为置信区间。这很符合人们的常规理解：东西很难 100％准确，有个范围也是可以理解的。

但这个范围有多大可信度呢？通常用置信水平来衡量，即"有多大把握，真实值在置信区间内"。一般用（1－α）表示。如果 α 取 0.05，则置信水平为 0.95，即 95％的把握。α 指的是显著性水平。

将置信区间与置信水平连起来，完整的表达为"有 95％（置信水平）的把握，鸡腿平均质量在 145～155g（置信区间）"。

有的读者会好奇，为什么置信水平不是 100％？通俗地说，当置信水平太高时，置信区间会变得非常大，从而产生一些正确但无用的结论。

例如有 100％的把握，一个人的体重在 0～100kg……这是句正确的废话。

3．如何做区间估计

做区间估计需要以下 4 步：

（1）确认抽样对象和要计算的指标（例如样本均值）。

（2）进行抽样，获得样本数据（根据中心极限定理：多次抽样计算得到的样本均值呈现正态分布）。

（3）给定置信水平（$1-\alpha$ 值），在正态分布下一般根据经验法则选取（例如，68%、95%、99.7%）。

（4）利用 Z 分布（两个标准差内包含 95% 数据），求出对应置信区间：

$$\nabla_{\bar{x}} = \frac{\sigma}{\sqrt{n}}$$

$$\bar{x} - 2\sigma \nabla_{\bar{x}} < \mu < \bar{x} + 2\sigma \nabla_{\bar{x}} \qquad (1\text{-}118)$$

$$\bar{x} - 2\frac{\sigma}{\sqrt{n}} < \mu < \bar{x} + 2\frac{\sigma}{\sqrt{n}}$$

如果对式（1-118）不熟悉，则可参考 1.3.7 节。

1.4.3 统计量和抽样分布

1．统计量

在数理统计学中，把研究对象的全体所构成的集合称为总体或母体，而把组成总体的每个元素称为个体。在实际中，总体的分布往往不可得，因此统计学基本可以看作用样本来推测总体分布情况的学科。

样本是进行统计推断的依据，但在应用中往往不是直接利用样本本身，而是针对样本进行加工和提炼，把样本中值得关心的信息集中起来构成关于样本的适当函数，利用这些样本的函数进行统计推断。这些样本函数被称为统计量。简单的统计量有样本均值、众数、中位数、四分位数、样本方差和标准差等；除此之外，还有基于抽样分布的统计量：z 值、t 值、f 值和卡方值。

2．抽样分布

首先想一个问题，为什么要抽样，如果可以得到全部总体数据，就不用进行抽样了，但在实际情况中往往无法得到全部数据，所以通过样本反映总体数据的情况。总结一下，通过抽样的方式，从总体（容量为 N 个体）多次取出样本（容量为 n 个体），通过样本的某个统计量的情况，来预估总体的情况，目的就是省时省力且要准确。

现代统计学奠基人之一、英国统计学家费希尔（Fisher）曾把抽样分布、参数估计和假设检验看作统计推断的三大中心内容。

统计学中，需要研究统计量的性质，并评价一个统计推断的优良性，而这些取决于其抽样分布的性质，所以抽样分布是统计学中的重要内容。

统计学中常见的抽样分布有 4 种：正态分布（Normal Distribution）、卡方分布（χ^2 Chi-square Distribution)、t 分布(Student st-distribution)、F 分布(F Distribution),后面三大分布都是在正态分布的基础上推导出来的。这些分布都是一些样本统计量的常见分布,是统计学家对常见统计量分布现象的总结,读者不要太过纠结这些分布是怎么得来的,为什么长这个样子?初学阶段只需先认识它们,知道它们大概是干什么用的,以及它们的统计量:z 值、t 值、f 值和卡方值。

抽样分布相关概念如下。

(1)总体:是准备对其进行测量、研究或分析的整个群体。一般对总体的调查方法为普查,如人口普查。

(2)样本:是从总体中选取的一部分,用于代表总体。

(3)样本均值:一个样本中所有数据的平均值,用 $\overline{X}$ 表示。

(4)总体均值:要研究的总体中所有数据的平均值,用 μ 表示。

(5)抽样分布:将多组样本平均值可视化,叫作抽样分布。

1)正态分布与 z 分布

正态分布又名高斯分布,是一个在数学、物理及工程等领域都非常重要的概率分布,在统计学的许多方面有着重大的影响力。若连续型随机变量 X 的密度函数为

$$f(x) = \frac{1}{\sqrt{2\pi}\sigma} e^{-\frac{(x-\mu)^2}{2\sigma^2}}, \quad -\infty < x < +\infty \tag{1-119}$$

其中,μ 为数学期望、σ^2 为方差、σ 为标准差。$\mu,\sigma(\sigma>0)$ 都为常数,则称 X 服从参数为 μ,σ 的正态分布,简记为 $X \sim N(\mu,\sigma^2)$。因其曲线呈钟形,因此人们又经常称为钟形曲线。此外,通常所讲的标准正态分布是 $\mu=0,\sigma=1$ 的正态分布。

Z-score 又称标准分数,是一个实测值与平均数的差再除以标准差的结果。Z-score 通过 $(x-\mu)/\sigma$ 将两组或多组数据转换为无单位的 Z-score 分值,使数据标准统一化,提高了数据可比性,削弱了数据解释性。Z-score 的量代表着实测值和总体平均值之间的距离,是以标准差为单位进行计算的。大于平均数的实测值会得到一个正数的 Z-score,小于平均数的实测值会得到一个负数的 Z-score。

根据中心极限定理,当样本量足够大时(一般大于 30),从总体中多次抽样得到的均值服从正态分布 $\overline{x} \sim N\left(\mu, \left(\frac{\sigma}{\sqrt{n}}\right)^2\right)$。将这个分布求 Z-score 得到的 z 分布服从标准正态分布。

$$z = \frac{\overline{x} - \mu}{\frac{\sigma}{\sqrt{n}}} \tag{1-120}$$

但是,这个总体标准差 σ 往往很难得到,因此不得已需要用样本标准差 s 来代替,这时就服从 t 分布,即

$$t = \frac{\overline{x} - \mu}{\frac{s}{\sqrt{n}}} \sim t(n-1) \tag{1-121}$$

2）卡方分布

设随机变量服从正态分布 $X_1, X_2, \cdots, X_n \sim N(0,1)$ 且相互独立，记 $\chi^2 = X_1^2 + X_2^2 + \cdots + X_n^2$，则称随机变量 χ^2 服从的分布为自由度为 n 的 χ^2 分布，记为 $\chi^2 \sim \chi^2(n)$，其概率密度为

$$f(x) = \begin{cases} \dfrac{1}{2^{\frac{n}{2}} \Gamma\left(\dfrac{n}{2}\right)} x^{\frac{n}{2}-1} \mathrm{e}^{-\frac{x}{2}}, & x > 0 \\ 0, & x \leqslant 0 \end{cases} \tag{1-122}$$

χ^2 分布的概率密度函数 $f(x)$ 的图像如图 1-41 所示，$f(x)$ 随 n 取值的不同而不同。

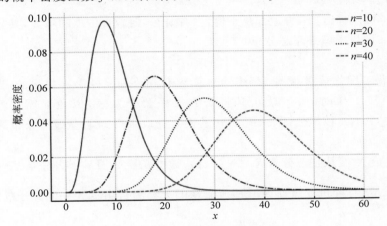

图 1-41　卡方分布的概率密度函数

χ^2 分布具有下列性质：

（1）若 $\chi^2 \sim \chi^2(n)$，则 $E(\chi^2) = n$，$D(\chi^2) = 2n$。

（2）χ^2 分布的可加性：若 $\chi_1^2 \sim \chi^2(n_1)$，$\chi_2^2 \sim \chi^2(n_2)$ 且相互独立，则 $\chi_1^2 + \chi_2^2 \sim \chi^2(n_1 + n_2)$。

（3）当自由度是 2 时，比较特殊，刚好是指数分布。

（4）当自由度大于 2 时，卡方分布的曲线都是单峰曲线，在 $n-2$ 处取得峰值。

（5）曲线关于 $x = n-2$ 是不对称的，当 n 越大时，峰向右移动；当 n 无限大时，可以用正态分布近似。

（6）此外，卡方分布还有一个推论：

$$\frac{(n-1)s^2}{\nabla^2} \sim \chi^2(n-1) \tag{1-123}$$

解释一下：样本方差 s^2 乘上自由度 $(n-1)$，再除以总体方差 ∇^2 服从 $\chi^2(n-1)$。这个推论体现的是样本方差的抽样分布服从卡方分布。

假设 O 代表某个样本中某个类别的观察频数，E 是期望频数，O 与 E 之差称为残差。残差可以表示某个类别变量观察值和期望值的偏离程度，但因为残差有正有负，相加后会彼此抵消，因此不能将残差简单地相加以表示观察频数与期望频数的差别，为此可以先将残差

进行平方,然后求和。另一方面,残差的大小是一个相对的概念。例如,当期望频数为 10 时,残差为 20 显得较大,但当期望频数为 1000 时,20 的残差就很小了。考虑到这一点,又将残差平方除以期望频数。对于多个观察值,只要将这些残差平方相加,得到的数值就是 χ^2(χ^2 Statistic),χ^2 值服从卡方分布。χ^2 值的计算公式为

$$\chi^2 = \sum \frac{(O-E)^2}{E} \tag{1-124}$$

式(1-124)统计量卡方值的计算方法与样本方差的计算方法类似,实际上,样本方差的抽样分布都将趋于卡方分布,严格来讲就是之前提到的推论:样本方差 s^2 乘上自由度$(n-1)$,再除以总体方差∇^2服从 $\chi^2(n-1)$。

从图 1-41 可以看出:卡方值都是正值,呈右偏态,随着自由度的增大,其分布趋于正态分布(卡方分布的极限就是正态分布)。

3)t 分布

t 统计量是英国化学家、数学家、统计学家 William Sealy Gosset 提出的,当年他在爱尔兰的吉尼斯酒厂工作时,酒厂禁止其将研究成果公开发表,以免泄露秘密,迫不得已 William Sealy Gosset 以笔名 The Student 发表研究成果,t 统计量及 t 分布的命名就是源于该笔名。

设随机变量 X 服从正态分布 $X \sim N(0,1)$,随机变量 Y 服从卡方分布 $Y \sim \chi^2(n)$,并且 X 与 Y 相互独立,称随机变量 $T = \dfrac{X}{\sqrt{\dfrac{Y}{n}}}$ 所服从的分布为自由度为 n 的 t 分布(学生分布),记为 $T \sim t(n)$,其概率密度为

$$f(x) = \frac{\Gamma\left(\dfrac{n+1}{2}\right)}{\sqrt{n\pi}\,\Gamma\left(\dfrac{n}{2}\right)} \left(1 + \frac{x^2}{n}\right)^{-\frac{n+1}{2}}, \quad -\infty < x < +\infty \tag{1-125}$$

有的读者会提出疑问在式(1-121)中讲到 $t = \dfrac{\bar{x}-\mu}{\dfrac{s}{\sqrt{n}}} \sim t(n-1)$,这里又说 $t = \dfrac{X}{\sqrt{\dfrac{Y}{n}}}$,到底哪个是正确的呢?

其实是等价的,可以推导一下:

$$t = \frac{\bar{x}-\mu}{\dfrac{s}{\sqrt{n}}} = \frac{\dfrac{\bar{x}-\mu}{\dfrac{\sigma}{\sqrt{n}}}}{\dfrac{\dfrac{s}{\sqrt{n}}}{\dfrac{\sigma}{\sqrt{n}}}} = \frac{z}{s/\sigma} \tag{1-126}$$

根据卡方分布的推论：

$$\frac{(n-1)s^2}{\nabla^2} \sim \chi^2(n-1) \qquad (1\text{-}127)$$

又因为

$$\frac{s}{\sigma} = \sqrt{\frac{n}{n}\frac{s^2}{\sigma^2}} = \frac{\sqrt{\frac{ns^2}{\sigma^2}}}{\sqrt{n}} = \frac{\sqrt{Y}}{\sqrt{n}} \qquad (1\text{-}128)$$

可得 $t = \dfrac{X}{\sqrt{\dfrac{Y}{n}}}$

t 分布的概率密度函数的图像如图 1-42 所示。

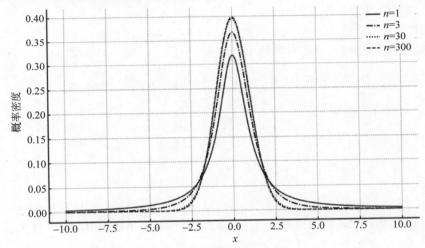

图 1-42　t 分布的概率密度函数 $f(x)$

显然，$f(x)$ 随 n 的不同而不同，并且 $f(x)$ 为偶函数。当 $n \rightarrow \infty$ 时，t 分布密度趋于标准正态分布密度。

小结一下，虽然可以基于正态分布使用样本统计量来估计总体参数，但是，在实际应用中，总体的均值和标准差往往是未知的，因此常用样本的均值和标准差作为总体的估计值。由于估计存在误差，所以这样计算出来的 z 值不完全服从正态分布。Gosset 通过计算大量样本均值和样本均值标准差的比值，得到了这个比值的分布，叫作 t 分布。注意，这里假设总体服从正态分布。

按照计算 z 值的方式，用样本标准差 s 代替总体的标准差 σ，这个数值就叫作 t 统计量（t Statistic），t 统计量的分布服从 t 分布。t 统计量的计算公式为

$$t = \frac{\bar{x} - \mu}{s/\sqrt{n}} \qquad (1\text{-}129)$$

其中,$\bar{x}$ 是随机样本均值,μ 是总体均值,s 是样本标准差,n 是样本量。

t 分布以 0 为中心,左右对称,其形态变化与自由度 v(Degrees of Freedom)有关。自由度 v 越小,t 分布曲线越低平;自由度 v 越大,t 分布曲线越接近标准正态分布曲线。自由度指在数据集中能自由变化的观察值的数量,对于某个抽样样本来讲,其自由度等于样本中的观察值数量减一,即 $v=n-1$。

当样本量接近 30 时,t 分布开始逐渐接近标准正态分布(中心极限定理),因此,t 分布被广泛使用,因为其不管对于小样本或者大样本都是正确的,而正态分布只对大样本正确(样本超过 30)。在实际使用中,通常使用 t 检验,相较于正态分布,t 分布的特点是尖峰厚尾。t 分布能够很好地消除异常值带来的标准差波动。

至于 t 分布的区间估计,通过自由度(v)和设置置信度($1-\alpha$),在 t 值表(t-table)上查找出对应的 t 值,然后可以计算出在这个置信度下,总体均值的置信区间(区间估计),与查 z 值表计算置信区间的流程相同。

4)F 分布

设随机变量 U,V 相互独立且服从卡方分布,即 $U \sim \chi^2(n_1)$,$V \sim \chi^2(n_2)$,则称随机变量 $F = \dfrac{U/n_1}{V/n_2}$ 服从的分布为自由度为 (n_1,n_2) 的 F 分布,记为 $F \sim F(n_1,n_2)$。

$F(n_1,n_2)$ 分布的概率密度为

$$f(x) = \begin{cases} \dfrac{\Gamma\left(\dfrac{n_1+n_2}{2}\right)}{\Gamma\left(\dfrac{n_1}{2}\right)\Gamma\left(\dfrac{n_2}{2}\right)} \left(\dfrac{n_1}{n_2}\right)\left(\dfrac{n_1}{n_2}x\right)^{\frac{n_1}{2}-1}\left(1+\dfrac{n_1}{n_2}x\right)^{-\frac{n_1+n_2}{2}}, & x > 0 \\ 0, & x \leqslant 0 \end{cases} \tag{1-130}$$

F 分布的概率密度函数的图像随 n_1,n_2 取值的不同而不同,如图 1-43 所示。

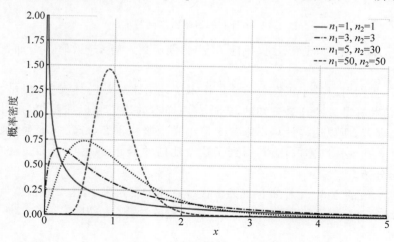

图 1-43　F 分布的概率密度函数

从图 1-43 中很容易了解到,当 n_1 和 n_2 逐渐增大时,F 分布的形状接近正态分布,但仍然是正偏态的,这是因为以下两点。

(1) 中心极限定理:样本量越大,很多统计量的分布(特别是均值的分布)会越来越接近正态分布。

(2) 方差比较:F 分布是两个卡方分布的比率,而卡方分布是正偏态的。当自由度增加时,卡方分布也逐渐接近正态分布,因此,两个大自由度的卡方分布的比率会更加接近正态分布。

值得注意的是,尽管其形状类似于正态分布,F 分布始终是正偏态的,并且定义在 $(0, \infty)$。

t 检验可以用来检验单个样本的均值是否和总体一致,或者检验两个总体的均值是否一致。那么如果需要检验两个以上的总体均值是否一致,则该怎么办呢? 为此,Fisher 创造出了方差分析(Analysis of Variance,ANOVA)。注意方差分析不是分析方差,而是根据方差的思想,来分析多总体均值的比较。

将多个样本之间的方差(组间方差)除以样本内部的方差(组内方差),得出的比率被称为 F 值(F Ratio),F 值服从 F 分布。F 值的计算公式为

$$F = \frac{\sum n_k (\overline{x_k} - \overline{x_G})^2 / (k-1)}{\sum (x_i - \overline{x_k})^2 / (N-k)} \tag{1-131}$$

其中,$\overline{x_G}$ 是总均值 $\overline{x_G} = \dfrac{x_1 + x_2 + \cdots + x_n}{N}$,$k$ 是样本数量,N 是 k 个样本的总观察值的数量。

如果组间方差和组内方差相差不大,则 F 值应该在 1 附近,说明这些样本的均值是一致的;如果 F 值远远大于 1,则说明不是所有的样本均值都是一致的。

F 分布是一种非对称分布,它有两个自由度,即 $n-1$ 和 $m-n$,相应的分布记为 $F(n-1, m-n)$。$n-1$ 通常称为分子自由度,因为如果知道 $n-1$ 个组的均值和整体均值,则可以推算出第 n 个组的均值。$m-n$ 通常称为分母自由度,这是因为如果总共有 m 个观察值,并且有 n 个组,则从每个组中都需要减去一个自由度来估计该组的均值,所以总共需要减去 n。不同的自由度决定了 F 分布的形状。

这里对 F 统计值的计算给出以下步骤:

(1) 把 n 组数据放在一起,看成一个总体,算出这个总体的均值 $\hat{\mu}$。

(2) 计算出每组数据的组内平均值 $\hat{\mu}_1, \hat{\mu}_2, \cdots, \hat{\mu}_n$。

(3) 计算出组间差异:$\mathrm{ssb} = n_1 (\hat{\mu}_1 - \hat{u})^2 + n_2 (\hat{\mu}_2 - \hat{\mu})^2 + \cdots + n_n (\hat{\mu}_n - \hat{\mu})^2$。

(4) 计算出组内差异:$\mathrm{ssw} = \sum\limits_{i=1}^{n_1} (x_i - \hat{u}_1)^2 + \sum\limits_{i=1}^{n_2} (y_i - \hat{u}_2)^2 + \cdots$。

(5) 计算 F 值:$F = \dfrac{\mathrm{ssb}/n-1}{\mathrm{ssw}/m-n} \sim F(n-1, m-n)$。

3. 小结

(1) 样本均值和样本标准差的比值,将趋于 t 分布。

（2）样本均值在样本量大于 30 时，将趋于正态分布。

（3）样本方差的抽样分布，将趋于卡方分布。

（4）多个样本之间的方差（组间方差）除以样本内部的方差（组内方差）服从 F 分布。

可以看出，样本均值与 t 分布和正态分布相关；样本方差与卡方分布和 F 分布相关。

1.4.4　假设检验

假设检验的目的与参数估计的目的相同，都是根据样本求总体的参数，但是思想正好相反。可以把参数估计看作正推，即根据样本推测总体，而假设检验是反证，即先在总体上作某项假设，用从总体中随机抽取的一个样本来检验此项假设是否成立。

假设检验可分为两类：一类是总体分布形式已知，为了推断总体的某些性质，对其参数作某种假设，一般对数字特征作假设，用样本来检验此项假设是否成立，称此类假设为参数假设检验。另一类是总体形式未知，对总体分布作某种假设。例如，假设总体服从泊松分布，用样本来检验假设是否成立，称此类检验为分布假设检验。

假设检验依据的是小概率思想，即小概率事件在一次试验中基本上不会发生。如果样本数据拒绝该假设，则说明该假设检验结果具有统计显著性。一项检验结果在统计上是"显著的"，意思是指样本和总体之间的差别不是由于抽样误差或偶然而造成的，而是设立的假设错误，其实这个思想前人早就有过总结：事出反常必有妖。

1．假设检验的常见术语

（1）零假设（Null Hypothesis）：是试验者想收集证据予以反对的假设，也称为原假设，通常记为 H0。例如零假设是检验"样本的均值不等于总体均值"这一观点是否成立。

（2）备择假设（Alternative Hypothesis）：是试验者想收集证据予以支持的假设，通常记为 H1。例如备择假设是检验"样本的均值等于总体均值"这一观点是否成立。

（3）双尾检验（Two-tailed Test）：如果备择假设没有特定的方向性，并含有符号"＝/"，则将这样的检验称为双尾检验。例如上面给出的零假设和备择假设的例子。

（4）单尾检验（One-tailed Test）：如果备择假设具有特定的方向性，并含有符号"＞"或"＜"，则将这样的检验称为单尾检验。单尾检验分为左尾（Lower Tail）和右尾（Upper Tail）。例如零假设是检验"样本的均值小于或等于总体均值"，备择假设是检验"样本的均值大于总体均值"。

（5）第Ⅰ类错误（弃真错误）：意思是零假设为真时错误地拒绝了零假设。犯第Ⅰ类错误的最大概率记为 α（alpha）。

（6）第Ⅱ类错误（取伪错误）：意思是零假设为假时错误地接受了零假设。犯第Ⅱ类错误的最大概率记为 β（beta）。

（7）检验统计量（Test Statistic）：用于假设检验计算的统计量。例如 z 值、t 值、f 值和卡方值。

（8）显著性水平（Level of Significance）：当零假设为真时，错误拒绝零假设的临界概率，即犯第一类错误的最大概率，用 α 表示。显著性水平一般根据正态分布的经验法则

(68％、95％、99％)进行选取,例如在 5％(100％－95％)的显著性水平下,样本数据拒绝原假设。

(9) 置信度(Confidence Level):置信区间包含总体参数的确信程度,即 $1-\alpha$。例如95％的置信度表明,有 95％的确信度相信置信区间包含总体参数。

(10) 置信区间(Confidence Interval):包含总体参数的随机区间。

(11) 功效(Power):正确拒绝零假设的概率$(1-\beta)$,即不犯二类错误的概率。

(12) 临界值(Critical Value):与检验统计量的具体值进行比较的值。是在概率密度分布图上的分位数。这个分位数在实际计算中比较麻烦,它需要对数据分布的密度函数积分来获得。

(13) 临界区域(Critical Region):拒绝原假设的检验统计量的取值范围,也称为拒绝域(Rejection Region),是由一组临界值组成的区域。如果检验统计量在拒绝域内,则拒绝原假设。

2. 假设检验的一般步骤

将假设检验的一般步骤归纳如下:

(1) 定义总体。

(2) 确定原假设和备择假设。

(3) 选择检验统计量(研究的是统计量:z 值、t 值、f 值和卡方值)。

(4) 选择显著性水平(一般约定俗成地定义为 0.05)。

(5) 从总体进行抽样,得到一定的数据。

(6) 根据样本数据计算检验统计量的具体值。

(7) 依据所构造的检验统计量的抽样分布和显著性水平,确定临界值和拒绝域。

(8) 比较检验统计量的值与临界值,如果检验统计量的值在拒绝域内,则拒绝原假设。

【例 1-10】 某茶叶厂用自动包装机将茶叶装袋。每袋的标准质量规定为 100g。每天开工时,需要检验一下包装机工作是否正常。根据以往的经验知道,用自动包装机装袋质量服从正态分布,装袋质量的标准差 $\sigma=1.15(g)$。某日开工后,抽测了 9 袋,其质量如下(单位:g):

99.3、98.7、100.5、101.2、98.3、99.7、99.5、102.1、100.5。试问此包装机工作是否正常?

解法如下:

设茶叶装袋质量为 Xg,$X \sim N(\mu, 1.15^2)$。现在的问题是茶叶的平均质量是否为100g,即原假设 $\mu=100$,记作 $H0:\mu=100$,记备择假设 $H1:\mu\neq0$。

如果这个假设 H0 成立,则 $X \sim N(100, 1.15^2)$。

取统计量:

$$U = \frac{\overline{X} - 100}{1.15/\sqrt{9}} \tag{1-132}$$

根据中心法则和 z 值的定义,这个统计量服从标准正态分布,即

$$U = \frac{\overline{X} - 100}{1.15/\sqrt{9}} \sim N(0,1) \tag{1-133}$$

下面,定义一个选择显著性水平,例如 $\alpha = 0.05$,当事件的发生概率小于这个值时,则事件是一个小概率事件。根据标准正态分布的概率密度表查得 $u_{0.025} = 1.96$,又 $\overline{x} = 99.98$,得统计量 U 的观测值:

$$u = \frac{\overline{x} - 100}{1.15/\sqrt{9}} = -0.052 \tag{1-134}$$

由于 $|u| = 0.052 < 1.96$,所以小概率事件 $\left\{ \left| \frac{\overline{X} - 100}{1.15/\sqrt{9}} \right| \geqslant u_{0.025} \right\}$ 没有发生,因此可认为原来的假设 H0 成立,即 $\mu = 100$。

3. 假设检验的决策标准

由于检验是利用事先给定显著性水平的方法来控制犯错概率的,所以对于两个数据比较相近的假设检验,无法知道哪一个假设更容易犯错,即通过这种方法只能知道根据这次抽样而犯第一类错误的最大概率,而无法知道具体在多大概率水平上犯错。计算 p 值有效地解决了这个问题,p 值其实就是按照抽样分布计算的一个概率值,这个值是根据检验统计量计算出来的。

通过直接比较 p 值与给定的显著性水平 α 的大小就可以知道是否拒绝原假设,显然这就可以代替比较检验统计量的具体值与临界值的大小的方法,而且通过这种方法,还可以知道在 p 值小于 α 的情况下犯第一类错误的实际概率是多少。假如 $p = 0.03 < \alpha(0.05)$,那么拒绝假设,这一决策可能犯错的概率就是 0.03。

因此假设检验的第 7 步和第 8 步可以改成:

(7)利用检验统计量的具体值计算 p 值。

(8)将给定的显著性水平 α 与 p 值比较,做出结论:如果 p 值 $\leqslant \alpha$,则拒绝原假设。

附:用于解读 p 值的指导意见为 p 值小于 0.01——强有力的证据判定备择假设为真;p 值介于 0.01~0.05——有力的证据判定备择假设为真;p 值介于 0.05~0.1——较弱的证据判定备择假设为真;p 值大于 0.1——没有足够的证据判定备择假设为真。

利用 p 值再做一遍刚才的例题,过程如下:

设茶叶装袋质量为 Xg,$X \sim N(\mu, 1.15^2)$。现在的问题是茶叶的平均质量是否为 100g,即假设 $\mu = 100$,记作 H0:$\mu = 100$,记备择假设 H1:$\mu \neq 0$。

如果这个假设 H0 成立,则 $X \sim N(100, 1.15^2)$。

取统计量:

$$U = \frac{\overline{X} - 100}{1.15/\sqrt{9}} \tag{1-135}$$

根据中心法则和 z 值的定义,这个统计量服从标准正态分布,即

$$U = \frac{\overline{X} - 100}{1.15/\sqrt{9}} \sim N(0,1) \tag{1-136}$$

下面定义一个选择显著性水平，例如 $\alpha = 0.05$，当事件的发生概率小于这个值时，则事件是一个小概率事件。根据标准正态分布的概率密度表查得 $u_{0.025} = 1.96$，又 $\bar{x} = 99.98$，得统计量 U 的观测值：

$$u = \frac{\bar{x} - 100}{1.15 / \sqrt{9}} = -0.052 \tag{1-137}$$

根据标准正态分布的概率密度表查得 $|u| = 0.052$ 的概率 p 为 $0.96 > 0.05$，则事件不是一个小概率事件，零假设成立。

与上述例子类似，假设性检验的种类根据统计量的不同主要包括 z 检验、t 检验、F 检验、卡方检验。

z 检验是在已知总体方差或标准差且样本量较大（通常超过 30）的情境下，对样本均值与某个已知的总体均值进行比较的方法。这种检验适用于总体分布已知的大样本情境。想象在制作一款广受欢迎的面包时，已知过去该面包的平均质量是 500g，但在新的生产线上，想确认新生产的面包质量是否仍然相同。如果每天都生产数千个面包，就可以使用 z 检验来判断。

与 z 检验相似，t 检验也用于均值的比较，但它主要应用于小样本，并且当总体方差未知时。继续上述例子，假设只做了 10 个新款式的蛋糕，并想知道它们的平均质量是否与老款式的 10 个蛋糕相同。因为样本较小，所以可以使用 t 检验。t 检验有几种不同的形式。单样本 t 检验用于比较样本均值与某个特定值；独立样本 t 检验则用于比较两个独立样本的均值，而配对样本 t 检验则是用于比较同一群体在不同条件下的两次测量结果。需要注意的是，t 分布在形状上与正态分布相似，但其尾部更为"厚重"。

F 检验主要用于方差分析，例如比较两个或多个样本的方差，或在回归分析中比较模型的拟合优度。考虑一下，当在尝试 3 种不同的烘焙方法来制作饼干时，想知道这 3 种方法是否会导致饼干有不同的脆度。就可以使用 F 检验来比较这 3 组饼干的方差，看一看是否有显著差异。f 值是两个方差之比，其分布是正偏态的，这与 t 检验不同，后者只对两个均值进行比较。

最后，卡方检验专门用于分类数据。假设进行了一个调查，问顾客他们更喜欢哪种口味的冰激凌：巧克力、草莓还是香草。想知道男性和女性之间是否有口味上的偏好差异。卡方检验可以辅助检查这两个分类变量（性别和口味偏好）之间是否存在关联。除了检查两个分类变量之间是否独立（独立性检验）之外，它还可以用来检查观察到的分类数据与预期频率的匹配程度（适配度检验）。

总体来讲，选择哪种假设检验方法取决于研究的目的、数据的类型及对总体参数的知识。这些检验方法为研究者提供了一套工具，帮助他们在统计上对数据进行合理解释和判断。

1.4.5 相关性分析

1. 相关性分析

在函数关系（Functional Relationship）中，一个变量完全由另一个变量决定。例如，给定一个方程 $y=2x+3$，对于每个 x 的值，y 只有一个确定的值。这种关系可以是线性的、非线性的、确定的或随机的。

相关性关系（Correlational Relationship）描述的是两个变量之间的线性关系的强度和方向，但不涉及因果关系。例如，假设有关于人类的身高和鞋码的数据，虽然可能发现这两者之间有正相关关系，但这并不意味着身高决定了鞋码，或鞋码决定了身高。

1）相关性分析基本概念

相关关系与函数关系如图 1-44 所示。

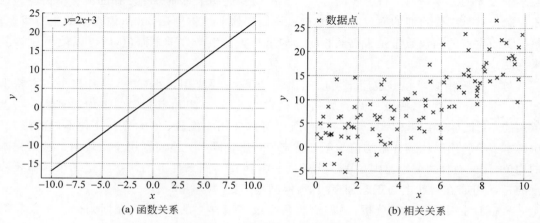

(a) 函数关系   (b) 相关关系

图 1-44 函数关系和相关关系

（1）相关关系与函数关系的关系。

① 现实中，由于存在观察误差和测量误差，所以函数关系通过相关关系表现。

具体来讲，这意味着即使两个变量之间存在一个真实的函数关系，但由于测量错误、观察误差或其他外部因素，在尝试画出这两个变量的图时，可能不会得到一条完美的直线或曲线。相反，可能会看到像图 1-44（b）中那样的散点图，其中点大致沿着一条线或曲线分布，但并不完全在上面，因此，尽管存在真实的函数关系，但在实际观察中，通常只能看到一个相关关系。

② 研究相关关系，利用函数关系作为工具。

解释一下，在现实生活中观察到两个变量之间存在某种相关关系（例如身高和鞋码）时，如果想知道这两者之间的具体关系是怎样的，就可以使用数学工具（如线性回归）来找到描述这两个变量之间关系的函数。这个函数可以帮助预测，例如，给定某人的身高，他们的鞋码可能是多少。在这种情况下，尽管最初只是对两者之间的相关关系感兴趣，但最终使用了函数关系作为一个工具来更好地理解这种关系。

（2）相关关系的类型。

① 根据涉及的变量的个数的不同分为单相关和复相关。

② 根据变化方向的不同分为正相关和负相关。

③ 根据相关程度的不同分为完全相关、不完全相关和无相关。

④ 根据变化形式的不同分为线性相关和非线性相关。

（3）相关系数：描述两个变量之间线性相关程度和相关方向的统计分析指标，用于了解现象之间的相关密切程度。常见的有 Pearson's r，称为皮尔逊相关系数（Pearson Correlation Coefficient），用来反映两个随机变量之间的线性相关程度。

2）皮尔逊相关系数及其假设检验

皮尔逊相关系数用于总体（Population）时记作 ρ（Population Correlation Coefficient），给定两个随机变量 X，Y，ρ 的公式为

$$\rho_{X,Y} = \frac{\text{cov}(X,Y)}{\sigma_X \sigma_Y} \tag{1-138}$$

其中，$\text{cov}(X,Y)$ 是 X，Y 的协方差；σ_X 是 X 的标准差；σ_Y 是 Y 的标准差。

用于样本（Sample）时记作 r（Sample Correlation Coefficient），给定两个随机变量 X，Y，r 的公式为

$$r = \frac{\sum\limits_{i=1}^{n}(X_i - \overline{X})(Y_i - \overline{Y})}{\sqrt{\sum\limits_{i=1}^{n}(X_i - \overline{X})^2}\sqrt{\sum\limits_{i=1}^{n}(Y_i - \overline{Y})^2}} \tag{1-139}$$

其中，n 是样本数量；X_i，Y_i 是变量 X，Y 对应的 i 点观测值；$\overline{X}$ 是 X 样本平均数，$\overline{Y}$ 是 Y 样本平均数。

这里解释一下什么叫作协方差：统计学上用方差和标准差来度量数据的离散程度，但是方差和标准差是用来描述一维数据的（或者说是多维数据的一个维度），现实生活中常常会碰到多维数据，因此人们发明了协方差（Covariance），用来度量两个随机变量之间的关系。仿照方差的公式来定义协方差，这里指样本方差和样本协方差。

方差：

$$s^2 = \frac{1}{n-1}\sum_{i=1}^{n}(x_i - \overline{x})^2 \tag{1-140}$$

协方差：

$$\text{cov}(X,Y) = \frac{1}{n-1}\sum(x_i - \overline{x})(y_i - \overline{y}) \tag{1-141}$$

因为这里是计算样本的方差和协方差，因此用 $n-1$。之所以除以 $n-1$ 而不是除以 n，是因为这样能使我们以较小的样本集更好地逼近总体，即统计上所谓的无偏估计。

协方差如果为正值，则说明两个变量的变化趋势一致；如果为负值，则说明两个变量的变化趋势相反；如果为 0，则两个变量之间不相关（注：协方差为 0 不代表这两个变量相互

独立。不相关是指两个随机变量之间没有近似的线性关系，而独立是指两个变量之间没有任何关系）。

但是协方差也只能处理二维关系，如果有 n 个变量 $X_1, X_2, \cdots, X_n$，则该怎么表示这些变量之间的关系呢？解决办法就是把它们两两之间的协方差组成协方差矩阵（Covariance Matrix）。

最后强调一下 p 的意义：p 的取值在 -1 与 1 之间。当取值为 1 时，表示两个随机变量之间呈完全正相关关系；当取值为 -1 时，表示两个随机变量之间呈完全负相关关系；当取值为 0 时，表示两个随机变量之间线性无关。不同 p 取值下的散点图案例如图 1-45 所示。

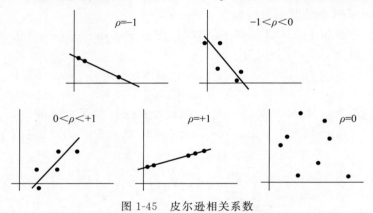

图 1-45　皮尔逊相关系数

那么 p 值需要多大才说明两变量之间有显著关联呢？样本相关系数 p 可以作为总体相关系数 ρ 的估计值，要判断 p 值确实显著，而不是由于抽样误差或偶然因素导致其显著，需要进行假设检验。

第 1 步：提出原假设和备择假设。

假设计算出一个皮尔逊相关系数 r，想检验一下它是否显著地异于 0。那么可以设定原假设和备择假设：

$$H0: r = 0, \quad H1: r \neq 0 \tag{1-142}$$

第 2 步：构造统计量。

在原假设成立的条件下，利用要检验的量构造出一个符合某一分布的统计量。统计量相当于要检验的一个函数，里面不能有其他的随机变量。这里的分布一般有 4 种：标准正态分布、t 分布、χ^2 分布和 f 分布。对于皮尔逊相关系数 r 而言，在满足一定条件下，可以构建统计量：

$$t = r\sqrt{\frac{n-2}{1-r^2}} \tag{1-143}$$

可以证明 t 是服从自由度为 $n-2$ 的 t 分布。

第 3 步：将要检验的值代入，得到检验值。

将要检验的这个值代入式(1-143)中，可以得到一个特定的值（检验值）。例如计算出的

关系系数为 0.5，$n=30$，那么可以得到：

$$t^* = 0.5\sqrt{\frac{30-2}{1-0.5^2}} = 3.055\,05 \qquad (1\text{-}144)$$

第 4 步：画出概率密度函数。

由于知道统计量的分布情况，因此可以画出该分布的概率密度函数，并给定一个置信水平，根据这个置信水平通过查表找到临界值，并画出检验统计量的接受域和拒绝域。

例如上述统计量服从自由度为 28 的 t 分布，其概率密度函数图形如图 1-46 所示。

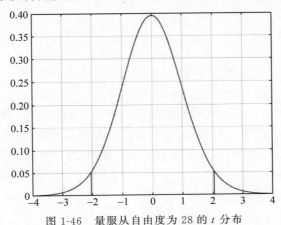

图 1-46 量服从自由度为 28 的 t 分布

第 5 步：给出置信水平，找到临界并画出接受域和拒绝域。

由于此时已知统计量的分布情况，因此可以画出该分布的概率密度函数，并给定一个置信水平，根据置信水平表查到临界值，并画出检验统计量的接受域和拒绝域。常见的置信水平有 3 个：90%、95%、99%，其中 95% 是最常用的。因为这里是双侧检测，所以需要找出能覆盖 0.95 的概率的部分。查表可知，对应的临界值为 2.048，因此可以画出接受域和拒绝域。

第 6 步：判断接受还是拒绝原假设，并得出结论。

判断计算出来的检验值是落在了接受域还是拒绝域，并下结论。因为得到的 $t^* = 3.055\,05 > 2.048$，因此得到结论：在 95% 的置信水平上，拒绝原假设 H0：$r=0$，因此 r 是显著不为 0 的。

皮尔逊相关系数假设试验的条件：

（1）试验数据通常是成对地来自正态分布的整体，因为在求皮尔逊相关系数以后，通常还会用 t 检验之类的方法进行皮尔逊相关系数检验，而 t 检验是基于数据呈正态分布的假设的。

（2）试验数据之间的差距不能太大，皮尔逊相关性系数受到异常值的影响比较大。

（3）每组样本之间是相互独立的，构造 t 统计量时需要用到。

斯皮尔曼相关系数（Spearman）也被叫作斯皮尔曼等级相关系数，同样用于衡量两个变量之间的相关性,在之前对皮尔逊相关系数的介绍中,提到了在进行皮尔逊相关系数运算的时候需要确定数据是否符合正态分布等,较为麻烦,同时不满足正态性的数据难道就没有办法判断相关性了吗? 离散的数据如何判断相关性呢? 因此有人提出了另一种方法,即用数据的大小顺序来代替数值本身。

连续数据,满足正态分布,判断是否具有线性的相关性的时候使用皮尔逊相关系数较为合适,如果不满足条件,则应该使用斯皮尔曼相关系数。

斯皮尔曼相关系数的计算公式如下:

$$r_s = 1 - \frac{6 \sum_{i=1}^{n} d_i^2}{n(n^2 - 1)} \tag{1-145}$$

其中,n 是样本的数量,d 代表数据 x 和 y 之间的等级差。

最后,重要的是要明确,两个变量之间的相关并不直接暗示它们之间存在因果关系。有时,可能存在第 3 个变量,它与这两个变量都有关联,并对它们产生影响。以一个生动的例子来讲,澳大利亚的某个海滩上记录到,鲨鱼袭击的次数与冰激凌的销售量之间存在一定的相关性,但能说冰激凌的销售引起了鲨鱼袭击吗? 显然,这两者之间的相关性并不表明它们之间有直接的因果关系。

第 2 章

神经网络理论基础

2.1 线性模型

2.1.1 线性模型的定义

线性模型有一个 n 维权重 $\boldsymbol{\omega}$ 和一个标量偏差 b：

$$\boldsymbol{\omega} = [\boldsymbol{\omega}_1, \boldsymbol{\omega}_2, \cdots, \boldsymbol{\omega}_n]^{\mathrm{T}}, b \tag{2-1}$$

对于给定的输入 $\boldsymbol{x}$：

$$\boldsymbol{x} = [\boldsymbol{x}_1, \boldsymbol{x}_2, \cdots, \boldsymbol{x}_n]^{\mathrm{T}} \tag{2-2}$$

线性模型得到的输出 y 等于输入 $\boldsymbol{x}$ 与权重 $\boldsymbol{\omega}$ 的加权求和，再加上偏置 b，即

$$y = \boldsymbol{\omega}_1 \boldsymbol{x}_1 + \boldsymbol{\omega}_2 \boldsymbol{x}_2 + \cdots + \boldsymbol{\omega}_n \boldsymbol{x}_n + b \tag{2-3}$$

向量版本的写法为

$$y = \langle \boldsymbol{\omega}, \boldsymbol{x} \rangle + b \tag{2-4}$$

线性模型相乘求和的含义是什么？相乘的含义是通过权重对输入信息进行重要程度的重分配，而求和的目的是综合考虑所有信息。例如，生活中的房价。假设影响房价的关键因素是卧室的个数、卫生间的个数、居住面积，记为 $\boldsymbol{x}_1, \boldsymbol{x}_2, \boldsymbol{x}_3$，那么成交价 y 等于：

$$y = \boldsymbol{\omega}_1 \boldsymbol{x}_1 + \boldsymbol{\omega}_2 \boldsymbol{x}_2 + \boldsymbol{\omega}_3 \boldsymbol{x}_3 + b \tag{2-5}$$

其中，$\boldsymbol{\omega}_1, \boldsymbol{\omega}_2, \boldsymbol{\omega}_3$ 通过相乘的方法决定了因素 $\boldsymbol{x}_1, \boldsymbol{x}_2, \boldsymbol{x}_3$ 的权重，而偏置 b 则是一种纠正，例如即使是同一地域条件差不多的房型，因为卖家和买主的个人原因，成交价也是在一个小范围内浮动的，这就是偏置的概念。

2.1.2 损失函数

2.1.1 节介绍了线性模型的计算方法，那么如何衡量线性模型的输出值是否准确呢？一般会使用数据的真实值作为衡量标准。还是以房价作为例子，当对某地域的某房型进行估值时，可以使用往年该地域的同类房型的出售价格作为真实值。

假设 y 是真实值，$\hat{y}$ 是估计值，则可以比较：

$$\ell(\boldsymbol{y}, \hat{\boldsymbol{y}}) = \frac{1}{2}(\boldsymbol{y} - \hat{\boldsymbol{y}})^2 \tag{2-6}$$

这就是经典的平方损失。$\ell(,)$ 可作为衡量估计值和真实值之间距离的表征,期望的是让 ℓ 尽可能小,因为当 ℓ 足够小时,就说明模型的输出结果无限接近于数据的真值。将 $\hat{y}$ 替换为 $\langle \boldsymbol{\omega}, \boldsymbol{x} \rangle + b$,则上式变成:

$$\ell(X, \boldsymbol{y}, \boldsymbol{\omega}, b) = \frac{1}{2n} \sum_{i=1}^{n} (y_i - \langle x_i, \boldsymbol{\omega} \rangle - b)^2 = \frac{1}{2n} \| \boldsymbol{y} - X\boldsymbol{\omega} - b \|^2 \tag{2-7}$$

实现让 ℓ 尽可能小这个期望的方法被称作模型的训练。深度学习中常用的模型训练方法是有监督训练,详细流程见 2.1.3 节。

2.1.3　梯度下降算法

首先制作一个训练数据集,在当前房价的例子中,可以收集过去两年的房子交易记录。房子的数据(面积、地域、采光等)作为训练集,对应的房子成交价格作为真实值。这些训练数据会随着时间的积累越来越多,然后可以创建一个线性模型,先随机初始化其中的权重和偏置,再将训练数据送进模型,得到一个计算结果,即估计值。此时,由于参数是随机初始化的,这个预估值大概率不准确;接下来使用真实值与预估值进行比较,根据比较的结果反馈,来更新新的模型权重,这个更新权重的方法被称为梯度下降算法,具体解释如下:

从某种程度上,读者可以把梯度理解成某函数偏导数的集合,例如函数 $f(x, y)$ 的梯度为

$$\mathrm{grad}f(x, y) = \left(\frac{\partial f}{\partial x}, \frac{\partial f}{\partial y} \right) \tag{2-8}$$

当某函数只有一个自变量时,梯度实际上就是导数的概念。

需要注意的是,梯度是一个向量,既有大小又有方向。梯度的方向是最大方向导数的方向,而梯度的模是最大方向导数的值。另外,梯度在几何上的含义是函数变化率最大的方向。沿着梯度向量的方向前进,更容易找到函数的最大值,反过来讲,沿着梯度向量相反的方向前进是梯度减小最快的方向,也就是说更容易找到函数的最小值。

例如,维基百科上用来说明梯度的图片特别典型,说明非常形象,所以引来供读者学习。设函数 $f(x, y) = -(\cos2x + \cos2y)^2$,则梯度 $\mathrm{grad}f(x, y)$ 的几何意义可以描述为在底部平面上的向量投影。每个点的梯度是一个向量,其长度代表了这点的变化速度,而方向表示了其函数增长速率最快的方向。通过梯度图可以很清楚地看到,在向量长的地方,函数增长速度就快,而其方向代表了增长最快的方向,梯度图如图 2-1 所示。

现在回到损失 ℓ 的概念,ℓ 也是一种函数(例如平方差损失函数),因此要求 ℓ 的最小值,实际上只需沿着 ℓ 梯度的反方向寻找,这就是梯度下降的概念,其公式表示为

$$\mathrm{grad} = \frac{\partial \ell}{\partial \boldsymbol{\omega}_{t-1}} \tag{2-9}$$

$$\boldsymbol{\omega}_t = \boldsymbol{\omega}_{t-1} - \eta \times \mathrm{grad} \tag{2-10}$$

式(2-10)中-grad 表示梯度的反方向,新的权重 $\boldsymbol{\omega}_t$ 等于之前的权重 $\boldsymbol{\omega}_{t-1}$ 向梯度的反方向前进 $\eta \times \mathrm{grad}$ 的量。图 2-1 中的函数平面化后表示的梯度下降过程如图 2-2 所示。

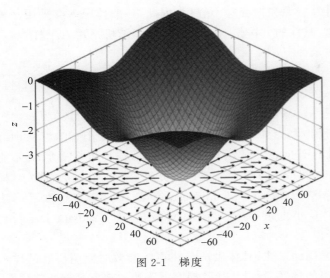

图 2-1　梯度

图 2-2　梯度下降

（1）随机初始化一个初始值$\boldsymbol{\omega}_0$。

（2）重复迭代梯度下降算法，即$\boldsymbol{\omega}_t = \boldsymbol{\omega}_{t-1} - \eta \times \mathrm{grad}(t=1,2,3)$。

（3）此时，更新后的权重会比之前的权重会得到一个更小的函数值，即$\ell(\boldsymbol{\omega}_0) > \ell(\boldsymbol{\omega}_1) > \ell(\boldsymbol{\omega}_2) \cdots \approx \ell_{\min}$。

（4）η是学习率的意思，表征参数更新得快慢，通过$\eta \times \mathrm{grad}$直接影响参数的更新速度。

当η过小时，更新速度太慢，如图 2-3(a)所示；当η过大时，容易出现梯度振荡，如图 2-3(b)所示，这些都是不好的影响。

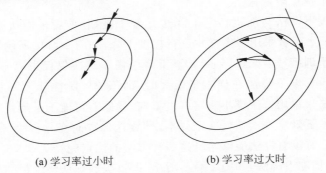

(a) 学习率过小时　　　　　　　　(b) 学习率过大时

图 2-3　学习率对梯度下降的影响

需要注意的是，学习率是直接决定深度学习模型训练成功与否的关键因素。当一个深度学习模型效果不好或者训练失败时，不一定是模型设计的原因，也可能是训练策略所导致的，其中学习率就是训练策略的主要因素之一。在训练时往往会先选择一个较小的学习率（例如 0.0001）进行训练，再逐步调大学习率以观察模型的训练结果。此外，训练数据集也会直接影响模型的效果，即模型的效果＝训练集＋模型设计＋训练策略。

最后，在有监督训练深度学习模型时，往往不会在一次计算中使用全部的数据集，因为训练数据集往往很大,全部使用时计算资源和内存会不够用,因此,一般情况下会采用一种被称为小批量随机梯度下降的算法。具体的方法是从训练数据集中随机采用 b 个样本 i_1, $i_2,\cdots,i_b$ 来近似损失,此时损失的表示如下:

$$\frac{1}{b}\sum_{i\in I_b}\ell(\boldsymbol{x}_i,\boldsymbol{y}_i,\boldsymbol{\omega}) \tag{2-11}$$

式(2-11)中,b 代表批量大小,是一个深度学习在训练过程中重要的超参数。当 b 太小时,每次计算量太小,不适合最大程度地利用并行资源;更重要的是,b 太小意味着从训练数据集中抽样的样本子集数量少,此时子集的数据分布可能与原始数据集相差较大,并不能很好地代替原始数据集。当 b 太大时,可能会导致存储或计算资源不足。根据 b 的大小,梯度下降算法可以分为批量梯度下降法(Batch Gradient Descent,BGD)、随机梯度下降法(Stochastic Gradient Descent,SGD)及小批量梯度下降法(Mini-Batch Gradient Descent,MBGD)。

批量梯度下降法是梯度下降法常用的形式,具体做法是在更新参数时使用所有的样本进行更新。由于需要计算整个数据集的梯度,所以将导致梯度下降法的速度可能非常缓慢,并且对于内存小而数据集庞大的情况十分棘手,而批量梯度下降法的优点是理想状态下,经过足够多的迭代后可以达到全局最优。

随机梯度下降法和批量梯度下降法的原理类似,区别在于随机梯度下降法在求梯度时没有用所有的样本数据,而是仅仅选取一个样本来求梯度。正是为了加快收敛速度,并且解决大数据量无法一次性塞入内存的问题,但是由于每次只用一个样本来更新参数,随机梯度下降法会导致不稳定。每次更新的方向,不像批量梯度下降法那样每次都朝着最优点的方向逼近,而是会在最优点附近振荡。

其实,批量梯度下降法与随机梯度下降法是两个极端,前者采用所有数据进行梯度下降,如图 2-4(a)所示;后者采用一个样本进行梯度下降,如图 2-4(b)所示。两种方法的优缺点都非常突出,对于训练速度来讲,随机梯度下降法由于每次仅仅采用一个样本来迭代,训练速度很快,而批量梯度下降法在样本量很大时,训练速度不能让人满意。对于准确度来讲,随机梯度下降法仅仅用一个样本决定梯度方向,导致有可能不是最优解。对于收敛速度来讲,由于随机梯度下降法一次迭代一个样本,导致迭代方向变化很大,不能很快地收敛到局部最优解。那么,有没有办法能够结合这两种方法的优点呢?

这就是小批量梯度下降法,如图 2-4(c)所示,即每次训练从整个数据集中随机选取一个小批量样本用于模型训练,这个小批量样本的大小是超参数,一般来讲越大越准,当然训练也会越慢。

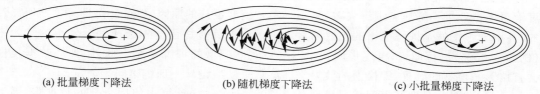

(a) 批量梯度下降法　　　　(b) 随机梯度下降法　　　　(c) 小批量梯度下降法

图 2-4　梯度下降算法收敛趋势对比

除此之外,还可以对小批量梯度下降法进一步地进行优化,例如加入动量(Momentum)的思想。动量本质上是指数移动平均(Exponential Moving Average,EMA)。EMA 是一种给予近期数据更高权重的平均方法,其数学表达式如下:

$$v_t = \beta v_{t-1} + (1-\beta)\theta_t \tag{2-12}$$

下面来看一下公式推导。

假设:$\beta = 0.9, v_0 = 0$

$$v_t = 0.9v_{t-1} + 0.1\theta_t$$
$$v_{t-1} = 0.9v_{t-2} + 0.1\theta_{t-1}$$
$$\cdots$$
$$v_1 = 0.9v_0 + 0.1\theta_1 \tag{2-13}$$

逐层向上代入可得

$$v_t = 0.1 \times (\theta_t + 0.9\theta_{t-1} + 0.9^2\theta_{t-2} + \cdots + 0.9^{t-1}\theta_1) \tag{2-14}$$

式(2-14)实际上是对时刻 t 之前(包括 t)的实际数值进行加权平均,时间越近,权重越大,而且采用指数式的加权方式,因此被称为指数加权平均。

与一般情况下计算截止时刻 t 的平均值 $s_t = \dfrac{\theta_1 + \theta_2 + \cdots + \theta_t}{t}$ 相比,指数移动平均的方法有两个明显的好处:

(1)一般的平均值计算方法需要保存前面所有时刻的实际数值,这会消耗额外的内存,而 EMA 则不会。

(2)指数移动平均在有些场景下,其实更符合实际情况,例如股票价格、天气等,上一个时间戳的情况对当前时间戳下的结果影响最大。

在梯度下降过程中,用指数移动平均融合历史的梯度,收敛速度和稳定性都有显著收益,其中历史梯度被称为动量项(Momentum)。带动量的 SGD 优化步骤如下:

$$\boldsymbol{m}_t = \beta\boldsymbol{m}_{t-1} + (1-\beta)\boldsymbol{g}_t \tag{2-15}$$

$$\boldsymbol{\omega}_t = \boldsymbol{\omega}_{t-1} - \eta\boldsymbol{m}_t \tag{2-16}$$

其中,$\boldsymbol{m}_{t-1}$ 是上一时刻的梯度,$\boldsymbol{m}_t$ 是用 EMA 融合历史梯度后的梯度,$\boldsymbol{g}_t$ 是当前时刻的梯度。β 是一个超参数,$\beta\boldsymbol{m}_{t-1}$ 被称为动量项。由 EMA 的原理可知,虽然式(2-15)里只用到了上一时刻的梯度,但其实是当前时刻之前的所有历史梯度的指数平均。

加入动量项后进行模型权重的更新,比直接用原始梯度值抖动更小且更加稳定,也可以快速冲过误差曲面(Error Surface)上的鞍点等比较平坦的区域,其原理可以想象成滑雪运动,当前的运动趋势总会受到之前动能的影响,所以滑雪的曲线才比较优美平滑,不可能滑出 90°这样陡峭的直角弯;当滑到谷底时,虽然地势平坦,但是由于之前动能的影响,也会继续往前滑,有可能借助动量冲出谷底。

小结一下,加入动量项的好处如下:

(1)在下降初期,动量方向与当前梯度方向一致,能够实现很好的收敛加速效果。

(2)在下降后期,梯度可能在局部最小值附近振荡,动量可能帮助跳出局部最小值。

（3）在梯度改变方向时，动量能够抵消方向相对的梯度，抑制振荡，从而加快收敛。

加入动量的梯度下降公式还有另一种简单的实现，即

$$\boldsymbol{g}_i = \beta \boldsymbol{g}_{i-1} + \boldsymbol{g}(\theta_{i-1}) \tag{2-17}$$

$$\theta_i = \theta_{i-1} - \alpha \boldsymbol{g}_i \tag{2-18}$$

其中，β 是动量因子。将上式代入并展开后得到：

$$\theta_t = -\alpha\beta \boldsymbol{g}_{t-1} - \alpha \boldsymbol{g}_t \tag{2-19}$$

动量是优化小批量梯度下降算法的方法之一。另一种方法被称为 AdaGrad 算法，主要是对学习率进一步地进行了优化，其参数更新的公式如下：

$$r_k \leftarrow r_{k-1} + \boldsymbol{g} \odot \boldsymbol{g} \tag{2-20}$$

$$\theta_k \leftarrow \theta_{k-1} - \frac{\eta}{\sqrt{r_k + \sigma}} \odot \boldsymbol{g} \tag{2-21}$$

从式（2-21）可以看出，与普通的梯度下降公式相比，η 变成了 $\frac{\eta}{\sqrt{r_k + \sigma}}$，其中 σ 是一个值极小的实数，防止除零的情况，而 r_k 是之前时刻梯度平方的累加值，这里考虑两个问题，梯度为什么要平方？为什么要做累加？

梯度平方的作用是为了平滑当前的梯度，如果 $\boldsymbol{g}$ 比较小，$\boldsymbol{g} \odot \boldsymbol{g}$ 就会更小，r_k 就会小，$\frac{1}{\sqrt{r_k + \sigma}}$ 就会大，这时起到了放大学习率 η 的作用。反之，如果 $\boldsymbol{g}$ 比较大，学习率 η 就会减小。

累加历史梯度是为了让学习率随着训练的进行逐渐减小。由于累加的作用，r_k 会越来越大，$\frac{\eta}{\sqrt{r_k + \sigma}}$ 就会随着训练越来越小。这是一个合适的学习率调节策略，就像打高尔夫球一样，可以把学习率看作挥球杆的力度，刚开始打球的时候肯定用大力，希望快速接近球洞；打球后期的时候需要用小力，将球慢慢打进洞。

当然，AdaGrad 优化器也有缺点。首先由公式可以看出，它仍依赖于人工设置一个全局学习率，其次 η 设置过大会使 $\sqrt{r_k + \sigma}$ 过于敏感，对梯度的调节太大。最后在训练中后期，分母上梯度平方的累加将会越来越大，使 gradient→0，可能会使训练提前结束。

RMSprop 算是 AdaGrad 的一种发展，对于循环神经网络效果很好，本质上就是在 r_k 中融入 EMA 的思想，公式如下：

$$r_k \leftarrow \beta r_{k-1} + (1-\beta)\boldsymbol{g} \odot \boldsymbol{g} \tag{2-22}$$

$$\theta_k \leftarrow \theta_{k-1} - \frac{\eta}{\sqrt{r_k + \sigma}} \odot \boldsymbol{g} \tag{2-23}$$

目的是在累加历史梯度平方时，给近期的梯度以更大的权重，而不是一味地累积，最后导致梯度为 0。虽然 RMSprop 可以更好地自动调节学习率，但其实依然依赖于全局学习率的初值设置。

最后，Adam 优化器可以说是深度学习中最常用的优化器之一，因为它融合了其他优化算法的优点，可以看作带有动量项的 RMSprop 优化器，并在此基础上还进一步地进行了优化，避免了冷启动的问题，它的计算过程如下。

输入：学习率 ε，初始参数 θ，小常数 σ，累计梯度 $\boldsymbol{v}$，累计平方梯度 $\boldsymbol{r}$，衰减系数 ρ，动量参数 α。

从训练集中采集 m 个样本 $\{\boldsymbol{x}^{(1)}, \boldsymbol{x}^{(2)}, \cdots, \boldsymbol{x}^{(m)}\}$，其中数据 $\boldsymbol{x}^{(i)}$ 和对应目标 $\boldsymbol{y}^{(i)}$ 计算梯度：

$$\boldsymbol{g} \leftarrow \frac{1}{m} \nabla \theta_{k-1} L(\boldsymbol{f}(\boldsymbol{x}^{(i)}, \theta_{k-1}), \boldsymbol{y}^{(i)}) \tag{2-24}$$

计算累计梯度：$\boldsymbol{v}_t = \alpha \boldsymbol{v}_{t-1} + (1-\alpha)\boldsymbol{g}$（加入动量项）。

计算累计平方梯度：$\boldsymbol{r}_t = \rho \boldsymbol{r}_{t-1} + (1-\rho)\boldsymbol{g} \odot \boldsymbol{g}$（通过 RMSprop 算法实现学习率的调节）。

修正：$\hat{\boldsymbol{v}}_t = \dfrac{\boldsymbol{v}_t}{1-\alpha}$，$\hat{\boldsymbol{r}}_t = \dfrac{\boldsymbol{r}_t}{1-\rho}$（避免冷启动）。

更新参数：$\theta_k \leftarrow \theta_{k-1} - \varepsilon \dfrac{\hat{\boldsymbol{v}}_t}{\sqrt{\hat{\boldsymbol{r}}_t} + \sigma}$。

这里解释一下什么叫冷启动，假设：衰减系数 $= 0.999$，动量参数 $= 0.9$。

那么，当训练刚开始的时候：

$$\boldsymbol{v} = 0.9 \times 0 + 0.1 \times \boldsymbol{g} = 0.1\boldsymbol{g} \tag{2-25}$$

$$\boldsymbol{r} = 0.999 \times 0 + 0.001 \times \boldsymbol{g}^2 \tag{2-26}$$

$\boldsymbol{r}$ 和 $\boldsymbol{v}$ 在初始训练时都很小，意味着初始训练时梯度很小，参数更新很慢，而修正后：

$$V = \frac{\boldsymbol{v}}{1-0.9} = \frac{0.1\boldsymbol{g}}{0.1} = \boldsymbol{g} \tag{2-27}$$

$$R = \frac{\boldsymbol{r}}{1-0.999} = \frac{0.001\boldsymbol{g}^2}{0.001} = \boldsymbol{g}^2 \tag{2-28}$$

2.1.4　广义线性模型

除了直接让模型预测值逼近实值标记 y，还可以让它逼近 y 的衍生物，这就是广义线性模型（Generalized Linear Model，GLM）。

$$y = g^{-1}(\boldsymbol{\omega}^{\mathrm{T}} x + b) \tag{2-29}$$

其中，$g(.)$ 称为联系函数（Link Function），要求单调可微。使用广义线性模型可以实现强大的非线性函数映射功能。例如对数线性回归（Log-linear Regression，LR），令 $g(.) = \ln(.)$，此时模型预测值对应的是真实值标记在指数尺度上的变化，如图 2-5 所示。

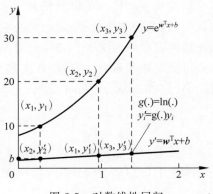

图 2-5　对数线性回归

2.2 回归与分类

2.2.1 回归和分类问题的定义与联系

本节的主要目的是考虑如何将线性模型运用到回归和分类任务当中去。不管是分类，还是回归，其本质是一样的，都是对输入做出预测，并且都是监督学习。也就是根据特征分析输入的内容来判断它的类别或者预测其值，而回归和分类的区别在于它们的输出不同：分类问题输出的是物体所属的类别，回归问题输出的是物体的值。

例如，最近曼彻斯特的天气比较怪（阴晴不定），为了能够对明天穿衣服的数量和是否携带雨具做出判断，就要根据已有天气情况进行预测。如果定性地预测明天及以后几天的天气情况，如周日阴，下周一晴，这就是分类；如果要预测每个时刻的温度值，得到这个值用的方法就是回归。

（1）分类问题输出的结果是离散的，回归问题输出的值是连续的。

总体来讲，对于预测每一时刻的温度这个问题，在时间上是连续的，因此属于回归问题，而对于预测某一天天气情况这个问题，在时间上是离散的，因此属于分类问题。

（2）分类问题输出的结果是定性的，回归问题输出的值是定量的。

定性是指确定某种东西的确切的组成有什么或者某种物质是什么，定性不需要测定这种物质的各种确切的数值量。所谓定量就是指确定某种成分（物质）的确切数值量，这种测定一般不用特别地鉴定物质是什么。例如，这是一杯水，这句话是定性；这杯液体有 10mL，这是定量。

总结一下：分类的目的是寻找决策边界，即分类算法得到的是一个决策面，用于对数据集中的数据进行分类。回归的目的是找到最优拟合，通过回归算法得到一个最优拟合线，这条线可以最优地接近数据集中的各个点。

2.2.2 线性模型解决回归和分类问题

线性模型的输出可以是任意一个实值，也就是值域是连续的，因此天然可以用于解决回归问题，例如预测房价、股票的成交额、未来的天气情况等，而分类任务的标记是离散值，怎么把这两者联系起来呢？其实广义线性模型已经给了我们答案。我们要做的就是找到一个单调可微的联系函数，把两者联系起来。对于一个二分类任务，比较理想的联系函数是单位阶跃函数（Unit-step Function）：

$$\sigma(x) = \begin{cases} 1 & \text{如果 } x > 0 \\ -1 & \text{其他} \end{cases} \tag{2-30}$$

但是单位阶跃函数不连续，所以不能直接用作联系函数。这时可将思路转换为如何在一定程度上近似单位阶跃函数。逻辑函数（Logistic Function）正是常用的替代函数，其公式如下：

$$y = \frac{1}{1 + e^{-z}} \qquad (2\text{-}31)$$

逻辑函数的图像如图 2-6 所示。

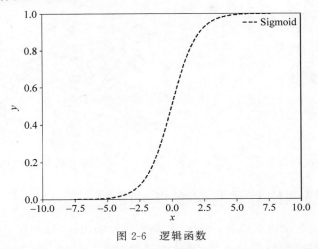

图 2-6 逻辑函数

逻辑函数有时也称为 Sigmoid 函数（形似 S 的函数）。将它作为 $g(.)$ 代入广义线性模型，即可将模型任意的连续输出映射到一个 $[0,1]$ 的值域中，此时可以使用阈值分割的方法进行分类。例如，根据模型的输出大于 0.5 或小于 0.5 可以把输入信息分成两个不同的类别。

2.3 感知机模型

2.3.1 感知机模型定义与理解

感知机模型是神经网络算法中最基础的计算单元，模型的公式如下：

$$o = \sigma(\langle \boldsymbol{\omega}, x \rangle + b) \quad \sigma(x) = \begin{cases} 1 & \text{如果 } x > 0 \\ -1 & \text{其他} \end{cases} \qquad (2\text{-}32)$$

其中，x 是感知机模型接收的输入信息；$\boldsymbol{\omega}$ 是一个长度为任意长度的向量，也是感知器在训练过程中需要求得的参数。以长度为 4 的输入向量举例，感知机模型的图形化表示如图 2-7 所示。

实际上，感知机就是一个类似广义线性模型的模型，为什么说广义呢？可以回顾一下关于广义线性模型的定义：除了直接让模型预测值逼近实值标记 y，还可以让它逼近 y 的衍生物，这就是广义线性模型。

$$y = g^{-1}(\boldsymbol{\omega}^{\mathrm{T}} x + b) \qquad (2\text{-}33)$$

其中，$g(.)$ 称为联系函数，要求单调可微。使用广义线性模型可以实现强大的非线性函数映射功能。注意，这里的 $g(.)$ 要求单调可微，但是感知机中的 $g(.)$ 是一个判断结果是否大于 0 的判断语句,并不满足单调可微的要求。

至于神经网络模型,就是由很多感知机模型组成的结果,如图 2-8 所示。

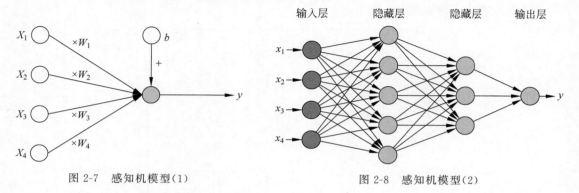

图 2-7 感知机模型(1)　　　　　　图 2-8 感知机模型(2)

2.3.2　神经网络算法与深度学习模型

神经网络模型有 3 个组成成分:输入层、隐藏层和输出层,每个都是由感知机模型组成的,其中,输入层指的是网络的第 1 层,是负责接收输入信息的;输出层指的是网络的最后一层,是负责输出网络计算结果的,而中间的所有层统一称为隐藏层,隐藏的层数和每层的感知机数量都属于神经网络模型的超参数,可以进行调整,如果隐藏层的数量大于一层,则一般将这样的模型称为多层感知机模型(Multi-layer Perception Model,MLP)。当隐藏层的数量很多时,例如十几层、几百层,甚至几千层,则将这样的模型称为深度学习模型。

由此可知,深度学习其实并不神秘,它就等价于神经网络算法;我们把隐藏层很多的模型称作深度学习模型。至于深度学习模型的训练方式与之前介绍的线性模型求解方法一致,即先用损失函数来衡量模型计算结果和数据真实值之间的损失,对损失进行梯度下降来更新模型当中的梯度,直至收敛。

2.3.3　反向传播算法

梯度下降和反向传播是神经网络在训练过程中的两个非常重要的概念,它们密切相关。梯度下降是一种常用的优化算法,它的目标是找到一个函数的最小值或最大值。在神经网络中,梯度下降算法通过调整每个神经元的权重,以最小化网络的损失函数。损失函数用来衡量网络的输出与真实值之间的误差。梯度下降算法的核心思想是计算损失函数对权重的偏导数,然后按照这个偏导数的反方向调整权重。

反向传播是一种有效的计算梯度的方法,它可以快速地计算网络中每个神经元的偏导数。反向传播通过先正向传播计算网络的输出,然后从输出层到输入层反向传播误差,最后根据误差计算每个神经元的偏导数。反向传播算法的核心思想是通过链式法则将误差向后传递,计算每个神经元对误差的贡献。

综上所述,梯度下降和反向传播是神经网络在训练过程中的两个重要的概念,梯度下降算法用于优化网络的权重,反向传播算法用于计算每个神经元的偏导数。它们密切相关,并在神经网络的训练中起着重要的作用。下面用一个例子演示神经网络层参数更新的完整过程。

(1)初始化网络,构建一个只有一层的神经网络,如图 2-9 所示。

假设图 2-9 中神经网络的输入和输出的初始化为 $x_1=0.5,x_2=1.0,y=0.8$。参数的初始化为 $w_1=1.0,w_2=0.5,w_3=0.5,w_4=0.7,w_5=1.0,w_6=2.0$。

(2)前向计算,如图 2-10 所示。

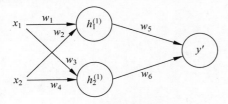

图 2-9　神经网络图

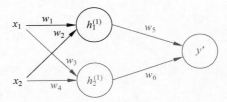

图 2-10　前向计算

根据输入和权重计算 h_1 得

$$
\begin{aligned}
h_1^{(1)} &= w_1 \cdot x_1 + w_2 \cdot x_2 \\
&= 1.0 \cdot 0.5 + 0.5 \cdot 1.0 \\
&= 1.0
\end{aligned}
\tag{2-34}
$$

同理,计算 h_2 等于 0.95。将 h_1 和 h_2 相乘求和,从而得到前向传播的计算结果,如图 2-11 所示。

$$
\begin{aligned}
y' &= w_5 \cdot h_1^{(1)} + w_6 \cdot h_2^{(1)} \\
&= 1.0 \cdot 1.0 + 2.0 \cdot 0.95 \\
&= 2.9
\end{aligned}
\tag{2-35}
$$

(3)计算损失:根据数据真实值 $y=0.8$ 和平方差损失函数来计算损失,如图 2-12 所示。

$$
\begin{aligned}
\delta &= \frac{1}{2}(y - y')^2 \\
&= 0.5(0.8 - 2.9)^2 \\
&= 2.205
\end{aligned}
\tag{2-36}
$$

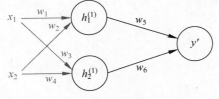

图 2-11　相乘求和

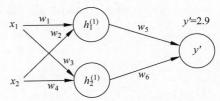

图 2-12　损失计算

(4)计算梯度:此过程实际上就是计算偏微分的过程,以参数 w_5 的偏微分计算为例,如图 2-13 所示。

根据链式法则

$$\frac{\partial \delta}{\partial w_5} = \frac{\partial \delta}{\partial y'} \cdot \frac{\partial y'}{\partial w_5} \tag{2-37}$$

其中，

$$\frac{\partial \delta}{\partial y'} = 2 \cdot \frac{1}{2} \cdot (y - y')(-1)$$
$$= y' - y \tag{2-38}$$
$$= 2.9 - 0.8$$
$$= 2.1$$

$$y' = w_5 \cdot h_1^{(1)} + w_6 \cdot h_2^{(1)}$$

$$\frac{\partial y'}{\partial w_5} = h_1^{(1)} + 0 \tag{2-39}$$
$$= 1.0$$

所以：

$$\frac{\partial \delta}{\partial w_5} = \frac{\partial \delta}{\partial y'} \cdot \frac{\partial y'}{\partial w_5} = 2.1 \times 1.0 = 2.1 \tag{2-40}$$

（5）反向传播计算梯度：在第 4 步中是以参数 w_5 为例子来计算偏微分的。如果以参数 w_1 为例子，它的偏微分计算就需要用到链式法则，其过程如图 2-14 所示。

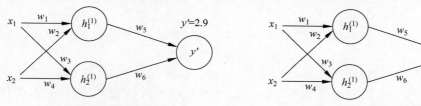

图 2-13 梯度计算　　　　　　图 2-14 反向传播计算梯度

$$\frac{\partial \delta}{\partial w_1} = \frac{\partial \delta}{\partial y'} \cdot \frac{\partial y'}{\partial h_1^{(1)}} \cdot \frac{\partial h_1^{(1)}}{\partial w_1} \tag{2-41}$$

$$y' = w_5 \cdot h_1^{(1)} + w_6 \cdot h_2^{(1)}$$

$$\frac{\partial y'}{\partial h_1^{(1)}} = w_5 + 0 \tag{2-42}$$
$$= 1.0$$

$$h_1^{(1)} = w_1 \cdot x_1 + w_2 \cdot x_2$$

$$\frac{\partial h_1^{(1)}}{\partial w_1} = x_1 + 0 \tag{2-43}$$
$$= 0.5$$

$$\frac{\partial \delta}{\partial w_1}=\frac{\partial \delta}{\partial y'} \cdot \frac{\partial y'}{\partial h_1^{(1)}} \cdot \frac{\partial h_1^{(1)}}{\partial w_1}=2.1 \times 1.0 \times 0.5=1.05 \tag{2-44}$$

（6）梯度下降更新网络参数。

假设这里的超参数"学习速率"的初始值为 0.1，根据梯度下降的更新公式，w_1 参数的更新计算如下：

$$w_1^{(\text{update})}=w_1-\eta \cdot \frac{\partial \delta}{\partial w_1}=1.0-0.1 \times 1.05=0.895 \tag{2-45}$$

同理，可以通过计算得到其他的更新后的参数：

$$w_1=0.895, \quad w_2=0.895, \quad w_3=0.29, \quad w_4=0.28, \quad w_5=0.79, \quad w_6=1.8005$$

到此就完成了参数迭代的全部过程。可以计算一下损失看是否有减小，计算如下：

$$\begin{aligned}\delta &= \frac{1}{2}(y-y')^2 \\ &= 0.5(0.8-1.3478)^2 \\ &= 0.15\end{aligned} \tag{2-46}$$

此结果相比于之前计算的前向传播的结果 2.205，有明显的减小。

2.4　激活函数

2.4.1　激活函数的定义与作用

激活函数是深度学习、人工神经网络中一个十分重要的学习内容，对于人工神经网络模型去学习、理解非常复杂和非线性的函数来讲具有非常重要的作用。在深度学习模型中，一般习惯性地在将每层神经网络的计算结果输入下一层神经网络之前先经过一个激活函数，如图 2-15 所示。

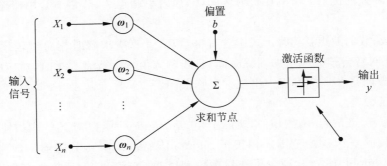

图 2-15　感知机模型＋激活函数

激活函数的本质是一个非线性的数学式子，其具体形态有很多种。神经网络的计算本质上就是一个相乘求和的过程，当不用激活函数时，网络中各层只会根据权重 ω 和偏差 b 进行线性变换，就算有多层网络，也只是相当于多个线性方程的组合，依然只是相当于一个线性回归模型,解决复杂问题的能力有限,因为生活中绝大部分问题是非线性问题。当希望神经网络能够处理复杂任务时,由于线性变换无法执行这样的任务,所以使用激活函数就能对输入进行非线性变换,使其能够学习和执行更复杂的任务。

2.4.2 常用激活函数

1. Sigmoid 函数

Sigmoid 函数可以将输入的整个实数范围内的任意值映射到[0,1]的范围内,当输入值较大时会返回一个接近于 1 的值;当输入值较小时,则返回一个接近于 0 的值。Sigmoid 函数的数学公式如下,Sigmoid 函数的图像如图 2-16 所示。

$$f(x) = \frac{1}{1 + e^{-x}} \tag{2-47}$$

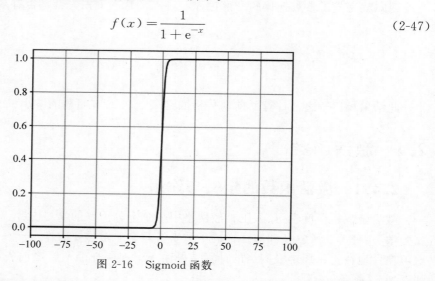

图 2-16　Sigmoid 函数

Sigmoid 函数的优点:输出在映射区间(0,1)内单调连续,非常适合用作输出层,并且比较容易求导。

Sigmoid 函数的缺点:其解析式中含有幂运算,计算机求解时相对比较耗时,对于规模比较大的深度网络会较大地增加训练时间,且当输入值太大或者太小时,对应的值域变化很小,这容易导致网络在训练过程中出现梯度弥散问题。

2. tanh 函数

tanh 函数与 Sigmoid 函数相似,实际上,它是 Sigmoid 函数向下平移和伸缩后的结果,它能将值映射到[−1,1]的范围。相较于 Sigmoid 函数,tanh 函数的输出均值是 0,使其收敛速度要比 Sigmoid 函数快,减少了迭代次数,但它的幂运算的问题依然存在。

tanh 函数的数学公式如下,tanh 函数的图像如图 2-17 所示。

$$\tanh(x) = \frac{e^x - e^{-x}}{e^x + e^{-x}} = 2 \times \text{Sigmoid}(2x) - 1 \tag{2-48}$$

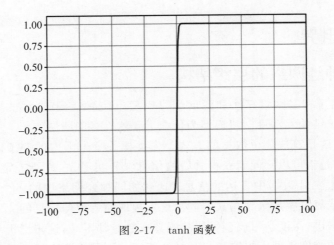

图 2-17　tanh 函数

3. ReLU 函数

ReLU 函数是目前被使用最为频繁的激活函数，当 $x<0$ 时，ReLU 函数的输出始终为 0；当 $x>0$ 时，由于 ReLU 函数的导数为 1，即保持输出为 x，所以 ReLU 函数能够在 $x>0$ 时保持梯度不断衰减，从而缓解梯度弥散的问题，还能加快收敛速度。

ReLU 函数的数学公式如下，ReLU 函数的图像如图 2-18 所示。

$$f(x)=\max(0,x) \tag{2-49}$$

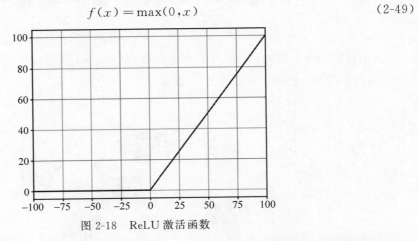

图 2-18　ReLU 激活函数

类比初中生物课的一个小试验来理解非线性。读者应该还记得初中生物课本上有一个使用电流来刺激青蛙大腿肌肉的试验吧。当电流不强时，青蛙的大腿肌肉是没有反应的，只有电流到达一定强度，青蛙大腿肌肉才开始抽搐，而且电流越大，抽搐得越剧烈。如果将这个反应过程画出来，则实际上与 ReLU 函数非常相似，这体现了生物的非线性，正是这种非线性反应，让生物体拥有了决策的能力，以适应复杂的环境，所以这是在神经网络层后接激活函数的原因，也就是给模型赋予这种非线性的能力，让模型通过训练的方式可以拟合更复杂的问题与场景。

2.5 维度诅咒

2.5.1 神经网络的层级结构

2.3 节中讲解了神经网络算法和深度学习模型,读者是否有这样的疑问:为什么神经网络模型要有层级结构? 深度学习模型为什么需要这么多隐藏层?

答案很简单,这是算法分析数据的方式。先类比一个生活中的例子以便理解:当我们看到一张图片时,是否可以瞬间就获得其中的信息? 其实不是,需要一定的思考时间,从多个角度去分析理解图片数据中表达的信息;这就如同神经网络中的多个层级结构一样,神经网络模型就是依靠这些层级结构从不同角度下提取原始数据信息的。

从数学角度来讲,深度学习模型每层的感知机数量都不同,这相当于对原始数据进行升维、降维,在不同的维度空间下提取原始数据的特征。不同维度空间又是什么意思? 举个例子,现在使用一个简单的线性分类器,试图完美地对猫和狗进行分类。首先可以从一个特征开始,如"圆眼"特征,分类结果如图 2-19 所示。

图 2-19　猫和狗在一维特征空间下的分类结果

由于猫和狗都是圆眼睛,此时无法获得完美的分类结果,因此可能会决定增加其他特征,如尖耳朵特征,分类结果如图 2-20 所示。

图 2-20　猫和狗在二维特征空间下的分类结果

此时发现,猫和狗两种类型的数据分布渐渐离散,最后,增加第 3 个特征,例如长鼻子特征,得到一个三维特征空间,如图 2-21 所示。

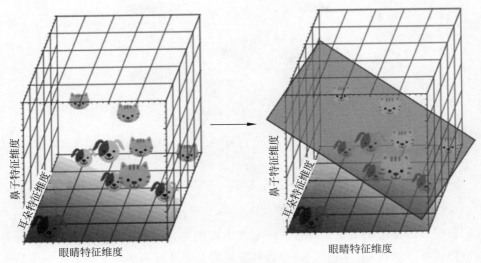

图 2-21 猫和狗在三维特征空间下的分类结果

此时,模型已经可以很好地拟合出一个分类决策面对猫和狗两种类型进行分类了。那么很自然地联想一下:如果继续增加特征数量,则将原始数据映射到更高维度的空间下是不是更有利于分类呢?

事实并非如此。注意,当增加问题维数的时候,训练样本的密度是呈指数下降的。假设10 个训练实例涵盖了完整的一维特征空间,其宽度为 5 个单元间隔,因此,在一维情况下,样本密度为 10/5＝2 样本/间隔。

在二维情况下,假设仍然有 10 个训练实例,现在它用 5×5＝25 个单位正方形面积涵盖了二维的特征空间,因此,在二维情况下,样本密度为 10/25＝0.4 样本/间隔。

最后,在三维的情况下,10 个样本覆盖了 5×5×5＝125 个单位立方体特征空间体积,因此,在三维的情况下,样本密度为 10/125＝0.08 样本/间隔。

如果不断地增加特征,则特征空间的维数也在增长,并变得越来越稀疏。由于这种稀疏性,找到一个可分离的超平面会变得非常容易。如果将高维的分类结果映射到低维空间,则与此方法相关联的严重问题就凸显出来了。猫和狗在高纬度特征空间下的分类结果如图 2-22 所示。注意,因为高维特征空间难以在纸张上表示,图 2-22 是将高维空间的分类结果映射到二维空间下进行展示的。在这种情况下,模型训练的分类决策面可以非常轻易且完美地区分所有个体。有读者可能会说:对于训练数据做完美的区分,这岂不是很好吗?

2.5.2 维度诅咒与过拟合

接着 2.5.1 节的问题,其实不然,因为训练数据是取自真实世界的,并且任何一个训练集都不可能包含大千世界中的全部情况。就好比采集猫狗数据集时不可能拍摄到全世界的所有猫狗一样。此时对于这个训练数据集进行完美区分实际上会固化模型的思维,从而导致其在真实世界中的泛化能力很差。这个现象在生活中其实就是"钻牛角尖"。举个例子:

图 2-22　猫和狗在高纬度特征空间下的分类结果

假设我们费尽心思地想出了一百种特征来定义中国的牛,这种严格的定义可以很容易地将牛与其他物种区分开来,但是有一天,一头英国的奶牛漂洋过海来到了中国。由于这头外国牛只有 90 种特征符合中国对牛的定义,模型可能就不会把它定义为牛了。这种做法显然是不合理的,原因是特征空间的维度太高,把这种现象称为"维度诅咒",当问题的维数变得比较大时,分类器的性能反而会降低。"维度诅咒"现象如图 2-23 所示。

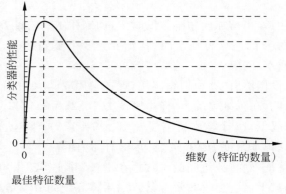

图 2-23　维度诅咒

接下来的问题是"太大"指的是多大,如何避免维度诅咒? 遗憾的是没有固定的规则来确定分类中应该有多少特征。事实上,这取决于可用训练数据的数量,决策边界的复杂性及所使用分类器的类型。如果可以获得训练样本的理论无限量,则维度的诅咒将被终结。

在实际工作中,我们似乎会认同这样一个事实:如果增加数据提取的特征维度,或者说如果模型需要更高维度的输入,则相应地,也需要增加训练数据。

例如在人工提取特征的时候,如果结合了多个特征,则最后的求解模型的训练往往也需要更多的数据。又如在深度神经网络中,由于输入维度过高,往往需要增加大量的训练数据,否则模型会"喂不饱"。

回顾刚才的例子,由于高特征维度的空间膨胀,原来样本变得稀疏,原来距离相近的一些样本也都变得距离极远。此时相似性没有意义,需要添加数据使样本稠密。

　　深度神经网络的输入一般是高维的数据。例如一个单词如果被定义为300维的词向量,把一段1000个单词的文本作为一个样本,这就是一个拥有300×1000的元素矩阵,在这么高维度的空间里,样本之间的相似性难以被挖掘,因此需要使用深度网络对维度进行压缩,使样本分布更加稠密,便于下游分类器分类。最后说一下,这个由维度诅咒引起的现象在深度学习模型中又被称为模型的过拟合现象。

2.6　过拟合与欠拟合

2.6.1　过拟合和欠拟合现象的定义

　　过拟合和欠拟合模型是深度学习模型在训练过程中比较容易出现的不好的现象。

　　当模型的表现能力弱于事件的真实表现时会出现欠拟合现象。某个非线性模型合适的解如图2-24(a)所示。如果用线性模型去训练这个非线性问题,则自然难以得到合适的解,如图2-24(b)所示。

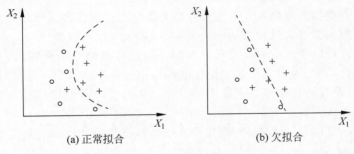

(a) 正常拟合　　　　　　　　　　(b) 欠拟合

图 2-24　欠拟合现象

　　相反,当模型的表现能力强于事件的真实表现时会出现过拟合现象,过拟合现象是指模型为了追求训练集的准确率,过多地学习一些非普遍的特征,导致模型的泛化能力下降。虽然能很好地拟合训练集,但是在测试集上表现不佳。正常拟合的模型如图2-25(a)所示,过拟合的模型如图2-25(b)所示。

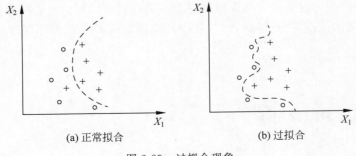

(a) 正常拟合　　　　　　　　　　(b) 过拟合

图 2-25　过拟合现象

2.6.2 过拟合和欠拟合现象的产生原因

影响模型过拟合和欠拟合的原因主要有两个:数据(数据量大小)和模型容量(模型复杂度),其关系见表2-1。

表2-1 欠/过拟合现象产生原因

模 型 容 量	数 据 量 小	数 据 量 大
低	正常	欠拟合
高	过拟合	正常

从数据量的角度理解:当用于训练模型的数据太少时容易出现过拟合现象;当数据太多时容易出现欠拟合现象。这种现象可以通过生活中的例子来解释:假设一名大学生正在努力准备期末考试。如果用于考试的备考题库(训练集)太简单,学生则可能试图通过死记硬背考题的答案来做准备。他甚至可以完全记住过去考试的答案,实际上这样做他并没有真正理解题目。这种记住训练集中每个样本的现象被称为过拟合。相反,如果用于考试的备考题库太大太难,超出学生记忆的范围,同时学生也很难理解题目之间的相关性及分析数据的特征。这种训练集太难,模型无法胜任处理工作的现象被称为欠拟合。

从模型复杂程度的角度理解:为什么一名大学生会想到背答案?如果换个幼儿园的小朋友来做题还会想到背答案这种方法吗?其实,一名大学生可以类比成一个复杂的模型,而一名幼儿园小朋友可以类比成一个简单的模型。由此可以轻易地判断出,一个复杂的模型更容易出现过拟合现象,因为它更容易记住训练集中的每个样本而不是学习到普适的特征。

最后,训练误差和泛化误差是衡量模型拟合效果的两个重要指标。首先解释一下什么是训练误差和泛化误差:

(1)训练误差(Training Error),指模型在训练数据集上计算得到的误差。

(2)泛化误差(Generalization Error),指模型应用在同样从原始样本的分布中抽取的无限多数据样本时,模型误差的期望。

问题是,我们永远不能准确地计算出泛化误差。这是因为无限多的数据样本是一个虚构的对象。在实际中,只能通过将模型应用于一个独立的测试集来估计泛化误差,该测试集是由随机选取的未曾在训练集中出现的数据样本构成的。

过拟合现象的一个明显的特点是模型的训练误差很小,但是泛化误差很大,而欠拟合现象的体现是模型的训练误差和泛化误差都很大。训练模型的目的是希望模型能适用于真实世界,即模型的泛化误差要小,因此,过拟合和欠拟合现象都是在训练深度学习模型中应该尽量避免的问题。

2.7 正则

2.7.1 L1 和 L2 正则

1. L1 正则

L1 正则化(L1 Regularization)是机器学习和统计领域中用于防止模型过拟合的技术之

一。它通过在损失函数中添加一个与模型参数的绝对值成正比的惩罚项来工作。假设我们有一个简单的神经网络，它由一个输入层、两个隐藏层和一个输出层组成。每层之间的权重矩阵由 $\boldsymbol{W}$ 表示。

设神经网络的输出为 $h(\boldsymbol{W}, \boldsymbol{x}^{(i)})$，真实值为 $\boldsymbol{y}^{(i)}$，则 MSE 损失函数的定义为

$$J_{\text{MSE}}(\boldsymbol{W}) = \frac{1}{m} \sum_{i=1}^{m} (h(\boldsymbol{W}, \boldsymbol{x}^{(i)}) - \boldsymbol{y}^{(i)})^2 \tag{2-50}$$

其中，m 是训练样本的数量；$\boldsymbol{W}$ 代表神经网络所有的权重。

当为其添加 L1 正则化时，损失函数变为

$$J_{L1}(\boldsymbol{W}) = \frac{1}{m} \sum_{i=1}^{m} (h(\boldsymbol{W}, \boldsymbol{x}^{(i)}) - \boldsymbol{y}^{(i)})^2 + \lambda \sum_{l} \sum_{i} \sum_{j} |\boldsymbol{W}_{ij}^{(l)}| \tag{2-51}$$

这里除了损失函数外的额外项就是当前添加的 L1 正则。在减小损失函数的过程中，由于正则项和原损失是相加的，所以它们都会在模型训练期间慢慢减小，又因为正则项是所有参数绝对值的和，所以减小正则项就意味着限制模型中的所有参数不要太大，防止出现梯度不稳定的训练问题。注意：λ 是正则化的强度参数。$\boldsymbol{W}_{ij}^{(l)}$ 是第 l 层的权重矩阵中的元素，从第 i 个神经元到第 j 个神经元的连接。对外部进行求和后会覆盖网络中的所有层、所有神经元及其连接。

L1 正则化引入的效果如下。

（1）权重稀疏性：L1 正则化导致网络中很多权重趋近于 0，从而引入了权重的稀疏性。

（2）简化模型：由于部分权重变为 0，所以网络的某些连接实际上会被"关闭"，这有助于减少过拟合并简化模型。

正如之前提到的，选择适当的正则化强度（λ 值）是关键。太小的值可能不会有太大的正则化效果，而太大的值可能会导致过多的权重变为 0，从而过度简化模型。通常，交叉验证是确定最佳 λ 值的好方法。

2. L2 正则

L2 正则（L2 Regularization）是在损失函数上加一个 $\boldsymbol{\omega}$ 的绝对值平方项，产生让 $\boldsymbol{\omega}$ 尽可能不要太大的效果。

L2 正则一般不考虑参数 b 的正则，只是计入参数 $\boldsymbol{\omega}$ 的正则，因为 b 参数量小，不易增加模型的复杂性，也不易带来模型输出的方差。正则化参数 b 反而可能导致模型欠拟合。

损失函数在加入 L2 正则后，新的损失函数 L' 表示为

$$L' = L + \frac{1}{2} \lambda \|\boldsymbol{\omega}_{t-1}\|^2 \tag{2-52}$$

对损失函数 L' 求导得到导数 g'：

$$g' = g + \lambda \boldsymbol{\omega}_{t-1} \tag{2-53}$$

使用梯度下降算法更新参数 $\boldsymbol{\omega}_t$：

$$\boldsymbol{\omega}_t = \boldsymbol{\omega}_t - \eta g - \eta \lambda \boldsymbol{\omega}_{t-1} = (1 - \eta \lambda) \boldsymbol{\omega}_t - \eta g \tag{2-54}$$

通常 $\eta \lambda < 1$，所以与参数 $\boldsymbol{\omega}_t$ 相乘时，有衰减权重的作用，因此 L2 正则又被称为权重衰减。

2.7.2 DropOut

深度学习中的正则可以看作通过约束模型复杂度来防止过拟合现象的一些手段。首先,模型复杂度是由模型的参数量大小和参数的可取值范围一起决定的,因此正则方法也分为两个方向:一个方向致力于约束模型参数的取值范围,例如权重衰减(Weight Decay);一个方向致力于约束模型的参数量,例如丢弃法(DropOut)。

(1)通过限制参数值的取值范围来约束模型的复杂度。

可以使用均方范数作为硬性限制,让其小于某超参数 θ,小的 θ 意味着更强的约束:

$$\min \ell(\boldsymbol{\omega}, b) \text{ subject to} \|\boldsymbol{\omega}\|^2 \leqslant \theta \tag{2-55}$$

此外,也可以使用均方范数作为柔性限制,方法如下:

$$\min\left(\ell(\boldsymbol{\omega}, b) + \frac{\lambda}{2}\|\boldsymbol{\omega}\|^2\right) \tag{2-56}$$

由于求最小值的括号里是两项相加的操作,所以两个子项都要求最小,第1个子项是训练损失的求解;第2个子项则是添加的约束:当 $\lambda \to \infty$ 时,为了求最小值,$\boldsymbol{\omega}$ 会趋近于零,这相当于对权重的取值进行了约束;当 $\lambda = 0$ 时,子项也等于0,这相当于没有约束,即 λ 越大,对于权重取值范围的约束就越强。这种正则方法被称作 L2 正则或权重衰减。当对带有这种正则项的损失函数进行梯度计算时:

$$\frac{\partial}{\partial \boldsymbol{\omega}}\left(\ell(\boldsymbol{\omega}, b) + \frac{\lambda}{2}\|\boldsymbol{\omega}\|^2\right) = \frac{\partial \ell(\boldsymbol{\omega}, b)}{\partial \boldsymbol{\omega}} + \lambda \omega \tag{2-57}$$

然后使用梯度下降算法更新参数,推导得出:

$$\boldsymbol{\omega}_{t+1} = (1 - \eta\lambda)\boldsymbol{\omega}_t - \eta\frac{\partial \lambda(\boldsymbol{\omega}_t, b_t)}{\partial \boldsymbol{\omega}_t} \tag{2-58}$$

可以发现,相较于正常的梯度下降算法公式,此时多出了一个 $(1-\eta\lambda)$ 项,这一项通常是小于1的,因此相乘时会减弱权重 $\boldsymbol{\omega}_t$,这也是它的名字权重衰减的由来。

此外,L1 范数也是常用的惩罚方法,公式为 $\alpha\|\boldsymbol{\omega}\|$。L1 范数相对于 L2 范数能产生更加稀疏的模型,在参数 $\boldsymbol{\omega}$ 较小的情况下会直接缩减至 0,可以起到特征选择的作用,也称为 Lasso 回归。举例:对于一个数值很大的权重集合[98,56,14,77]。经过 L1 范数可能的结果是[36,27,0,31];经过 L2 范数可能的结果是[9,5,1,7]。两者对比可发现经过 L2 范数后依然可以考虑到全部的特征,而 L1 范数可能会损失一些特征,即考虑不全面。

最后,从概率的角度分析,范数约束相当于对参数添加先验分布,其中 L2 范数相当于假定参数服从高斯先验分布;L1 范数相当于假定参数服从拉普拉斯分布。

(2)通过限制参数值的容量范围来约束模型复杂度。

防止模型过拟合的第2个方法是通过限制参数值的容量范围来约束模型复杂度。在这种方法下,最著名的算法称为丢弃法,完整网络如图 2-26(a)所示,丢弃法网络模型如图 2-26(b)所示。在训练过程中,丢弃法随机地将一些神经元的输出置为 0,即将其 DropOut,这些被丢弃的神经元在当前训练样本的前向传播和反向传播过程中不会被激活或更新。

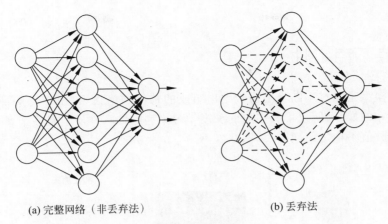

(a) 完整网络（非丢弃法）　　　　(b) 丢弃法

图 2-26　DropOut

从图 2-26 中可以发现，经过 DropOut 计算之后的模型，其参数数量明显减少了，通过这种方式来降低模型的复杂度。

2.8　数据增强

2.7.2 节是从模型复杂度角度来防止过拟合现象的；本节主要是从训练集容量角度来防止过拟合现象，采用的方法叫作数据增强（Data Augmentation）。

原理很简单，只要提升训练数据集的样本数量就可以防止过拟合现象。以计算机视觉任务为例，可以从图像数据集中抽出每个样本，针对每个样本做不同的随机裁剪、水平翻转、颜色光照变换，以及对比度增减等操作，这样可以由一张原图得到很多副本图像。将这些图像一起作为模型的训练集，即可增加数据集的容量，示例图片如图 2-27 所示。

图 2-27　数据增强

当然，这种简单的方式已经比较古老了。现在也有人使用生成对抗网络（基于神经网络的一种变体，擅长生成数据）来生成新的样本作为训练样本，经过试验验证也是可行的。

到此，关于防止深度学习训练产生过拟合现象的两种手段已经介绍完了（正则和数据增强），而防止模型欠拟合的方法比较简单，直接通过增加深度学习模型隐藏层的数量，让模型变深一些即可。

2.9　数值不稳定性

深度学习模型是通过不断堆叠层级结构组成的神经网络模型,由于每层神经网络其实是一次相乘求和的操作,所以堆叠多层的深度学习模型的计算本质上是一个累乘的模型,而累乘就会导致数值不稳定的问题,如图 2-28 所示。

图 2-28　数值不稳定的问题

这种数值不稳定性问题在深度学习的训练过程中被称作梯度消失和梯度爆炸。

(1) 梯度消失:由于累乘导致的梯度接近 0 的现象,此时训练没有进展。

(2) 梯度爆炸:由于累乘导致计算结果超出数据类型能记录的数据范围,从而导致报错。

防止出现数值不稳定原因的方法是进行数据归一化处理。也就是对每个训练的 mini-batch 做归一化,叫作 Batch Normalization(BN)。BN 会在之后的网络模型中频繁出现,成为神经网络中必不可少的一环,BN 的主要好处如下:

(1) BN 使模型可以使用较大的学习率而不用特别关心诸如梯度爆炸或消失等优化问题。

(2) BN 降低了模型效果对初始权重的依赖。

(3) BN 不仅可以加速收敛,还起到了正则化作用,提高了模型的泛化性。

由于网络在训练过程中参数不断改变而导致后续每层输入的分布也随之发生变化,而学习的过程又要使每层适应输入的分布,因此我们不得不降低学习率、小心地初始化。这个分布发生变化的现象被称为内部协变量偏移(Internal Co-variate Shift,ICS)。

为了解决这个问题,研究人员提出了一种解决方案:在训练网络时,将输入数据减去均值。这一操作的目的是加快网络的训练速度。为什么减均值可以加快训练呢,这里做一个简单的说明。

首先,图像数据具有高度的相关性,相似的图像在抽象为高维空间的数据分布时是接近的。假设其分布如图 2-29(a)所示(一个点代表一张图像,简化为二维)。由于初始化的时候,参数一般是 0 均值的,因此开始的拟合 $y = \omega x + b$,基本在原点附近,如图 2-29(b)线所示,因此,网络需要经过多次学习才能逐步达到如实线的拟合,即收敛得比较慢。如果对输入数据先做减均值操作,则显然可以加快学习速度,如图 2-29(c)所示。

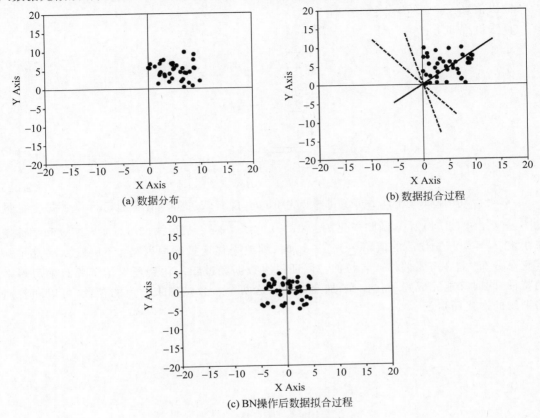

(a) 数据分布

(b) 数据拟合过程

(c) BN操作后数据拟合过程

图 2-29　内部协变量转移

再用一个可视化的解释:BN 就是对神经网络每层输入数据的数据分布进行归一化操作,由不规律的数据分布,如图 2-30(a)所示;变成了规则的数据分布,如图 2-30(b)所示。箭头表示模型寻找最优解的过程,显然图 2-30(b)中的方式更方便,更容易。

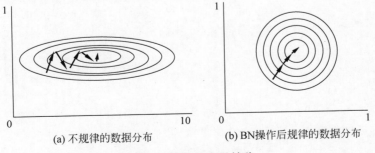

(a) 不规律的数据分布

(b) BN操作后规律的数据分布

图 2-30　内部协变量转移

最后,BN 方法的公式如下。

输入信息:如果 x 的值超过小批量,则 $B=\{x_{1...m}\}$;要学习的参数为 γ、β;

输出信息:$\{y_i=BN_{\gamma,\beta}(x_i)\}$。

算法过程如下:

$$\mu_B \leftarrow \frac{1}{m}\sum_{i=1}^{m}x_i \tag{2-59}$$

$$\sigma_B^2 \leftarrow \frac{1}{m}\sum_{i=1}^{m}(x_i-\mu_B)^2 \tag{2-60}$$

$$\hat{X}_1 \leftarrow \frac{X_i-\mu_B}{\sqrt{\sigma_B^2+\varepsilon}} \tag{2-61}$$

$$y_i \leftarrow \gamma x_i + \beta \equiv BN_{\beta,\gamma}(x_i) \tag{2-62}$$

式(2-59)沿着通道计算了每个批量的均值 μ;接着式(2-60)沿着通道计算了每个批量的方差 σ^2;式(2-61)对 x 做归一化 $x'=(x-\mu)/\sqrt{\sigma^2+\varepsilon}$;最后式(2-62)加入缩放和平移变量 γ 和 β,其中归一化后的值,$y=\gamma x'+\beta$ 加入缩放平移变量的原因是:不一定每次都是标准正态分布,也许需要偏移或者拉伸。保证每次数据经过归一化后还保留了原有学习得来的特征,同时又能完成归一化操作,加速训练。这两个参数是用来学习的参数,可以随着网络训练的迭代而更新。

卷积神经网络

3.1 卷积神经网络基础

卷积神经网络(Convolutional Neural Networks,CNN)是一类包含卷积计算且具有深度结构的前馈神经网络(Feedforward Neural Networks,FNN),是深度学习的代表算法之一。

对卷积神经网络的研究始于 20 世纪 80 至 90 年代,时间延迟网络和 LeNet-5 是最早出现的卷积神经网络;进入 21 世纪后,随着深度学习理论的提出和数值计算设备的改进,卷积神经网络得到了快速发展,并被应用于计算机视觉、自然语言处理等领域。

卷积神经网络仿造生物的视觉(Visual Perception)机制构建,可以进行监督学习和非监督学习,其隐含层内的卷积核参数共享和层间连接的稀疏性使卷积神经网络能够以较小的计算量对格点化(Grid-Like Topology)特征,例如素和音频进行学习、有稳定的效果且对数据没有额外的特征工程(Feature Engineering)。

3.1.1 卷积神经网络的计算

首先,要讲解基于深度学习的图像识别,卷积神经网络是读者必须掌握的前置知识。在讲解卷积之前,先来了解一下什么是核。

1. 核概念与卷积操作

$g(x,y)$ 即为核(Kernel),每个小方格上都有一个标量,用于代表权重 ω。$f(x,y)$ 为输入图像的像素矩阵,每个小方格上都有一个标量,用于代表该图片在该点上的像素值,如图 3-1 所示。图 3-1 中卷积操作定义为核中的元素 ω 与输入数据 $f(x,y)$ 对应元素进行相乘求和。

(1) 在图 3-1 的示例中,与核中的权重 ω 对应的一共有 9 个元素,相乘求和的结果即为卷积操作的输出。

(2) 核中的权重 ω 就是卷积神经网络训练需要求得的参数。

此外,通过图 3-1 可以发现,由于卷积核的尺寸一般远远小于图像的像素矩阵尺寸,因

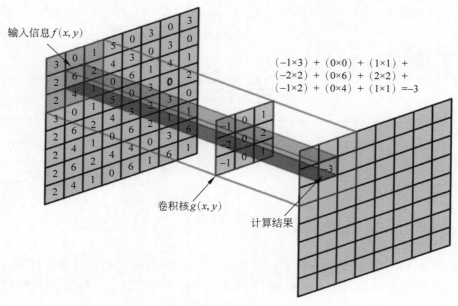

输入信息 $f(x, y)$

$$(-1 \times 3) + (0 \times 0) + (1 \times 1) +$$
$$(-2 \times 2) + (0 \times 6) + (2 \times 2) +$$
$$(-1 \times 2) + (0 \times 4) + (1 \times 1) = -3$$

卷积核 $g(x, y)$

计算结果

图 3-1　卷积

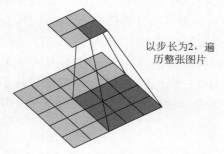

以步长为2,遍历整张图片

图 3-2　滑动遍历

此,当只对图像进行一次卷积操作时只能处理图像中的一小部分信息,这肯定是不合理的,所以使用卷积处理图像还应存在多个滑动遍历的过程,如图 3-2 所示。卷积核会从图像的起始位置(左上角)开始,以一定的顺序(从左到右,从上到下)遍历整张图像,每滑动一次就与对应的位置做一次卷积操作,直到遍历到最终位置(右下角),这个过程叫作卷积对图像的一次处理。

2. 通道

将一个图片数据集抽象为四维[数量、长、宽、色彩],每个维度都是一个通道(Channel)的概念,一个通道中往往存储着相同概念的数据。例如对于一张 32×32 分辨率的彩色照片来讲,一般将其抽象为向量[1,32,32,3],其中 3 指的是特征通道,具体来讲,当前的特征是 RGB 共 3 种颜色。颜色通道的原理可以回忆一下小学美术课中的三原色:即世界上任何一种色彩都可以使用红色、绿色和蓝色这 3 种颜色调配得到,因此计算机在存储彩色图像时,也借鉴了这一原理,其存储模式是 3 个相同大小的像素矩阵一同表征一张彩色图像,如图 3-3 所示。卷积核的维度与输入图像的维度相同,也是四维信息,其维度是[3,kernel_H,kernel_W,3]。第 1 个维度的 3 代表图片数量通道,对应图中的 3 个卷积核。第二维度和第三维度是高、宽通道对应着的卷积核的尺寸。第四维度的 3 代表特征通道,对应的是卷积核的通道数目。需要注意的是,卷积核的特征通道与输入信息的特征通道必须是相等的,这是因为在一次卷积操作中,一个卷积核的特征通道会与一个输入信息的特征通道做卷积操作,每个通道一一对应,如图 3-3 所示的箭头。在示例中,一个卷积核的 3 个特征通道会分别计算得到 3 张特征图,但是,这 3 张特征图最后对应位置求和会得到一个计算结果,即不管一个卷积核的特征通道数量是多少,一个卷积核只能计算得到一张特征图。当然,如果是 n 个卷积核,则可计算得到 n 张特征图。

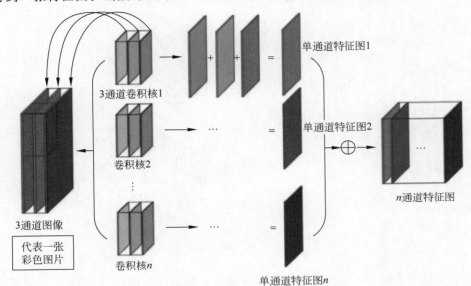

图 3-3 三像素矩阵表征一张彩色图像

最后,回到特征通道的概念。刚刚解释过计算机要表示整张彩色图片,需要特征通道作为三维来存储 RGB 这 3 种颜色。实际上,在深度学习,尤其是卷积神经网络(CNN)中,特征通道的概念被扩展。一开始,网络接受的输入可能仅仅是原始的 RGB 图像,即 3 个特征通道,但是,当数据通过网络的不同层时,网络会自动提取和学习更复杂的特征。每层可能会产生数十甚至数百个新的特征通道,每个通道代表了输入数据的不同特征。例如,在初级层,这些特征可能是边缘、角点或颜色斑块。在更深的层,这些通道可能代表更复杂的特征,如对象的部分或特定的纹理。重要的是,这些特征不是手动设计的,而是通过模型从数据中自动学习得到的。使用多个特征通道可以使网络捕捉到更多维度的信息,从而在执行任务(如图像分类、物体检测等)时更加精确。每个通道都携带着不同的信息,网络结合这些信息来做出判断。

3. 填充

经过对卷积处理图像的方式和核概念的认识后,可以将卷积神经网络理解为一个卷积核在输入图片上遍历的过程,在遍历过程中卷积核与输入信息之间的对应点的乘积求和即为卷积输出。输出结果的尺寸一般要小于输入信息,除非卷积核的大小为 1×1,如图 3-4 所示。

很多情况下,希望在不使用 1×1 大小卷积核的前提下,可以调整卷积输出结果的尺寸。此时可以在输入信息的四周填充一圈新像素(一般填充 0 值像素),使卷积核遍历图片后得到的卷积输出大小不变。填充的像素多少与卷积核的尺寸大小成正相关,填充(Padding)过程如图 3-5 所示。当卷积核尺寸为 3 且步长大小为 1 时,需要填充一行一列像素使输出大小与输入信息一致。

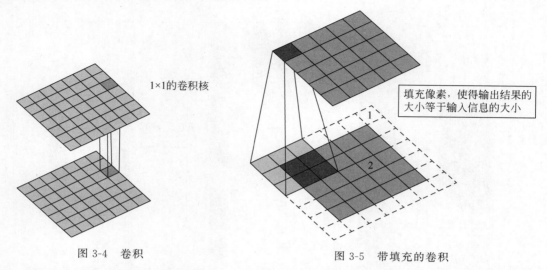

图 3-4　卷积　　　　　　　　　　　图 3-5　带填充的卷积

此外,可以观察图 3-5 中 1 号和 2 号的两像素。根据卷积的遍历规则,1 号像素在整个遍历过程中只会被计算一次,而 2 号像素在整个遍历过程中会被计算多次。这体现了卷积算法的一个性质:更关注图片中心区域的信息,因此,如果想让卷积操作对整张图片的关注度均衡,则可以通过填充的方式将原本在边缘的像素信息变换到靠近中心的位置。

最后,卷积计算结果的尺寸与卷积核、步长、填充和输入信息尺寸这 4 个因素相关。先定义几个参数:输入图片大小为 $W \times W$、卷积核大小为 $F \times F$、步长为 S、填充的像素数为 P。于是可以得出卷积结果的尺寸计算公式为

$$N = \frac{W - F + 2P}{S} + 1 \qquad\qquad (3\text{-}1)$$

即,卷积输出结果的尺寸为 $N \times N$。

4. 步长

此外,通过图 3-1 可以发现,由于卷积核的尺寸一般远远小于图像的像素矩阵尺寸,因此,只对图像进行一次卷积操作只能处理图像中的一小部分信息,这肯定是不合理的,所以使用卷积处理图像还应存在多个滑动遍历的过程。卷积核会从图像的起始位置(左上角)开始,以一定的顺序(从左到右,从上到下)遍历整张图像,每滑动一次就与对应的位置做一次卷积操作,直到遍历到最终位置(右下角),这个过程叫作卷积对图像的一次处理,卷积核每次滑动的像素大小被定义为步长(Stride),如图 3-6 所示,卷积核的数量为 1 个,每个卷积核的形状为 $1 \times 3 \times 3$,其中 1 为卷积核特征通道的数量,这与输入数据的特征通道数量是相等的。卷积核在计算过程中的填充为 0,步长为 2,最后输出结果的通道数量也为 1,其中(a)图为卷积核的起始位置;(b)图表示卷积核向右滑动一次;(c)图表示遍历完上一行的像素

后向下滑动一次；(d)图为卷积核的最终位置。

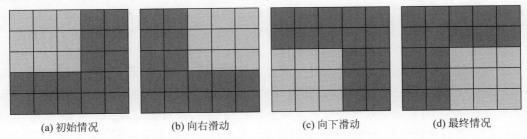

(a) 初始情况   (b) 向右滑动   (c) 向下滑动   (d) 最终情况

图 3-6 步长

3.1.2 卷积的设计思想

1. 平移不变性

需要注意的一点是：卷积核从图像的初始位置(左上角)滑动到最后位置(右下角)，在这个过程中，卷积核中的参数是不会发生改变的，这叫作参数共享，是卷积操作的重要性质之一。相反，参数独立的情况为卷积核每滑动一次，其中的参数就要重新计算。

参数共享的目的从某种角度来讲是在模仿人类的一种视觉习惯：平移不变性。换句话说，就是在图像中，只要是同一种特征，那么不管这个特征被平移到图像中的什么位置，人类都能很好地进行识别。实际上，卷积的设计是天然符合这个特性的：首先，卷积核在输入信息上做卷积的目的就是为了识别某一种特征(本章后续会详细解释)；其次，由于滑动遍历的原因，不管要识别的特征出现在图片中的什么位置，卷积都可以通过滑动的方式，滑动到该特征的上面进行识别，但是，这有一个前提，就是该卷积核从图像的起始位置滑动到结尾位置，在这个过程中，寻找的都是同一种特征。这个前提可以通过参数共享的方式实现，即卷积核在对图像做一次完整的遍历过程中不发生改变，一个不变的卷积核寻找的肯定是同一种特征。

2. 局部相关性

从图像的性质来讲，卷积的设计天然符合图像的局部相关性。首先关于图像的局部相关性的理解可以列举一个场景：从图 3-7 中人物的眼睛附近随机选取一像素值 a_1，如果单独地把 a_1 从图像的像素矩阵中取出来，则 a_1 仅仅是一个数值，它代表不了任何东西，这是没有意义的，但是，如果把 a_1 再放回原本的像素矩阵中，它就可以跟周边的像素值一起表示眼睛这一特征，这叫作相关性。此外，考虑离 a_1 相距较远的其他像素值 a_2(例如图像右下角衣服中的像素值)，由于两像素在原图中的距离较远，所以它们之间的联系也是比较小的，这就体现了局部相关性，因此，图像是一种局部相关的数据，在此性质的背景下，全连接神经网络这种计算全局信息的方式反而是

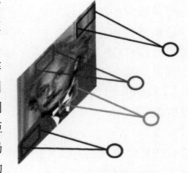

图 3-7 局部相关性

冗余的,是不符合图像性质的,而卷积处理局部的方式则显得更加合理。

实际上,对图片进行卷积操作就是对卷积核与原图片进行点积操作。点积的数学解释可以解释为两个向量之间的相似度。在当前的例子里,可以说成卷积核与原图的相似度,卷积的结果越大,说明图片中某位置和卷积核的相似度越大,反之亦然。如果把卷积核作为特征算子或者特征向量,则卷积的过程就是通过移动卷积核在原图中的对应位置,不断地去寻找原始数据中是否存在跟卷积核表征相似的特征,这在图片识别中意义重大。例如,判断一张图片是否为车子,假设卷积模型设置了 4 个核,它们的特征可能代表["辖辘","车窗","方向盘","车门"],通过卷积核在原图上进行匹配,进而综合判断图像中是否存在这 4 种特征,如果存在,则该图片大概率是车子。

实际上,深度卷积神经网络就是去求解这些卷积核的一种网络。它们不是凭借经验随便定义的,而是通过网络不断地学习更新参数得来的,而卷积神经网络的不易解释性就在于此,随着模型变得复杂,抽象出很多不同的卷积核,我们难以去解释每个核的具体含义,也难以介绍每个中间层和中间节点的含义。

3. 人类的视觉习惯

最后可以从人类的视觉习惯来理解卷积的设计思想。相较于全连接神经网络,卷积神经网络的计算方法更符合人类的视觉习惯。可以想象一个场景:当突然置身于一个复杂且陌生的环境时,是怎么快速地获得周边信息的?

如果以神经网络的方式,由于神经网络的计算是全局性的,为了模仿这一性质,在观察场景时需要同时观察全局,思考全局。这其实并不是人类视觉的观察习惯。我们往往会选择先观察一个感兴趣的局部区域,观察时,只需思考这个局部区域有什么。之后,再选择查看其他地方,看到哪里思考到哪里,通过有规律的扫视对全局做完整的观察。这其实与卷积神经网络先观察局部,再通过滑动的方式遍历全局,滑动到哪里就计算到哪里是一样的,所以说,卷积的设计更符合人类的视觉习惯。

3.1.3 卷积进行特征提取的过程

让我们来看一个识别字母 X 的图像识别示例,如图 3-8 所示。在图像的像素矩阵中,白色的像素块的值为 1,黑色的像素块的值为负 1。在图像上方的 3 个小矩阵分别是 3 个不同的卷积核。现在使用第 1 个卷积核在图像中进行滑动遍历:当这个卷积核滑动到图 3-8 所示的位置时(图像左上角的方框),其卷积计算结果等于 9,此时 9 为这个 3×3 卷积核能够计算得到的最大值。

继续思考,当在图 3-8 所示的位置附近做卷积操作时,卷积计算结果应该是比 9 要小的数值,如图 3-9 所示,向右滑动一像素位置的卷积计算结果为 -1。

现在,继续滑动卷积核,如图 3-10 所示,直到滑动到图 3-10 所示的右下角的位置时,其卷积计算结果又等于 9。思考图 3-8 所示的左上角的卷积核位置及图 3-10 所示的右下角的卷积核位置是否有什么联系?答案很简单,它们的特征相同。

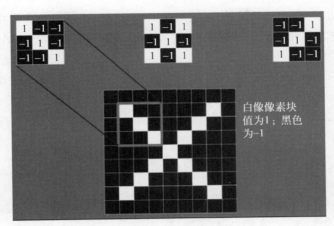

图 3-8　卷积的特征提取过程

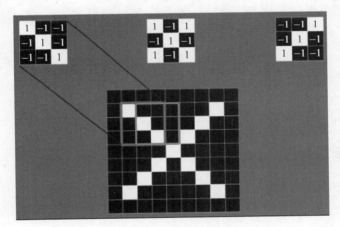

图 3-9　卷积的特征提取过程

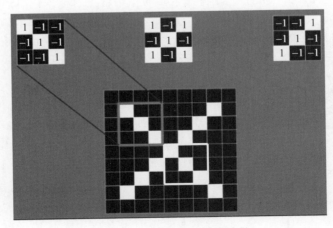

图 3-10　卷积的特征提取过程

因此,答案就出来了:第1个卷积核就是在图像里滑动遍历,然后寻找一个是否跟它长得一模一样的这种对角特征;如果找到了,卷积计算结果就是最大值;如果没有找到,卷积计算结果就是一个非极大值;通过极大值与非极大值的区分,就可以完成这种对角特征与其他特征的区分。卷积就是通过这种方法对输入信息进行特征提取的。简而言之,可以把卷积核看作识别某种特征的模式,卷积核的目的就是尝试在图像中提取这种特征。

需要注意的是,在一个卷积操作中,往往会选择使用不同的卷积核对图像做卷积操作,如图 3-11 所示。

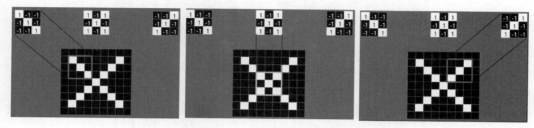

图 3-11　卷积的特征提取过程

其目的是:希望不同的卷积核可以从图像中提取不同的特征。因为当提取的特征太少时,是没有办法完成图像识别这个任务的。例如,我们不能凭借眼睛这一种特征来识别猫和狗这两个类别,往往需要根据眼睛、嘴巴、外形、毛发、耳朵等多种特征才能对猫和狗正确地进行识别。

3.1.4　池化与采样

从某种程度上,池化可以看作特殊的卷积,因为池化操作包含卷积中常见的概念(核、填充、步长);区别在于,池化的核与输入信息的对应位置元素进行的操作不同,在卷积中,该操作是相乘求和,而在池化中,这个操作是求平均或最大,分别对应平均池化(Average Pooling)和最大池化(Max Pooling)。池化最主要的作用就是对输入信息进行降维,如图 3-12 所示。池化的核是左上角方框所示部分,大小为 2×2;原始输入数据的填充为 0,因为在原始数据的四周并没有像素填充;池化的初始位置为左上角的 2×2 矩阵,滑动一次后到了右上角的 2×2 矩阵,滑动了两像素位置,即池化操作的步长为 2。

至于左下角的 2×2 矩阵为平均池化的结果,例如第 1 个元素 2 的计算过程为 (1+3+1+3)/4,即池化的核与输入信息的对应位置做平均的结果,而右下角的 2×2 矩阵为最大池化的结果,例如第 1 个元素 3 的计算过程为 Max(1, 3, 1, 3),即池化的核与输入信息的对应位置进行比较,取最大的结果。

最大池化的主要作用是特征提取。这种技术通过在每个窗口中保留最大值实现,从而有效地识别图像中

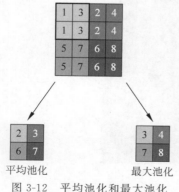

平均池化　　　　　最大池化

图 3-12　平均池化和最大池化

的显著特征,如边缘和纹理。同时,最大池化也起到了降维的作用,通过减小数据的空间尺寸(例如,从 2×2 像素块中选择最大值),帮助减小计算复杂性和防止过拟合。

继续刚才的例子,从图像的起始位置开始做卷积操作,每次滑动的步长为2,直到末尾的位置。当第 1 个卷积核依次滑动到图中的 4 个位置时,卷积结果分别是 9、3、−1、−3,如图 3-13 所示。

这 4 个值在本次卷积的计算结果中大致如图 3-14 所示,注意,滑动到其他位置的卷积计算结果也应该有输出值,这里以"…"代替。池化操作一般接在卷积操作之后,即卷积的计算结果是池化操作的输入信息,在当前案例中,图 3-14 即为卷积的计算结果。当使用一个 2×2 大小的池化核对上述卷积结果进行操作时,我们发现被保留下来的数值是 9。对此的解释是:9 正是卷积操作在原图中找到的对角特征,通过最大池化的方式被保留了下来;同时把卷积操作认为不是很重要的特征(例如 3、−1、−3)删掉,这就完成了特征汇聚的过程。

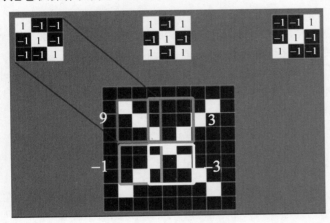

图 3-13 特征汇聚示例

…	…	…
…	9	3
…	−1	3
…	…	…

图 3-14 特征汇聚示例

相比之下,平均池化的作用是特征融合。这种技术通过计算每个窗口的平均值实现,有助于平滑图像的局部特征,使模型更加关注于图像的整体结构而非局部细节。与最大池化类似,平均池化也通过降低数据的空间尺寸来减少维度,有助于降低计算负担并减少过拟合的风险。

3.1.5 卷积神经网络的感受野

感受野(Receptive Field)是指卷积神经网络中某一神经元在输入图像上感受到的区域大小。换句话说,感受野描述了神经元对输入图像的哪些部分产生响应。在卷积神经网络中,随着网络层数的增加,每个神经元的感受野会逐渐变大,能够感受到更广阔的输入图像区域,从而提高网络对整个图像的理解能力。

举个例子来理解,假设现在有两层卷积神经网络,它们的卷积核大小都是 3×3。在网络的第 1 层中,每个神经元计算的输入信息范围是由卷积核定义的,即 3×3=9,也就是说第 1 层神经元的感受野是 9,但在第 2 层中,因为层级结构的原因,感受野会明显增加,如图 3-15 所示。

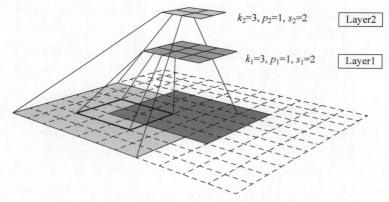

$$k_2=3, p_2=1, s_2=2 \quad \boxed{\text{Layer2}}$$
$$k_1=3, p_1=1, s_1=2 \quad \boxed{\text{Layer1}}$$

图 3-15　卷积层级结构的感受野

卷积神经网络感受野的作用如下。

（1）提高特征表征能力：随着网络层数的增加，每个神经元的感受野增大，能够感受到更广阔的输入图像区域，从而提高网络对整个图像的理解能力，进一步提高特征表征能力。这也是卷积神经网络为什么要设计成层级结构的原因。

（2）提高模型的稳健性：感受野的增大能够提高模型的稳健性，使网络在面对不同尺寸、姿态、光照等情况下都能够有效地进行特征提取和图像识别。此外，通过适当地调整卷积核的大小和填充等参数，可以实现对不同尺寸的输入图像进行有效处理。

计算感受野大小的公式是基于递归计算每层神经元在输入图像上感受野的大小，可以使用式（3-2）计算：

$$R_i = R_{i-1} + (k_i - 1) \times s_i \tag{3-2}$$

其中，R_i 表示第 i 层神经元在输入图像上感受野的大小，R_{i-1} 表示第 $i-1$ 层神经元在输入图像上感受野的大小，k_i 表示第 i 层卷积核的大小，s_i 表示第 i 层卷积核的步长。

在计算感受野时，一般从输入层开始逐层计算，假设输入图像的大小为 $H \times W$，则输入层中的每个神经元的感受野大小为1，即 $R_1=1$。注意，这里的输入层可以看作模型的第0层，而不是图 3-15 中的 Layer 1。对于之后的每层都可以通过式（3-2）计算出感受野的大小。

需要注意的是，式（3-2）只考虑了卷积层的计算方式，而对于池化层等其他操作，其感受野的计算方式可能会有所不同。此外，还有一些基于卷积的变体操作也可以改变感受野，例如膨胀卷积等。到此，卷积模型的标准结构已经全部介绍完了。

3.1.6　卷积模型实现图像识别

卷积模型实现图像识别的标准网络结构如图 3-16 所示。卷积网络被分为两个阶段，分别用两个方框圈出。

在左侧的方框内，模型的第一阶段是通过不断堆叠卷积层和池化层组成的（虽然图中只显示了一层卷积和池化，实际的模型中会有多层），其中卷积的目的是做特征提取；池化的目的是做特征汇聚。

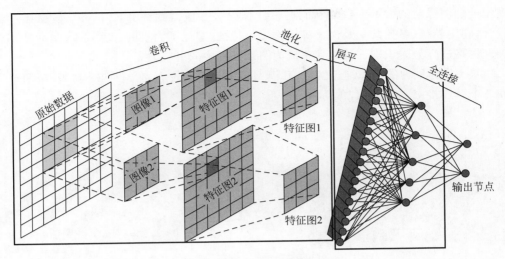

图 3-16　卷积模型实现图像识别

在右侧的方框内,模型的第二阶段是通过不断堆叠全连接神经网络层组成的,其目的是对上一阶段输出的特征进行学习,判断这些特征最有可能属于哪个类别。

在送进全连接神经网络之前,有一步叫作展平(Flatten)的操作。对此的解释是:卷积的计算结果是一组特征图,这些数据是有空间维度的(高度和宽度),但是全连接神经网络层能接受的数据是向量格式(维度等于 1 的数据),因此,展平操作的目的是把多维的特征图压缩成长度为"特征图高×特征图宽×特征图数量"的一维数组,然后与全连接层连接,通过全连接层处理卷积操作提取的特征并输出结果。

此外,在做图像识别时,一般习惯在模型的输出结果后增加一个简单的分类器,例如Softmax 分类器,其作用是把输入数据归一化到[0,1]区间,并且所有归一化后的元素相加等于 1,归一化后的数值即可表示图像属于某种类别的可能性了。

Softmax 分类器的作用简单地说就是计算一组数值中每个值的占比,公式一般描述为设一共有 n 个用数值表示的分类 S_k,$k \in (0, n]$,其中 n 表示分类的个数。那么 Softmax 函数的计算公式为

$$P(S_i) = \frac{\mathrm{e}^{gi}}{\sum\limits_{k}^{n} \mathrm{e}^{gk}} \tag{3-3}$$

其中,i 表示 k 中的某个分类,g_i 表示该分类的值。

3.1.7　第 1 个卷积神经网络模型:LeNet

1. LeNet 介绍

LeNet-5 模型诞生于 1994 年,是最早的卷积神经网络之一,由 Yann LeCun 完成,推动了深度学习领域的发展。彼时,没有 GPU 帮助训练模型,甚至 CPU 的速度也很慢,神经网

络模型处理图像时的大量参数并不能通过计算机很好地得到计算，LeNet-5 模型通过巧妙的设计，利用卷积、参数共享及池化等操作提取特征，避免了大量的计算成本，最后使用全连接神经网络进行分类识别。从此卷积成为图像处理中的可行方式。

　　LeNet 作为最初的卷积神经网络，其模型结构的组成较为简单：两个卷积层、两个下采样和 3 个全连接层，如图 3-17 所示。

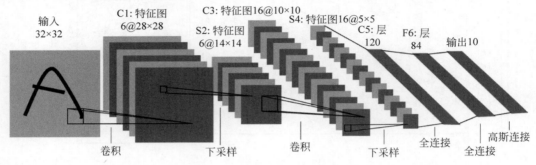

图 3-17　LeNet 结构图

其中，卷积层和池化层负责对原始图像进行特征提取，全连接层负责对卷积池化提取的特征进行学习，进一步根据这些特征来判断该输入图片属于哪一个类别。

　　本文的重点在于代码实现。首先介绍卷积、池化和全连接层在 PyTorch 深度学习框架中对应的 API。

2. 卷积操作在 PyTorch 中的 API

卷积操作在 PyTorch 中被封装成一个名称为 torch.nn.Conv2d 的类，代码如下：

```
class
torch.nn.Conv2d(in_channels, out_channels, kernel_size, stride=1, padding=0,
dilation=1,groups=1,bias=True,padding_mode='zeros',device= None,dtype=None)
```

其中，类的参数解释如下。

　　（1）in_channels（int）：输入图像中的通道数。

　　（2）out_channels（int）：由卷积产生的通道数。

　　（3）kernel_size（int or tuple）：卷积核的大小。

　　（4）stride（int or tuple，optional）：卷积的步长，默认值为 1。

　　（5）padding（int，tuple or str，optional）：在输入的 4 边都进行填充。默认值为 0。

　　（6）padding_mode（string，optional）：padding 的模式，可选参数有 zeros、reflect、replicate 和 circular，分别代表零填充、镜像填充、复制填充和循环填充。默认值为 0 填充。

　　（7）dilation（int or tuple，optional）：卷积核中元素之间的间距，对应卷积变体之扩张卷积，默认值为 1。

　　（8）groups（int，optional）：从输入通道到输出通道的阻塞连接的数量，对应卷积变体之组卷积，默认值为 1。

（9）bias（bool，optional）：如果为真，则给输出增加一个可学习的偏置，默认值为真。

3. 最大池化操作在 PyTorch 中的 API

池化操作在 PyTorch 中被封装成一个名称为 torch.nn.MaxPool2d 的类，代码如下：

```
class
torch.nn.MaxPool2d(kernel_size, stride=None, padding=0, dilation=1, return_
indices=False,ceil_mode=False)
```

其中，类的参数解释如下。

（1）kernel_size：池化核的大小。

（2）stride：池化的步长。默认值为 kernel_size。

（3）padding：在输入的 4 边都进行填充。隐含的零填充，在两边添加。

（4）dilation：池化核中元素之间的间距，默认值为 1。

（5）return_indices：如果为真，则将与输出一起返回最大索引。对以后的 torch.nn. MaxUnpool2d 有用。

（6）ceil_mode：如果为真，则将使用 ceil 而不是 floor 来计算输出形状。

4. 全连接神经网络层在 PyTorch 中的 API

全连接神经网络层在 PyTorch 中被封装成一个名称为 torch.nn.Linear 的类，代码如下：

```
class
torch.nn.Linear(in_features,out_features,bias=True,device=None,dtype=None)
```

其中，类的参数解释如下。

（1）in_features：每个输入样本的大小。

（2）out_features：每个输出样本的大小。

（3）bias：如果设置为 False，则该层将不学习加性偏置。默认值为 True。

5. 激活函数 ReLU 在 PyTorch 中的 API

常见的激活函数 ReLU 在 PyTorch 中被封装成一个名称为 torch.nn.ReLU 的类，代码如下：

```
class torch.nn.ReLU(inplace=False)
```

其中，参数一般习惯指定为 True，当参数为真时，ReLU 的计算在底层会节省计算和存储资源。

6. 使用 PyTorch 搭建 LeNet 卷积模型

使用 PyTorch 搭建 LeNet 卷积模型，代码如下：

```
#第3章/LeNet.py
import torch.nn as nn
```

```
import torch

class Model(nn.Module):
    def __init__(self):                      #函数 init 定义的模型层级结构
        super().__init__()
        self.conv1 = nn.Conv2d(1, 6, 5)      #输入为单通道灰度图,第 1 次卷积
        self.relu1 = nn.ReLU()
        self.pool1 = nn.MaxPool2d(2)         #第 1 次池化
        self.conv2 = nn.Conv2d(6, 16, 5)     #第 2 次卷积
        self.relu2 = nn.ReLU()
        self.pool2 = nn.MaxPool2d(2)         #第 2 次池化
        self.fc1 = nn.Linear(256, 120)       #第 1 次全连接
        self.relu3 = nn.ReLU()
        self.fc2 = nn.Linear(120, 84)        #第 2 次全连接
        self.relu4 = nn.ReLU()
        self.fc3 = nn.Linear(84, 10)         #第 3 次全连接
        self.relu5 = nn.ReLU()

#函数 forward 定义的模型的前向计算过程,其中参数 x 代表输入图像
#下述过程表示图像 x 先经过第 1 次卷积 conv1 得到结果 y,再送入激活函数,得到新的结果 y,
#再送入第 2 次卷积,以此类推
    def forward(self, x):
        y = self.conv1(x)
        y = self.relu1(y)
        y = self.pool1(y)
        y = self.conv2(y)
        y = self.relu2(y)
        y = self.pool2(y)
        y = y.view(y.shape[0], -1)           #展平操作(Flatten)
        y = self.fc1(y)
        y = self.relu3(y)
        y = self.fc2(y)
        y = self.relu4(y)
        y = self.fc3(y)
        y = self.relu5(y)
        return y
```

3.2 卷积的变体算法

3.2.1 逐通道卷积

逐通道卷积(Depthwise Convolution)又称逐层卷积。首先通过一个例子来对比讲解逐层卷积与常规卷积的关系。回忆一下常规的卷积操作,在卷积操作中对于 $5 \times 5 \times 3$ 的输入信息,如果想要得到 $3 \times 3 \times 4$ 的特征图输出,则卷积核的形状为 $3 \times 3 \times 3 \times 4$,如图 3-18 所示。

卷积层共有 4 个卷积核,每个卷积核包含一个通道数为 3(与输入信息通道相同),并且

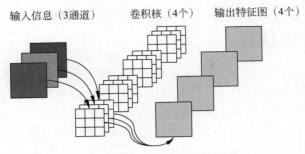

图 3-18　常规的卷积计算过程

尺寸为 3×3 的卷积核,因此卷积层的参数数量可以用公式:卷积层的参数量＝卷积核宽度×卷积核高度×输入通道数×输出通道数来计算,即

$$N\_std = 4 \times 3 \times 3 \times 3 = 108 \tag{3-4}$$

卷积层的计算量公式为卷积层的计算量＝卷积核宽度×卷积核高度×(输入信息宽度－卷积核宽度＋1)×(输入信息高度－卷积核高度＋1)×输入通道数×输出通道数,即

$$C\_std = 3 \times 3 \times (5-2) \times (5-2) \times 3 \times 4 = 972 \tag{3-5}$$

逐通道卷积的一个卷积核只有一个通道,输入信息的一个通道只被一个卷积核卷积,这个卷积过程产生的特征图通道数和输入的通道数相等,如图 3-19 所示。

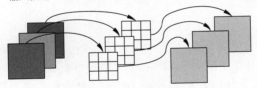

图 3-19　逐通道卷积的卷积计算过程

一张 5×5 像素的三通道彩色输入图片(形状为 5×5×3),逐通道卷积每个卷积核只负责计算输入信息的某个通道。卷积核的数量与输入信息的通道数相同,所以一个三通道的图像经过卷积运算后一定生成了 3 张特征图。卷积核的形状一定为卷积核 W ×卷积核 H ×输入数据的通道数 C。

此时,卷积部分的参数个数的计算为

$$N\_depthwise = 3 \times 3 \times 3 = 27 \tag{3-6}$$

卷积操作的计算量为

$$C\_depthwise = 3 \times 3 \times (5-2) \times (5-2) \times 3 = 243 \tag{3-7}$$

由于这个计算量相较于常规卷积操作在参数量和计算复杂度上有非常大的下降,因此被广泛地运用在一些移动端设备上,但是,逐通道卷积输出的特征图的数量与输入层的通道数相同,无法在通道维度上扩展或压缩特征图的数量,而且这种运算对输入层的每个通道独立进行卷积运算,没有有效地利用不同通道在相同空间位置上的特征相关性。简而言之,虽然减少了计算量,但是失去了通道维度上的信息交互,因此需要逐点卷积来将这些特征图进行组合,在通道维度上实现信息交互。

3.2.2　逐点卷积

逐点卷积(Pointwise Convolution)的运算与常规卷积运算非常相似,其实就是 1×1 的卷积。它的卷积核的形状为 $1\times1\times M$,M 为上一层输出信息的通道数。逐点卷积的每个卷积核会将上一步的特征图在通道方向上进行加权组合,计算生成新的特征图。每个卷积核都可以生成一个输出特征图,而卷积核的个数就是输出特征图的数量,逐点卷积如图 3-20 所示。

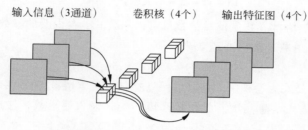

图 3-20　逐点卷积的卷积计算过程

此时,逐点卷积中卷积涉及的参数个数可以计算为

$$\text{N\_pointwise} = 1\times1\times3\times4 = 12 \tag{3-8}$$

卷积操作的计算量则为

$$\text{C\_pointwise} = 1\times1\times3\times3\times3\times4 = 108 \tag{3-9}$$

经过逐点卷积之后,4 个卷积核输出了 4 张特征图,与常规卷积的输出维度相同。逐点卷积是一种卷积神经网络中常用的操作,其主要的两个好处如下。

(1)参数量较小:相比于传统的卷积操作,逐点卷积的卷积核大小为 1×1,因此需要学习的参数数量较少,可以在保证较高准确率的同时减少模型的大小,提高模型的训练和推理效率。

(2)可以在不改变特征图大小的情况下进行通道数的变换:逐点卷积在每个位置独立地对输入的每个通道进行卷积操作,因此可以通过设置卷积核的数量将输入的通道数转换为任意数量的输出通道数,这种操作在 CNN 中非常常见,被广泛地用于实现网络的深度和宽度缩放。此外,由于逐点卷积可以保留原始特征图的空间维度大小,因此可以在保持空间分辨率不变的情况下对特征图的通道数进行变换,从而更好地提取特征。

最后,值得注意的是逐点卷积和全连接层在某些情况下是等价的,这主要因为它们的计算方式相似。

在逐点卷积中,卷积核大小为 1×1,通常用于调整通道数。假设输入张量大小为 $H\times W\times C_{\text{in}}$,输出张量大小为 $H\times W\times C_{\text{out}}$,则逐点卷积的权重矩阵大小为 $1\times1\times C_{\text{in}}\times C_{\text{out}}$,其中 C_{in} 是输入张量的通道数,C_{out} 是输出张量的通道数。逐点卷积的计算可以表示为

$$y_{i,j,k} = \sum_{c=1}^{C_{\text{in}}} x_{i,j,c}\times w_{1,1,c,k} \tag{3-10}$$

其中,$x_{i,j,c}$ 表示输入张量在位置 (i,j) 处的第 c 个通道的值,$w_{1,1,c,k}$ 表示逐点卷积的第 c 个通道和第 k 个通道之间的权重,$y_{i,j,k}$ 表示输出张量在位置 (i,j) 处的第 k 个通道的值。

全连接层的作用是将输入张量中的每个像素与权重矩阵中的每个元素相乘,并将结果相加得到输出。如果将全连接层的输入张量表示为一维向量 x,将权重矩阵表示为二维矩阵 W,则全连接层的计算可以表示为

$$y = Wx \tag{3-11}$$

其中,y 表示输出向量,x 表示输入向量,W 表示权重矩阵。

从式(3-10)和式(3-11)可以看出,逐点卷积和全连接层的计算方式非常相似。实际上,当逐点卷积的卷积核大小为 1×1 时,它就等价于全连接层,因为它们都是对输入信息的全部元素逐一地进行权重相乘计算,然后求和得到输出。此时,逐点卷积的权重矩阵可以看作全连接层的权重矩阵,逐点卷积的计算可以看作全连接层的计算。

因此,当逐点卷积的卷积核大小为 1×1 时,它可以被视为全连接层的一种特殊形式,这也解释了为什么逐点卷积和全连接层在某些情况下是等价的。

3.2.3 深度可分离卷积

深度可分离卷积(Depthwise Separable Convolution)的概念很简单,它是逐通道卷积和逐点卷积配合使用而得来的。它在降低模型计算复杂度的同时,还能提升卷积的准确度,是更有效的卷积方式。继续使用 3.2.1 节和 3.2.2 节的例子,来对比一下常规卷积和深度可分离卷积的参数量和计算量。

常规卷积的参数个数由式(3-4)得出为 108,而深度可分离卷积的参数个数由式(3-6)的逐通道卷积参数和式(3-8)的逐点卷积参数两部分相加得到:

$$N\_separable = N\_depthwise + N\_pointwise = 12 + 27 = 39 \tag{3-12}$$

相同的输入,同样是得到 4 张特征图的输出,深度可分离卷积的参数个数是常规卷积的约 1/3,因此,在参数量相同的前提下,采用深度可分离卷积的神经网络层数可以做得更深。

在计算量对比方面,常规卷积的计算量由式(3-5)得出为 972,而深度可分离卷积的计算量由式(3-7)的逐通道卷积的计算量和式(3-9)的逐点卷积的计算量两部分相加得到:

$$C\_separable = C\_depthwise + C\_pointwise = 243 + 108 = 351 \tag{3-13}$$

相同的输入,同样是得到 4 张特征图的输出,深度可分离卷积的计算量也是常规卷积的约 1/3,因此,在计算量相同的情况下,通过深度可分离卷积,可以加深神经网络的层数。

除了计算更高效,深度可分离卷积可以看作对常规卷积计算特征的过程进行了分布规划。在常规的卷积中,卷积核是四维的(数量通道,特征通道,高度通道,宽度通道),其中特征通道代表特征维度,高度通道和宽度通道代表空间维度,因此常规卷积可以同时在特征维度和空间维度对输入数据进行处理,而逐层卷积核的维度是(数量通道,1,高度通道,宽度通道),只能对空间信息进行处理;逐点卷积核的维度是(数量通道,特征通道,1,1),只能对特征信息进行处理,因此深度可分离卷积对特征信息和空间信息的处理是解耦的。

3.2.4　组卷积

对比常规卷积和深度可分离卷积来介绍组卷积(Group Convolution)。

常规卷积如图 3-21 所示,为了方便理解,图中只有一个卷积核,此时输入及输出数据如下。

(1) 输入数据尺寸:$W \times H \times C$,分别对应的宽、高、通道数。

(2) 单个卷积核尺寸:$k \times k \times C$,分别对应单个卷积核的宽、高、通道数。

(3) 输出特征图尺寸:$W' \times H'$,输出通道数等于卷积核数量,输出的宽和高与卷积步长有关,这里不关心这两个值。

(4) 参数量:$k \times k \times C$。

(5) 运算量:$k \times k \times C \times W' \times H'$(只考虑浮点乘数量,不考虑浮点加)。

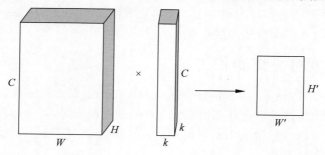

图 3-21　常规卷积

将图 3-21 卷积的输入特征图分成 2 组,卷积核也相应地分成 2 组,在对应的组内做卷积,如图 3-22 所示,其中分组数为 2,即图片上方的一组输入数据只和上方的一组卷积核做卷积,下方的一组输入数据只和下方的一组卷积核做卷积。每组卷积都生成一张特征图,共生成两张特征图,此时输入及输出数据如下。

(1) 每组输入数据尺寸:$W \times H \times C/g$,分别对应的宽、高、通道数,共有 g 组(图 3-22 中 $g=2$,组卷积的组数是一个可以任意调整的超参数)。

(2) 单个卷积核尺寸:$k \times k \times C/g$,分别对应单个卷积核的宽、高、通道数,一个卷积核被分成 g 组。

(3) 输出特征图尺寸:$W' \times H' \times g$,共生成 g 个特征图。

(4) 参数量:$k \times k \times C/g \times g = k^2 \times C$。

(5) 运算量:$k \times k \times C/g \times W' \times H' \times g = k^2 \times C \times W' \times H'$。

对比常规卷积来看,虽然参数两者的运算量相同,但是组卷积得到了相对于常规卷积 g 倍的特征图数量,所以组卷积常用在轻量型高效网络中,因为它用少量的参数量和运算量就能生成大量的特征图,大量的特征图意味着能提取更多的信息。从分组卷积的角度来看,分组数 g 就像一个控制旋钮,最小值是 1,此时的卷积就是普通卷积;最大值是输入数据的通道数,此时的卷积就是逐通道卷积。

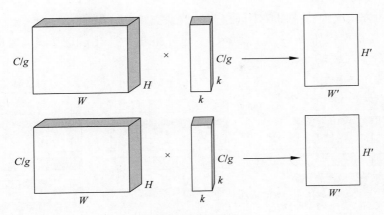

图 3-22　组卷积

逐层卷积是一种特殊形式的分组卷积,其分组数等于输入数据的通道数。这种卷积形式是最高效的卷积形式,相比普通卷积,使用同等的参数量和运算量就能够生成与输入通道数相等的特征图,而普通卷积只能生成一张特征图。逐层卷积过程如图 3-23 所示。

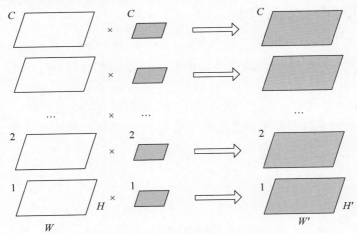

图 3-23　逐层卷积过程

由此可知深度分离卷积几乎是构造轻量高效模型的必用结构,如 Xception、MobiLeNet、MobiLeNet V2、ShuffLeNet、ShuffLeNet V2、CondenseNet 等轻量型网络结构中的必用结构。

但组卷积也存在缺点,一个显而易见的问题是在卷积过程中只有该组内的特征图进行融合,而不同组别之间缺乏计算。长此以往,不同组内的特征图对于其他组的特征了解就越来越少了,虽然网络顶层的全连接层会帮助不同特征图像互连接,但是这样的连接融合的次数较少,不如常规卷积的情况。

基于上述情况,ShuffLeNet 模型中提出了一个名为通道打散(Channel Shuffle)的解决方案。把组卷积的每个组计算得到的特征图进行一定程度的乱序排列后,再送入下一层组卷积,以这样的方式增加特征图在不同组间的信息交互,过程如图 3-24 所示。

正常的组卷积模式如图 3-24(a)所示,不同分组几乎没有信息交流;通道打散方式如图 3-24(b)和图 3-24(c)所示。

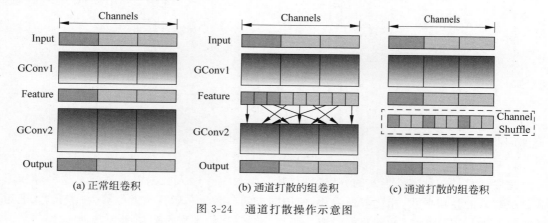

(a) 正常组卷积 (b) 通道打散的组卷积 (c) 通道打散的组卷积

图 3-24 通道打散操作示意图

3.2.5 空间可分离卷积

空间可分离卷积(Spatially Separable Convolution)是一种用于卷积神经网络的卷积操作,其原理是将原来的二维卷积操作拆分成两个一维卷积操作,从而减少计算量和参数数量。

具体来讲,空间可分离卷积先将输入特征图在横向和纵向分别进行一维卷积操作,然后将两个卷积操作的结果按照原来的维度组合起来,得到最终的输出特征图。这个过程可以用下面的公式表示:

$$y_{i,j} = \sum_{m=1}^{M} \sum_{n=1}^{N} w_{m,n} \cdot x_{i-m,j-n} \tag{3-14}$$

其中,x 是输入特征图,y 是输出特征图,w 是卷积核,M 和 N 是卷积核的大小。式(3-14)中的卷积操作可以拆分成下面的两个一维卷积操作:

$$z_{i,j} = \sum_{m=1}^{M} w_{m,1} \cdot x_{i-m,j}$$

$$y_{i,j} = \sum_{n=1}^{N} w_{1,n} \cdot z_{i,j-n} \tag{3-15}$$

这样就可以将原来的二维卷积操作拆分成两个一维卷积操作,从而大大减少了计算量和参数数量。具体来讲,如果原来的卷积核大小为 $M \times N$,则拆分成两个一维卷积操作后,参数数量从 $M \times N$ 减少到 $M + N$,计算量也大大降低了。

空间可分离卷积的好处在于可以提高卷积神经网络的计算效率和模型效果。由于空间可分离卷积的参数数量和计算量都比传统的二维卷积少,因此可以大大缩短训练时间和推理时间。此外,由于使用空间可分离卷积可以提高计算效率,因此可以添加更多的层或者使用更大的卷积核,间接地增大了感受野,增强了模型对图像特征的提取能力。

下面对比分析一下深度可分离卷积和空间可分离卷积的区别和联系。

两者的区别主要有以下两个。

(1) 卷积核大小不同:空间可分离卷积和普通卷积核大小相同,一般是一个二维卷积核,而深度可分离卷积则是由两个不同大小的卷积核组成的,其中一个是 1×1 的卷积核(逐点卷积),另一个是较小的二维卷积核(逐通道卷积)。

(2) 计算方式不同:空间可分离卷积先进行一次横向卷积,再进行一次纵向卷积,而深度可分离卷积则先对每个通道进行深度卷积,然后在输出通道上进行 1×1 卷积。

两者的联系也可以从以下两方面讲。

(1) 都是卷积操作:空间可分离卷积和深度可分离卷积都是卷积操作,都是对输入特征图进行局部感知并输出相应的特征图。

(2) 都是为了减少参数:空间可分离卷积和深度可分离卷积都是为了减少模型参数,提高模型效率。

总体来讲,空间可分离卷积和深度可分离卷积在某些方面有区别,但也有很多相似之处,它们都是卷积神经网络中的重要卷积操作,可以用来构建高效的深度神经网络。相比较一下,深度可分离卷积在一些应用中效果更好,也更加常见。

3.2.6 空洞卷积

膨胀卷积(Dilated Convolution)也称作空洞卷积(Atrous Convolution),是一种在卷积神经网络中常用的操作。膨胀卷积是在标准卷积的基础上增加了膨胀因子的概念,通过在卷积核中引入间隔性的空洞,使卷积核感受野变大,从而在保持特征图尺寸不变的情况下增加了卷积核的有效感受野,扩大了网络的感受野,同时也能有效地减少参数量。

膨胀卷积的原理:在标准卷积的基础上,膨胀卷积引入了一个膨胀系数 d,也称为膨胀因子,它表示在卷积过程中,卷积核中的元素之间相隔 $d-1$ 像素。具体来讲,对于一个 $k \times k$ 的卷积核,如果其膨胀系数为 d,则在卷积计算时,每次跳过 $d-1$ 像素进行卷积。膨胀卷积的计算方式与标准卷积类似,不同之处在于,卷积核的每个元素在计算时,需要与输入的特征图上距离自己为 d 的像素进行相乘求和,而不是与相邻的像素相乘求和,因此,膨胀卷积可以在保持特征图尺寸不变的情况下,增大卷积核的感受野,提高了网络的感受野和感知能力。

图 3-25(a)为常规的卷积操作,图 3-25(b)是膨胀系数 $d=2$ 的膨胀卷积。同时使用 3×3 大小的卷积核,膨胀卷积可以获得更大的感受野。实际上,常规的卷积操作也可以看作膨胀卷积的特殊形式,即膨胀系数 $d=1$ 的膨胀卷积。

膨胀卷积的好处主要有以下几点。

(1) 增大感受野:由于膨胀卷积中卷积核的感受野变大,所以可以更好地捕捉到输入特征图中的长程信息,提高模型对图像整体特征的感知能力。

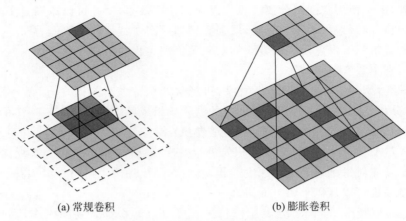

(a) 常规卷积   (b) 膨胀卷积

图 3-25 常规卷积与膨胀卷积

（2）减少参数量：在保持特征图尺寸不变的情况下，膨胀卷积增加了卷积核的有效感受野，从而减少了卷积核的参数数量，降低了模型的计算复杂度和内存消耗。

（3）节约计算资源：膨胀卷积可以通过增加膨胀系数来增大感受野，而不需要增加卷积核的大小和数量，从而节约了计算资源，使卷积神经网络能够处理大尺寸图像。

3.2.7 转置卷积

转置卷积（Transpose Convolution）也称为反卷积或上采样操作。在卷积操作中，通过滑动卷积核在输入图像上进行卷积操作来提取特征，这个过程一般是对输入数据进行下采样，而在转置卷积中，则是通过滑动反卷积核（也称为转置卷积核）在输入的特征图上进行操作，以实现图像的上采样，其计算过程如图 3-26 所示。

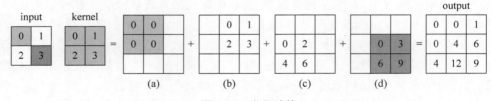

图 3-26 卷积计算

假设输入信息（input）和转置卷积核（kernel）都是一个 2×2 大小的矩阵，那么在计算过程中，input 中的第 1 个元素"0"会依次与 kernel 中的权重进行相乘，相乘的结果以如图 3-26（a）所示的方式进行存储；下一步，将转置卷积核滑动到 input 中的第 2 个元素"1"位置，依次与 kernel 中的权重进行相乘，计算结果因为滑动的原因以如图 3-26（b）所示的方式进行存储。以此类推，直到遍历完 input 中所有的元素。最后，把这 4 次相乘的中间结果图 3-26（a）、（b）、（c）、（d）在对应位置进行求和操作，便得到了最后的输出结果，其本质上与常规卷积方式相同，都是一个局部的相乘求和操作。只不过，相乘求和的顺序和方法与常规卷积存在差异。这个差异导致了转置卷积在输出特征图的尺寸上往往要大于输入信息，用于一些信息重建的场景,而常规卷积的输出特征图尺寸往往小于输入信息,其目的是对输入信息进行特征提取。

转置卷积作为卷积神经网络中的一种操作,具有广泛的应用场景。在图像分割和目标检测领域,转置卷积可以对特征图进行上采样,使其与输入图像具有相同的大小,分别实现像素级别的分割和进行物体的定位识别;在图像重建领域,转置卷积可以将低分辨率的图像上采样到高分辨率,以便实现图像的重建和增强;在图像生成领域,转置卷积可以将随机噪声向量转换为图像,从而实现图像生成和合成。

转置卷积的主要优点包括以下几点。

(1) 上采样效果好:转置卷积可以将特征图上采样到输入图像的大小,从而实现像素级别的分割和对象检测等任务。

(2) 网络可逆性:转置卷积具有网络可逆性,可以反向传播误差,从而实现端到端的训练和优化。

(3) 可学习参数多:转置卷积具有大量的可学习参数,可以从数据中学习到有效的特征表示,从而提高模型的泛化能力。

但是,转置卷积也存在以下一些缺点。

(1) 参数量大:转置卷积具有大量的可学习参数,容易导致模型过拟合和计算资源消耗过大。这其实与第3条优点之间是一种权衡问题。

(2) 容易引起伪影:转置卷积的上采样效果好,但容易引起伪影和锯齿等问题,需要进行适当处理和优化。

(3) 计算量大:转置卷积需要进行矩阵乘法等复杂计算,计算量较大,需要采用一些高效的计算方法和技巧。

综上所述,转置卷积具有广泛的应用场景和优点,但也存在一些缺点和挑战。在实际应用中,需要根据具体的任务和需求,选择合适的转置卷积算法和优化方法,以提高模型的性能和效率。

3.2.8 稀疏卷积

稀疏卷积(Sparse Convolution)是一种在卷积神经网络中用于处理稀疏输入的卷积操作。相对于传统的卷积操作,稀疏卷积可以显著地减少计算量和存储需求,从而提高模型的计算效率和泛化能力。

稀疏卷积的核心思想是通过利用输入数据的稀疏性,减少卷积操作中需要计算的位置和权重。具体来讲,在传统的卷积操作中,每个卷积核都需要与输入张量中的所有位置进行卷积计算,而在稀疏卷积中,每个卷积核只需与输入张量中的一部分位置进行卷积计算,从而大大减少了计算量和存储需求。

稀疏卷积通常可以分为两种类型:位置稀疏卷积和通道稀疏卷积。位置稀疏卷积是指只对输入张量中的一部分位置进行卷积计算,而通道稀疏卷积是指只对输入张量中的一部分通道进行卷积计算。这两种稀疏卷积通常可以结合使用,从而进一步减少计算量和存储需求。在实际应用中,通常有两种方法来选取卷积位置:固定间隔采样和自适应采样。

固定间隔采样是一种简单但常用的方法,它通过固定的采样间隔输入张量中的位置,以此来选取卷积位置。具体来讲,给定一个固定的采样间隔,固定间隔采样会从输入张量的每个维度中等间隔地选取一部分位置,并将这些位置作为卷积位置。这种方法的优点是简单、易于实现,并且可以减少计算量和存储需求。缺点是不能适应不同的输入数据分布,因此可能会影响模型的精度。

自适应采样是一种更加高级的方法,它可以根据输入数据的分布自适应地选取卷积位置。具体来讲,自适应采样通常通过一些启发式的方法来选取卷积位置,例如最大值池化、重心采样(在点云的某个局部区域内,选择与其他所有点的平均位置最接近的点)等,具体的采样策略应该根据输入张量的特点和任务需求进行选择。这些方法可以根据输入数据的分布来动态地选取卷积位置,并且能够在一定程度上提高模型的精度。缺点是计算量和存储需求较大,实现也较为复杂。

需要注意的是,稀疏卷积中的卷积位置通常是由自适应采样得到的,因此每次计算时都需要重新选择卷积位置。这也是稀疏卷积相对于传统的卷积操作在计算上更加复杂的原因之一。在实际应用中,需要权衡模型的准确性和计算效率,以便在保持一定精度的前提下提高模型的计算速度。

3.2.9 多维卷积

上述的所有卷积变体都是基于二维的,即二维卷积,主要用于处理图片数据。实际上卷积操作完全可以推广到其他维度上。下面讲解一维卷积、双向卷积、三维卷积和四维卷积。

一维卷积是卷积神经网络中常用的一种操作,主要用于处理一维序列数据,如时间序列数据、音频信号等。在一维卷积中,卷积核是一个一维的向量,可以对输入的一维序列进行卷积操作。卷积操作的过程是将卷积核从序列的左边开始移动,对每个位置进行卷积操作,得到一个新的特征值。这个过程可以用公式表示如下:

$$y_i = \sum_{j=0}^{m-1} w_j \cdot x_{i+j} \tag{3-16}$$

其中,x_{i+j} 表示输入序列在位置 $i+j$ 处的值,w_j 表示卷积核在位置 j 处的权重值,m 表示卷积核的大小。

一维卷积可以使用多个卷积核来提取不同的特征,每个卷积核都会产生一个新的特征图,多张特征图会被拼接在一起,形成一个新的特征张量。一维卷积在处理一维序列数据时具有一定的优势,因为它可以捕捉到序列中的局部关联信息,并且具有一定的平移不变性,即对于相同的序列模式,无论它们出现在序列的哪个位置,一维卷积都可以将其检测出来。

双向卷积(Bidirectional Convolution)是一种基于卷积神经网络的模型,主要用于处理时间序列数据,如音频信号、文本数据等。在传统的卷积神经网络中,输入张量的信息是从左往右进行传递的,而双向卷积则引入了从右往左的方式传递信息,从而实现对时间序列数据的双向处理。具体地,双向卷积的实现是通过对输入张量进行前向卷积和后向卷积两个过程来完成的,其中,前向卷积是将输入张量从左到右进行卷积操作,得到一个新的张量,表示从左往右的特征信息。后向卷积则是将输入张量从右到左进行卷积操作,得到另一个新的张量,表示从右往左的特征信息。最终,这两个张量会被拼接在一起,形成一个新的特征张量,同时保留了输入张量的左右两个方向的特征信息。

双向卷积在处理时间序列数据时具有一定的优势,因为时间序列数据往往具有左右对称性,双向卷积能够更全面地捕捉序列中的信息。同时,双向卷积也可以应用于其他领域,如在自然语言处理中的文本数据处理,可以帮助提高模型的性能和泛化能力。可以想象,当双向卷积配合一维卷积时,可以很好地处理文本、信号等带有时序特点的数据。

三维卷积是卷积神经网络中常用的一种操作,主要用于处理三维数据,如视频、医学图像等。在三维卷积中,卷积核是一个三维的张量,可以对输入的三维数据进行卷积操作。卷积操作的过程是将卷积核从输入数据的左上角开始移动,对每个位置进行卷积操作,得到一个新的特征值。这个过程可以用公式表示如下:

$$y_{ijk} = \sum_{m=-a}^{a} \sum_{n=-b}^{b} \sum_{p=-c}^{c} w_{mnp} \cdot x_{i+m,j+n,k+p} \tag{3-17}$$

其中,$x_{i+m,j+n,k+p}$ 表示输入数据在位置 $(i+m, j+n, k+p)$ 处的值,w_{mnp} 表示卷积核在位置 (m, n, p) 处的权重值,a, b, c 表示卷积核在 3 个维度上的大小。

三维卷积可以使用多个卷积核来提取不同的特征,每个卷积核都会产生一个新的特征图,多张特征图会被拼接在一起,形成一个新的特征张量。三维卷积在处理三维数据时具有一定的优势,因为它可以捕捉到数据中的空间信息,并且具有一定的平移不变性,即对于相同的物体形状或纹理,无论它们出现在图像的哪个位置,三维卷积都可以将其检测出来。同时,三维卷积也可以通过不同大小的卷积核来检测不同尺度的特征,从而提高模型的性能和泛化能力。一维卷积的卷积核示例如图 3-27(a)所示,二维卷积的卷积核示例如图 3-27(b)所示,三维卷积的卷积核示例如图 3-27(c)所示。

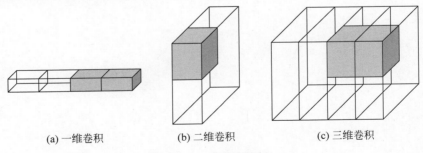

(a) 一维卷积   (b) 二维卷积   (c) 三维卷积

图 3-27 卷积核示例

如果继续类比下去,则其实还存在四维卷积的概念。四维卷积也是卷积神经网络中常用的一种操作,它主要用于处理四维数据,如视频序列或多个图像的批量数据。这时的数据维度可表示为[图片数量,颜色通道,图片高度,图片宽度]。在四维卷积中,卷积核是一个四维的张量,可以对输入的四维数据进行卷积操作。

卷积操作的过程是将卷积核从输入数据的左上角开始移动,对每个位置进行卷积操作,得到一个新的特征值。这个过程可以用公式表示如下:

$$y_{ijkl} = \sum_{m=-a}^{a} \sum_{n=-b}^{b} \sum_{p=-c}^{c} \sum_{q=-d}^{d} w_{mnpq} \cdot x_{i+m,j+n,k+p,l+q} \tag{3-18}$$

其中,$x_{i+m,j+n,k+p,l+q}$ 表示输入数据在位置 $(i+m,j+n,k+p,l+p)$ 处的值,w_{mnpq} 表示卷积核在位置 (m,n,p,q) 处的权重值,a,b,c,d 表示卷积核在 4 个维度上的大小。

类似于三维卷积,四维卷积也可以使用多个卷积核来提取不同的特征,每个卷积核都会产生一个新的特征图,多张特征图会被拼接在一起,形成一个新的特征张量。

需要注意的是,在实际应用中,通常会将四维卷积分解成两个步骤,先将输入的四维数据转换成两个三维数据,然后分别对它们进行三维卷积操作,最后将两个输出结果合并起来。这种方式可以减少计算量,提高模型的效率。

第 4 章

循环神经网络

4.1 循环神经网络基础

第 3 章探讨了全连接神经网络(FCNN)和卷积神经网络(CNN)的结构,以及它们的训练方法和使用场景。值得注意的是,这两种网络结构都用于处理独立的输入数据,即它们无法记忆或理解输入数据之间的序列关系——每个输入都被视为与其他输入无关的独立单元,但是,某些任务需要能够更好地处理序列的信息,即前面的输入和后面的输入是有关系的。例如,当在理解一句话的意思时,孤立地理解这句话的每个词是不够的,而是需要处理这些词连接起来的整个序列;在处理视频的时候,也不能只单独地去分析每帧,而要分析这些帧连接起来的整个序列。像文本、语言、视频这种信息被称为序列数据,如果要解决序列数据相关的问题,就需要用到深度学习领域中另一类非常重要神经网络:循环神经网络(Recurrent Neural Network,RNN)。

4.1.1 序列数据

序列数据是由一系列有序的元素组成的,这些元素按照一定的顺序排列。序列数据的顺序通常包含重要的信息。在深度学习和自然语言处理中,常见的序列数据包括时间序列数据、文本数据、音频数据和视频数据等。

(1)时间序列数据:按照时间顺序记录的数据,例如股票价格、气象数据等。

(2)文本数据:由一系列字符、单词或句子组成,例如新闻文章、书籍等。

(3)音频数据:由一系列音频信号样本组成的数据,例如语音、音乐等。

(4)视频数据:由一系列图像帧组成的数据,例如电影、动画等。

上述的 4 种序列数据其实存在一个共性,即都存在时间概念。时间序列数据本身就有时间信息,文本数据和音频数据的产生也有时间顺序,视频数据的播放也存在时间概念,所以可以对序列数据某时刻的信息用以下数学公式进行定义。

如果在时间 t 下观察到数据 x_t,则预测 $t+1$ 时刻某数据出现的概率应该与 t 时刻和之前时刻出现的所有信息有关,即 $(x_1,\cdots,x_{t-2},x_{t-1},x_t)\sim p(x_{t+1})$。希望能够对 $p(\cdot)$ 进

行建模,这样就可以根据现有的数据,来预测未来的数据,此时可以使用条件概率对其进行展开,即

$$p(x_{t+1}) = p(x_1) \cdot p(x_2 \mid x_1) \cdot p(x_3 \mid x_1, x_2) \cdots \cdot p(x_{t+1} \mid x_1, x_2, \cdots, x_t) \quad (4\text{-}1)$$

从式(4-1)中,可以发现一个明显的问题:t 是动态的,并且当 t 变得很大时,$p(x_{t+1} \mid x_1, x_2, \cdots, x_t)$ 的计算将变得非常高效复杂。有两个方案可以解决这个问题:一个是基于马尔可夫假设,另一个是基于设计潜变量的思想。

马尔可夫假设是一个关于序列数据概率建模的假设,其基本思想是:当前状态仅依赖于有限个前驱状态,而与更早的状态无关。在许多实际应用中,基于马尔可夫假设的模型能够在计算复杂性和建模精度之间找到一个平衡。以一阶马尔可夫链为例,其假设当前状态仅依赖于它的前一种状态,数学表达如下:

$$P(x_t \mid x_{t-1}, x_{t-2}, \cdots, x_1) = P(x_t \mid x_{t-1}) \quad (4\text{-}2)$$

其中,x_t 表示序列中的第 t 种状态。推广下去,n 阶马尔可夫链的表示如下:

$$P(x_t \mid x_{t-1}, x_{t-2}, \cdots, x_1) = P(x_t \mid x_{t-1}, \cdots, x_{t-n}), \quad n < t \quad (4\text{-}3)$$

通过式(4-3),把动态的 t 变成了一个静态的超参数 n,这时 $P(x_t \mid x_{t-1}, \cdots, x_{t-n})$ 就可以通过神经网络的方法进行拟合。具体来讲,可以设计一个接受 n 维信息 $(x_t \mid x_{t-1}, x_{t-2}, \cdots, x_{t-n})$ 作为输入的 MLP,这个 MLP 的输出层只有一个节点,这个节点输出的标量即为预测的 x_t,然后通过有监督训练,去拟合模型中的参数即可。

第 2 个解决方案是通过设计潜变量的思想。潜变量(Latent Variable)是一种特殊的变量。在概率图模型中,它们用于表示未观察到的随机变量。通过这种方式,潜变量可以帮助捕捉数据中的隐藏结构。在序列信息建模中,设计潜变量有助于理解序列中的抽象特征和关系。例如,可以设计长度为 n 维的潜变量 W,用这个 W 来代表 $(x_{t-1}, x_{t-2}, \cdots, x_1)$ 的信息,此时 $P(x_t \mid x_{t-1}, \cdots, x_{t-n})$ 就变成了 $P(x_t \mid W)$。由于 W 的维度是固定的,因此问题就变得可解了。当然,关键是如何求得一个这样的 W。实际上,RNN 就是基于隐变量求解的过程,算法中使用神经网络层来计算得到 W,接下来对 RNN 进行详细介绍。

4.1.2　RNN 模型

循环神经网络的简单表达如图 4-1 所示,但是因为抽象了时间这个序列概念,所以看上去不是特别直观,接下来会对其进行一系列拆解讲解。

如果把图 4-1 中有 W 的那个带箭头的圈去掉,它就变成了最普通的全连接神经网络。x 是一个向量,它表示输入层的值(这里把输入向量抽象成了一个点 x);s 也是一个向量,它表示隐藏层的值(这里把隐藏层向量也抽象成了一个点 s);U 是输入层到隐藏层的权重矩阵;V 是隐藏层到输出层的权重矩阵。最后,o 也是一个向量,它表示输出层的值,如图 4-2 所示。

那么,现在来看 W 是什么。如果把图 4-1 按训练时间的维度展开,则循环神经网络如图 4-3 所示。

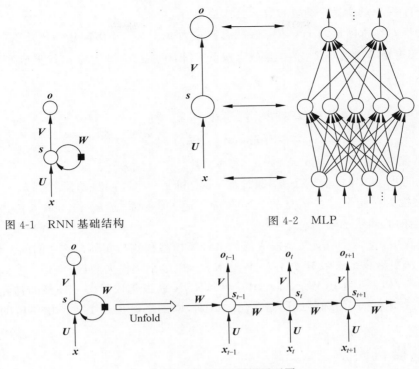

图 4-1 RNN 基础结构   图 4-2 MLP

图 4-3 RNN 时间展开图

当加上 W 之后，在训练的 t 时刻，循环神经网络隐藏层 s_t 的输入信息不仅取决于当前时刻 t 的输入 x_t，还取决于上一次隐藏层的计算结果 s_{t-1}。

为了更清晰地表示 RNN 的结构，对其进一步地进行可视化，如图 4-4 所示。图 4-4 描述的是 RNN 模型在 4 个训练时刻下的状态，其中贯穿 4 个时刻模型的直线就是上面解释的 W。实际上，W 的含义就是在训练的 T 时刻，循环神经网络隐藏层的计算结果 o_t 不仅作为当前时刻的输出，也作为 $T+1$ 时刻模型的输入。

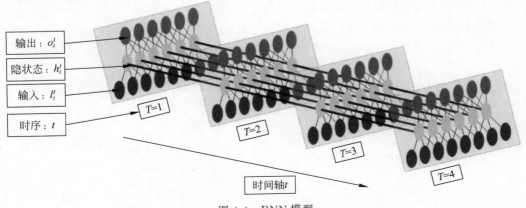

图 4-4 RNN 模型

以下是一个简单的 RNN 模型的数学公式描述：

对于时间步 t，输入向量为 $\boldsymbol{x}_t \in R^d$，隐状态向量为 $\boldsymbol{h}_t \in R^h$，输出向量为 $\boldsymbol{y}_t \in R^q$。$\boldsymbol{W}_{xh} \in R^{h \times d}$ 是输入权重矩阵，$\boldsymbol{W}_{hh} \in R^{h \times h}$ 是隐状态权重矩阵，$\boldsymbol{W}_{hy} \in R^{q \times h}$ 是输出权重矩阵，$\boldsymbol{b}_h \in R^h$ 是偏置向量。

RNN 的更新公式为

$$\boldsymbol{h}_t = \sigma(\boldsymbol{W}_{xh}\boldsymbol{x}_t + \boldsymbol{W}_{hh}\boldsymbol{h}_{t-1} + \boldsymbol{b}_h)$$
$$\boldsymbol{y}_t = \mathrm{Softmax}(\boldsymbol{W}_{hy} * \boldsymbol{h}_t)$$

(4-4)

其中，σ 是激活函数，通常为 tanh 或 ReLU 激活函数。

在每个时间步，RNN 的隐状态 $\boldsymbol{h}_t$ 通过输入 $\boldsymbol{x}_t$ 和上一个时间步的隐状态 $\boldsymbol{h}_{t-1}$ 计算得到。$\boldsymbol{h}_t$ 可以被视为存储了过去信息的状态向量。通过将隐状态 $\boldsymbol{h}_t$ 作为输入传递给输出层，可以预测当前时间步的输出 $\boldsymbol{y}_t$。

在训练过程中，我们使用交叉熵损失函数来计算模型预测与实际标签之间的差异，并使用反向传播算法更新模型参数 $\boldsymbol{W}_{xh}$、$\boldsymbol{W}_{hh}$、$\boldsymbol{W}_{hy}$ 和 $\boldsymbol{b}_h$，以最小化损失函数。

进一步思考，如果不考虑 $\boldsymbol{W}_{hh}$，即让 $\boldsymbol{W}_{hh} = 0$，RNN 就退化成了一个朴素的神经网络模型。$\boldsymbol{W}_{hh}$ 就是循环神经网络和神经网络之间的区别，也是之前在 4.1.1 节中讲解的潜变量的实现。

4.1.3　语言模型

RNN 最先被应用在自然语言处理领域中，例如，RNN 可以为语言模型建模。语言模型（Language Model，LM）是自然语言处理领域中的一种重要模型。它的主要任务是学习和预测语言的结构和规律，评估文本序列（如单词、字符或其他符号）的概率分布。简单来讲，语言模型就是用来理解、生成和评估自然语言的一种数学模型。下面介绍一个非常经典的语言模型"预测下一个词"。

举例来讲，我们写出一个句子前面的一些词，然后让模型帮忙写接下来的一个词。例如，我昨天上学迟到了，老师批评了_____。

在这个例子中，接下来的这个词最有可能是"我"，而不太可能是"小明"，更不可能是"吃饭"。如何让模型预测出"我"呢？下面分别用 NN 和 RNN 两种模型尝试解决这个问题，如图 4-5 所示。用 NN 解决此问题如图 4-5(a)所示，用 RNN 解决此问题如图 4-5(b)所示。

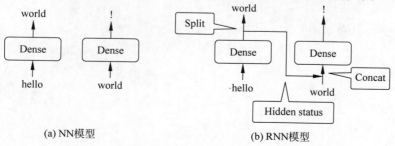

(a) NN模型　　　　　　　　　　(b) RNN模型

图 4-5　NN 模型和 RNN 模型

以"The most common example of learning a programming language is the output：
hello world！"这句话为例，当以神经网络的方式进行预测时，在 t 时刻输入 hello，希望模型
能预测出单词 world；在 $t+1$ 时刻输入 world 时，希望模型能预测出"！"。这种方法看上去
好像很合理，但是几乎不可行。原因很简单，思考一个问题，如果输入模型的数据有且仅有
hello 这一个信息时，则模型能输出 world 的可能性微乎其微，因为语言的特点是只有结合
上下文信息才能做出准确的预测。例如，如果模型知道 hello 这个单词前面还有"The most
common example of learning a programming language is the output："，则模型预测出单词
world 的概率就会更大，因此，可以看出以神经网络的方式并不能抓取语言中的上下文关
系，这也是使用神经网络来处理文本数据效果不好的根本原因。

RNN 模型就可以很好地解决这个问题。举个例子，在 $t+1$ 时刻模型接受的输入不仅
有 world 这个单词，还有一个 Hidden status，也就是 4.1.2 节多次提到的 W。这个 Hidden
status 其实是 t 时刻模型隐藏层的计算结果，这个计算结果来源于 t 时刻的输入 hello，在某
种程度上可以代表之前时刻的文本信息，因此，这意味着我们在预测当前时刻的单词时，不
仅能观察到当前时刻的输入信息，还可以观察到之前的语境，结合起来进行预测，其预测准
确率会有很大的提升。从某种程度上说，可以把这个 Hidden status W 看作一个"记忆单
元"的概念，它存储的就是网络之前时刻处理过的文本信息，即上文的语境信息。下面我们
详细讲解这个经典语言模型预测下一个词的实现流程。

4.1.4　文本预处理

在使用循环神经网络解决自然语言处理问题之前，通常需要对文本数据进行一定的预
处理。预处理是将原始文本数据转换为适合机器学习模型输入的格式的过程。以下是一些
常见的文本预处理步骤。

1. 分词

分词（Tokenization）是将文本拆分为更小的单元（如单词、短语或字符）的过程。对于
英文文本，可以根据空格和标点符号进行分词；对于中文文本，由于词之间没有明显的分隔
符，所以可能需要采用分词工具进行处理。分词后的文本通常以单词序列（Token
Sequence）的形式表示，可以将 Token 翻译成词元。需要根据不同的任务类型和文本特性
来选择不同的 Token 方法，以下是一些将文本转换为 Token 的方法示例。

（1）将句子拆分成单词："The quick brown fox jumped over the lazy dog"→["The"，
"quick"，"brown"，"fox"，"jumped"，"over"，"the"，"lazy"，"dog"]。

（2）将句子拆分成单词和标点符号："Hello，how are you？"→["Hello"，"，"，"how"，
"are"，"you"，"？"]。

（3）将句子拆分成短语或词组："I love ice cream"→["I"，"love"，"ice cream"]。

（4）将代码转换为 Token："print（'Hello，World！'）"→["print"，"（"，"'Hello，
World！'"，"）"，""]。

（5）将 DNA 序列转换为 Token："ATCGATCGATCG"→["ATCG"，"ATCG"，

"ATCG"]。

（6）将句子拆分成字符串："Hello,world"→["H","e","l","l","o","w","o","r","l","d"]。

2. 清洗

清洗（Cleaning）指移除文本中的特殊字符、数字、标点符号和其他无关信息，使文本更加整洁。在某些情况下，可能还需要删除停用词（Stop Words）。停用词是在自然语言处理中一类常见的词汇，通常是指那些出现频率较高但在语境中没有实际含义或作用的常用词汇，例如"a"、"an"、"the"、"and"、"of"等。在文本分析或信息检索任务中，这些常用词汇往往会对文本处理的结果产生负面影响，因为它们可能会占据大量的计算资源、存储空间和时间，并且无法提供有意义的信息。

3. 词干提取/词形还原

词干提取/词形还原（Stemming/Lemmatization）指将单词转换为其词干（Stem）或词元（Lemma）形式，以减少词汇的多样性并提高模型的泛化能力。词干提取通常基于规则，可能导致非标准化的输出；词形还原需要词汇和语法知识，输出通常更加规范。

4. 序列填充/截断

RNN 本身可以处理可变长度的输入序列。RNN 通过在序列的每个时间步上进行循环计算，并将前一个时间步的隐藏状态作为后一个时间步的输入，从而处理不同长度的序列，然而，在实际应用中，为了提高计算效率和便于在 GPU 上进行并行计算，通常会将多个输入序列组合成一个批次（Batch）。为了将不同长度的序列放入一个批次，需要将它们统一为相同的长度。这可以通过填充（Padding）或截断（Truncating）实现。

填充是在较短的序列后面添加特殊的填充符号（例如 0 或特殊的标记），使所有序列具有相同的长度。截断是将较长的序列缩短到指定的最大长度。在处理填充后的序列时，可以使用掩码（Masking）技术来确保填充符号不会影响计算结果，因此，虽然 RNN 本身可以处理可变长度的输入序列，但出于计算效率和实际操作的考虑，通常需要将输入序列统一为固定长度。

5. 词嵌入/词向量表示

词嵌入/词向量表示（Word Embeddings/Word Vectors）指将文本中的单词转换为向量形式，以便于神经网络进行处理。常见的词向量表示方法包括词袋模型（Bag-of-Words，BoW）、独热编码、TF-IDF、Word2Vec、GloVe 等。这些方法可以将单词映射到固定长度的连续向量空间，捕捉单词之间的语义关系。词的向量化是数据预处理中非常重要的一个环节。

6. 词汇表

为了将文本信息送入 RNN 中进行处理，需要对文本信息进行词嵌入。同时，这也意味着模型的输入、中间结果、输出等信息也全部变成了词向量。考虑 NLP 中的任务，希望模型最终的输出是文本，而不是词向量，因为我们想要直接理解词向量的表示是非常困难的。所以这里需要一种词向量和文本信息的对应关系，称为词汇表（Vocabulary）。词汇表是一个包含在训练数据中出现的所有不同单词(或称为词汇、Token)的集合。词汇表是文本数据预处理过程的一个重要组成部分,它将文本中的单词与唯一索引关联起来,从而将文本转换为计算机可以处理的数值形式。

词汇表的构建通常包括以下几个步骤。

(1) 分词:将文本数据拆分为单词序列。在英文文本中,这通常意味着根据空格和标点符号进行分词;在中文文本中,可能需要使用分词工具来完成。

(2) 统计词频:计算训练数据中每个单词的出现频率。有助于识别高频词、低频词及停用词。

(3) 限制词汇表大小:为了限制模型的计算复杂度,可以选择一个最大词汇表大小,并根据单词出现的频率保留最常见的单词。对于不在词汇表中的单词,可以使用一个特殊的未知(Unknown)标记(如"< UNK >")来表示。

(4) 分配索引:为词汇表中的每个单词分配一个唯一的整数索引。通常,还需要为特殊标记(如填充符"< PAD >"、句子开始符"< SOS >"、句子结束符"< EOS >"和未知符"< UNK >")分配索引。

构建词汇表后,可以将原始文本数据转换为数值表示。通常包括将单词替换为其对应的整数索引,以及将整数索引序列转换为词向量表示(如独热编码、词嵌入等)。此外,词汇表还可以用于将模型预测结果(通常是整数索引)转换回文本形式。

4.1.5　建模和预测

在对文本数据进行预处理之后,需要构建训练数据。针对"预测下一个词"这个任务,我们将使用有监督训练的方式对模型进行训练,因此需要将文本划分为输入序列和目标序列。输入序列是原始文本中的一个词窗口(例如,从第 1 个词到第 n 个词),目标序列是紧随输入序列之后的词(从第 2 个词到第 $n+1$ 个词)。对整个文本重复此操作,直到将所有可能的词窗口作为输入序列处理完毕。

接下来的任务是构建 RNN 模型。RNN 模型的本质实际上就是一个 MLP,包括输入层、隐藏层和输出层。输入层负责接收词向量序列,隐藏层用于处理序列中的时序信息,输出层负责生成预测结果。输出层的大小通常被设置为词汇表的大小,并使用 Softmax 激活函数,以便将输出转换为各个词的概率分布。

下一步是使用训练数据训练 RNN 模型。将输入序列传入 RNN,然后将 RNN 的输出与目标序列进行比较。通常使用交叉熵损失作为损失函数,以衡量模型预测的概率分布与实际目标的差异。通过优化算法(如梯度下降或 Adam)最小化损失函数,更新模型的参数。

最后,在预测阶段,给定一个输入序列,将其传入训练好的 RNN 模型。模型会输出一个概率分布,表示各个词作为下一个词的概率。选择概率最高的词作为预测结果。如果需要生成一个完整的文本序列,则可以将预测结果添加到输入序列的末尾,并重复这个过程,直到达到所需的序列长度或遇到特定的结束标记。

4.2　循环神经网络的变体模型

RNN 作为一种能够处理序列数据的神经网络模型,其经典变体模型有以下几种。

(1) GRU(Gated Recurrent Unit):GRU 是一种与 LSTM 类似的 RNN 变体模型,它只引入了两个门控机制(更新门、重置门),可以在一定程度上解决梯度消失和梯度爆炸问题,同时具有更少的参数。

(2) LSTM(Long Short-Term Memory):LSTM 是一种特殊的 RNN,它通过引入 3 个门控机制(输入门、遗忘门、输出门)来控制信息的流动,从而解决了传统 RNN 在处理长序列数据时出现的梯度消失或梯度爆炸问题。

(3) Bi-RNN(Bidirectional Recurrent Neural Network):Bi-RNN 是一种能够同时考虑过去和未来信息的 RNN 变体模型,它由两个 RNN 模块组成,一个是正向 RNN,另一个是反向 RNN,最终输出是正向和反向 RNN 输出的拼接。

(4) Deep RNN(Deep Recurrent Neural Network):Deep RNN 是一种增加多个循环层实现深度学习的 RNN 变体模型,它能够更好地捕捉序列数据中的长期依赖关系。

(5) Attention-Based RNN:Attention-Based RNN 是一种基于注意力机制的 RNN 变体模型,它通过引入注意力机制来对序列中的不同部分进行加权,从而能够更好地捕捉序列数据中的重要信息。

本节主要对以上 5 种变体进行了讲解,这些 RNN 变体模型在序列数据的处理中各有优劣,根据具体的任务需求和数据特点,选择适合的 RNN 变体模型可以取得更好的效果。

4.2.1　门控循环单元

门控循环单元(GRU)是一种改进的循环神经网络结构,用于解决传统 RNN 在处理长序列时面临的梯度消失和梯度爆炸问题。GRU 通过引入门控机制来调整信息在序列中的传递程度,从而实现对长距离依赖关系的更好捕捉。

传统循环神经网络在处理长序列时面临梯度消失或爆炸问题。梯度消失是指在训练过程中,误差反向传播时,梯度随着时间步数的增加而指数级衰减。梯度爆炸则正好相反,这会导致模型难以学习到当前时刻和距离较远的时刻之间的依赖关系。梯度消失问题的原因如下。

假设有一个简单的 RNN 模型,其隐藏状态的计算如下:

$$\boldsymbol{h}_t = \tanh(\boldsymbol{W} * \boldsymbol{h}_{t-1} + \boldsymbol{U} * \boldsymbol{x}_t + b) \tag{4-5}$$

其中,$\boldsymbol{h}_t$ 是当前时间步 t 的隐藏状态,$\boldsymbol{h}_{t-1}$ 是上一个时间步 $t-1$ 的隐藏状态,$\boldsymbol{x}_t$ 是当前时间步 t 的输入,$\boldsymbol{W}$ 和 $\boldsymbol{U}$ 分别是隐藏状态和输入的权重矩阵,b 是偏置项。

在训练过程中,需要通过误差反向传播来更新权重矩阵 $\boldsymbol{W}$ 和 $\boldsymbol{U}$。为了计算 t 时刻关于 $\boldsymbol{h}_{t-1}$ 的梯度,需要计算以下偏导数:

$$\partial \boldsymbol{h}_t / \partial \boldsymbol{h}_{t-1} = \partial(\tanh(\boldsymbol{W} * \boldsymbol{h}_{t-1} + \boldsymbol{U} * \boldsymbol{x}_t + b)) / \partial \boldsymbol{h}_{t-1} \tag{4-6}$$

根据链式法则,有

$$\partial \boldsymbol{h}_t / \partial \boldsymbol{h}_{t-1} = (1 - \boldsymbol{h}_t^2) * \boldsymbol{W} \qquad (4\text{-}7)$$

其中,$(1-\boldsymbol{h}_t^2)$ 是 tanh 激活函数的导数。需要注意,导数的值在 $-1 \sim 1$,因为 tanh 激活函数的输出范围是 $(-1,1)$。当进行反向传播时,需要计算 T 时刻的损失函数 L 关于 $\boldsymbol{h}_{t-1}$ 的梯度:

$$\partial L / \partial \boldsymbol{h}_{t-1} = (\partial L / \partial \boldsymbol{h}_T) * (\partial \boldsymbol{h}_T / \partial \boldsymbol{h}_{T-1}) * \cdots * (\partial \boldsymbol{h}_{t+1} / \partial \boldsymbol{h}_t) * (\partial \boldsymbol{h}_t / \partial \boldsymbol{h}_{t-1}) \qquad (4\text{-}8)$$

可以看到,梯度是关于每时间步的偏导数的连乘积。由于每个偏导数都包含 tanh 激活函数的导数项 $(1-\boldsymbol{h}_t^2)$,所以当时间步数增加时,这些小于 1 的值会被反复相乘,从而导致梯度指数级衰减。这就是梯度消失问题的主要原因。反之,如果大于 1 的值被反复相乘,则可能出现梯度爆炸的情况。

梯度消失问题使 RNN 在学习长距离依赖关系时变得非常困难,因为较早的时间步长的信息在反向传播过程中被丢失。为了解决这个问题,学者们提出了一些改进的 RNN 结构,门控循环单元就是其中的代表。

GRU 的核心思想是引入两个门控单元,即更新门(Update Gate)和重置门(Reset Gate)。这两个门控单元可以学习在每个时间步如何调整输入信息和上一个时间步的隐藏状态信息的重要程度,在某种程度上可以看作有选择性地记忆当前时刻的输入和上一时刻的隐藏状态,从而使网络能够更有效地捕捉长距离依赖关系。

具体来讲,更新门负责确定有多少上一个时间步的隐藏状态信息应该被保留到当前时间步。更新门的计算公式如下:

$$\boldsymbol{z}_t = \mathrm{Sigmoid}(\boldsymbol{W}_z * \boldsymbol{x}_t + \boldsymbol{U}_z * \boldsymbol{h}_{t-1} + b_z) \qquad (4\text{-}9)$$

其中,$\boldsymbol{x}_t$ 是当前时间步的输入,$\boldsymbol{h}_{t-1}$ 是上一个时间步的隐藏状态,$\boldsymbol{W}_z$、$\boldsymbol{U}_z$ 和 b_z 分别是更新门的权重矩阵和偏置。在 GRU 中,Sigmoid 激活函数起着至关重要的作用,其将输出值限制在 $0 \sim 1$,从而控制信息的保留与遗忘。GRU 本质上保留了传统 RNN 的基本架构,但增加了通过 Sigmoid 激活函数控制的更新门和重置门。由于 Sigmoid 函数将输入映射到一个 $[0,1]$ 的区间内,这个输出值便可以解释为信息的重要程度。具体来讲,0 代表不保留输入信息,而 1 则代表完全保留。通过这种方式,更新门学习到的参数可以帮助模型确定保留哪些信息,以及在何种程度上保留,以便更有效地进行序列信息的建模。

重置门负责确定在计算新的隐藏状态时,有多少上一个时间步的隐藏状态信息应该被保留。重置门的计算公式如下:

$$\boldsymbol{r}_t = \mathrm{Sigmoid}(\boldsymbol{W}_r * \boldsymbol{x}_t + \boldsymbol{U}_r * \boldsymbol{h}_{t-1} + b_r) \qquad (4\text{-}10)$$

重置门的组成和更新门是一样的,它们各自维护更新自己的权重矩阵,其中 $\boldsymbol{W}_r$、$\boldsymbol{U}_r$ 和 b_r 分别是重置门的权重矩阵和偏置。输出 $\boldsymbol{r}_t$ 的维度与隐藏状态 $\boldsymbol{h}_{t-1}$ 的维度是一致的。

候选隐藏状态也是 GRU 中的新概念,它表示如果允许重置门调整上一个时间步的隐藏状态信息,则当前时间步的隐藏状态会是什么样的,计算公式如下:

$$\boldsymbol{h}_t' = \tanh(\boldsymbol{W} * \boldsymbol{x}_t + \boldsymbol{U} * (\boldsymbol{r}_t \odot \boldsymbol{h}_{t-1}) + b) \qquad (4\text{-}11)$$

其中,$\boldsymbol{W}$、$\boldsymbol{U}$ 和 b 分别是权重矩阵和偏置,$\odot$ 表示逐元素相乘,这是一个信息重要程度重分配

的过程。通过重置门调整的隐藏状态信息与当前输入信息相结合,然后应用 tanh 激活函数
得到候选隐藏状态。

计算新的隐藏状态:根据更新门的输出,确定在新的隐藏状态中保留多少旧的隐藏状
态信息,以及候选隐藏状态的信息,计算公式如下:

$$\boldsymbol{h}_t = (1 - \boldsymbol{z}_t) \odot \boldsymbol{h}_{t-1} + \boldsymbol{z}_t \odot \boldsymbol{h}'_t \tag{4-12}$$

其中,$(1 - \boldsymbol{z}_t)$ 和 $\boldsymbol{z}_t$ 分别表示保留多少上一个时间步隐藏状态的信息和当前时间步候选状
态的信息。这些权重的和为 1,因为它们都受 Sigmoid 激活函数的限制。通过将两部分加
权求和,得到当前时间步的新隐藏状态。

总之,门控循环单元通过引入更新门和重置门对信息在序列中的重要程度进行学习。
这是很符合直觉的,因为在文本数据中,每个字词在一句话中的重要程度确实是不一样的。
这种有选择性的记忆方式使 GRU 能够更有效地捕捉文本间长距离依赖关系,并减轻梯度
消失问题。

4.2.2　长短期记忆网络

相对于传统的循环神经网络,长短期记忆网络具有更强的记忆和长期依赖性建模能力。
它与 GRU 都采用类似的门机制。通过一系列门(输入门、遗忘门和输出门)来控制信息的
流动,并使用单元状态来存储和传递信息。这些门允许网络选择性地从输入中获取信息、遗
忘不重要的信息并决定将什么信息传递到下一层。由于其出色的性能和实用性,LSTM 已
成为深度学习中最流行的神经网络架构之一。

在标准的 RNN 中,循环结构如图 4-6 所示。

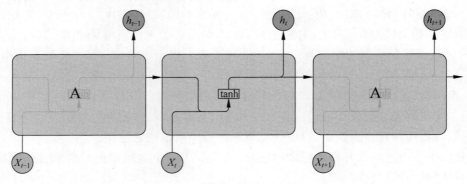

图 4-6　RNN

循环神经网络在每个时间步 t 上接收一个输入向量 $\boldsymbol{x}_t$,并更新其隐藏状态 $\boldsymbol{h}_t$。RNN
的计算过程可以表示为

$$\boldsymbol{h}_t = f(\boldsymbol{W}_h * [\boldsymbol{h}_{t-1}, \boldsymbol{x}_t] + b_h) \tag{4-13}$$

其中,$\boldsymbol{W}_h$ 和 b_h 分别是隐藏层的权重矩阵和偏置项,f 是激活函数,一般是 tanh。这里,
$[\boldsymbol{h}_{(t-1)}, \boldsymbol{x}_t]$ 表示将上一时刻的隐藏状态和当前时刻的输入向量拼接而成的向量。

LSTM 的结构与之类似,但是每个循环结构中都具有 4 层网络,如图 4-7 所示。

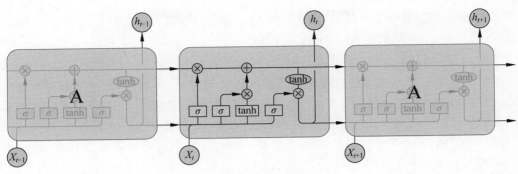

图 4-7　LSTM

　　LSTM 在每个时间步 t 上接收一个输入向量 x_t，更新其细胞状态 C_t 和隐藏状态 h_t，其中，细胞状态（Cell State）是 LSTM 的新概念，它类似于传送带，是 LSTM 的关键，直接贯穿整个模型，C_t 在传递中只有一些少量的线性交互，使信息在上面传递很容易，这对于将远距离的信息更好地传递到当前计算时刻有很大帮助。也就是长短期记忆网络名字中对"长期"概念的一种实现。

　　在 LSTM 的计算过程中，第 1 步决定会从上一时刻的隐藏状态中丢弃（忘记）什么信息，如图 4-8 所示，其中 σ 被称作遗忘门（Forget Gate），本质上是一个带有 Sigmoid 函数的神经网络层，通过读取 h_{t-1} 和 x_t，输出一个在 0 到 1 的数值并给到细胞状态 C_{t-1}。通过相乘操作来决定保留多少 C_{t-1} 中的信息，1 表示保留全部信息，0 表示遗忘全部信息。公式表示如下：

$$f_t = \sigma(W_f * [h_{t-1}, x_t] + b_f) \tag{4-14}$$

　　第 2 步决定从当前时刻的输入信息中，选择什么信息进行处理，如图 4-9 所示，其中 σ 被称作输入门（Input Gate），本质上也是一个带有 Sigmoid 函数的神经网络层，通过读取 h_{t-1} 和 x_t，输出一个在 0 到 1 的数值 i_t，公式表示如下：

$$i_t = \sigma(W_i \cdot [h_{t-1}, x_t] + b_i) \tag{4-15}$$

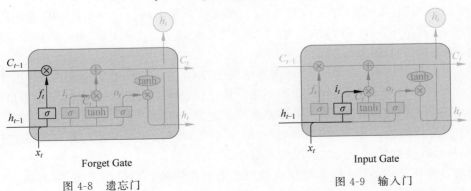

图 4-8　遗忘门　　　　　　　　　图 4-9　输入门

　　第 3 步使用 tanh 激活函数创建一个新的候选细胞状态 $\widetilde{C}_t$，如图 4-10 所示。本质上是一个带有 tanh 函数的神经网络层,通过读取 h_{t-1} 和 x_t,输出 $\widetilde{C}_t$,这个 $\widetilde{C}_t$ 可以在一定程度上代表 $[h_{t-1}, x_t]$,即代表输入信息,公式表示如下:

$$\widetilde{C}_t = \tanh(W_C \cdot [h_{t-1}, x_t] + b_C) \tag{4-16}$$

最后一步决定着当前时刻隐藏状态的输出结果,如图 4-11 所示,其中 σ 被称作输出门(Output Gate),本质上还是一个带有 Sigmoid 函数的神经网络层,它的计算结果决定着当前时刻的输出结果有多少比例能进入下一时刻。具体来讲,输出门的计算结果,将与更新后的且经过激活函数 tanh 映射后的细胞状态 C_t 相乘,作为当前时刻隐藏状态 h_t 的输出结果。公式表示如下:

$$o_t = \sigma(W_o * [h_{t-1}, x_t] + b_o)$$
$$h_t = o_t \odot \tanh(C_t) \tag{4-17}$$

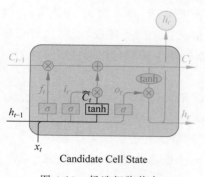

图 4-10　候选细胞状态

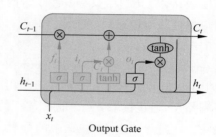

图 4-11　输出门

至此,已经完成了一个时间步的 LSTM 计算过程。整个序列数据的处理过程就是将上述计算过程在各个时间步重复进行。

总结一下,LSTM 网络可以优化梯度传播不稳定的问题,主要因为它们的设计允许信息在多个时间步长上有效地流动,而不受梯度消失或爆炸的影响。这得益于 LSTM 的几个关键特性。

(1)门控机制:LSTM 单元包含遗忘门、输入门和输出门。这些门控制信息的流入、保留和流出,使网络可以学习何时"记住"或"忘记"某些信息。这种选择性记忆有助于维持长期依赖,减少梯度消失的问题。

(2)恒定误差传播:在 LSTM 的内部结构中,存在着一种称为"细胞状态"的线性路径,其中的误差可以较为平滑地回流,几乎不受干扰。这意味着在训练过程中,梯度可以稳定地通过网络的多个时间步传播,减少了梯度爆炸或消失的风险。

(3)自适应调节:由于门控结构,LSTM 可以在训练过程中学习自适应地调整门的开关程度,从而有效地处理不同时间尺度的信息。

通过这些机制,LSTM 能够较好地处理序列数据中的长期依赖关系,并在许多时间序列相关的任务中表现出色,如语言建模和时间序列预测。

LSTM 和 GRU 都是 RNN 的变体,它们都试图解决传统 RNN 在处理长序列数据时遇到的梯度消失或梯度爆炸问题。LSTM 和 GRU 通过引入门控机制来改进传统的 RNN 结构,使它们能够捕捉长序列数据中的长期依赖关系。下面我们将详细解释它们的区别和联系。

最大的区别是结构差异,具体来讲,LSTM 的基本单元由一个细胞状态和 3 个门组成,即输入门、遗忘门和输出门,而 GRU 的基本单元结构更为简洁,它只包含两个门,即更新门和重置门。同时,GRU 将 LSTM 中的细胞状态与隐藏状态合并为一种状态。

其次的差别在参数量上,由于 GRU 结构较简洁,其参数数量相对较少。这使 GRU 在某些情况下训练速度较快,并且对内存需求较低,然而,这也可能意味着 GRU 在某些任务上的表现可能不如 LSTM,特别是在需要捕捉更复杂长期依赖关系的任务上。

两者的联系也很明显,尽管 LSTM 和 GRU 在结构和计算过程中有所不同,但它们都试图通过门控机制来改进传统的 RNN 结构。这种门控机制允许网络有选择地更新状态信息,从而使它们能够捕捉长序列数据中的长期依赖关系。这使 LSTM 和 GRU 在很多序列处理任务中,如自然语言处理、语音识别和时间序列预测等领域具有较好的表现。

另一个联系是它们都能够缓解 RNN 的梯度问题。在传统的 RNN 中,每个时间步的隐藏状态 h_t 都由上一时间步的隐藏状态 h_{t-1} 和当前时间步的输入 x_t 计算得出:

$$h_t = f(W_h h_{t-1} + W_x x_t) \tag{4-18}$$

由于每个时间步的计算都要乘以同一个权重矩阵 W_h,所以会导致梯度在反向传播过程中指数级衰减或爆炸。具体来讲,由于每个时间步的梯度都要乘以 W_h 的转置,而且 W_h 是通过随机初始化得到的,因此每个时间步的梯度的大小和方向都是不同的,这导致梯度的方差随着时间步长的增加而指数级增长或减小,从而使梯度在反向传播过程中衰减或爆炸。

为了解决这个问题,LSTM 和 GRU 引入了门机制,用于选择性地控制信息的流动,从而降低梯度的大小。

以 LSTM 为例,它引入了一个单元状态 C_t 和 3 个门:输入门(i_t)、遗忘门(f_t)和输出门(o_t)。每个门都有一个对应的权重矩阵,而且每个门的输出都由 Sigmoid 函数变换得到的。这样,对于每个时间步,只有与门对应的权重矩阵需要更新,而其他的权重矩阵都保持不变,从而减少了梯度的大小变化。

具体来讲,LSTM 的计算公式如下:

$$
\begin{aligned}
i_t &= \sigma(W_i[h_{t-1}, x_t]) \\
f_t &= \sigma(W_f[h_{t-1}, x_t]) \\
o_t &= \sigma(W_o[h_{t-1}, x_t]) \\
\widetilde{C}_t &= \tanh(W_c[h_{t-1}, x_t]) \\
C_t &= f_t \odot C_{t-1} + i_t \odot \widetilde{C}_t \\
h_t &= o_t \odot \tanh(C_t)
\end{aligned}
\tag{4-19}
$$

其中,$[h_{t-1}, x_t]$ 表示将上一时间步的隐藏状态和当前时间步的输入拼接在一起。i_t、f_t 和 o_t 分别表示输入门、遗忘门和输出门的输出。$\widetilde{C}_t$ 表示候选单元状态。C_t 表示当前单元状态,可以通过遗忘门控制遗忘过去的信息,并通过输入门选择性地接收新信息。h_t 表示当前时间步的隐藏状态,是输出门和当前单元状态的乘积。由于输入门、遗忘门和输出门都由 Sigmoid 函数变换得到,它们的取值范围在 0 和 1 之间,因此可以有效地控制信息的流动和梯度的传递。因为在计算梯度时,它们可以充当一个缩放因子,帮助控制梯度的大小。具体来讲,如果门函数的输出值接近于 0 或 1,则梯度就会相应地缩小或放大,从而更好地传递梯度。这个特点可以帮助缓解梯度消失和梯度爆炸问题,从而提高模型的性能。

类似地,GRU 也引入了门机制,它包括一个重置门 r_t 和一个更新门 z_t,以及一个候选隐藏状态 $\tilde{h}_t$ 和当前隐藏状态 h_t。GRU 的计算公式如下:

$$
\begin{aligned}
r_t &= \sigma(W_r[h_{t-1}, x_t]) \\
z_t &= \sigma(W_z[h_{t-1}, x_t]) \\
\tilde{h}_t &= \tanh(W_h[r_t \odot h_{t-1}, x_t]) \\
h_t &= (1 - z_t) \odot h_{t-1} + z_t \odot \tilde{h}_t
\end{aligned}
\tag{4-20}
$$

其中,$[h_{t-1}, x_t]$ 表示将上一时间步的隐藏状态和当前时间步的输入拼接在一起。r_t 和 z_t 分别表示重置门和更新门的输出都是由 Sigmoid 函数变换得到的。$\tilde{h}_t$ 表示候选隐藏状态,是由 tanh 函数变换得到的。h_t 表示当前时间步的隐藏状态,可以通过更新门选择性地接收新信息,并通过重置门控制遗忘过去的信息。

总之,LSTM 和 GRU 通过引入门机制来控制信息的流动,从而缓解了 RNN 的梯度问题,这使它们在处理长序列数据时更有效。

4.2.3 深度循环神经网络

深度循环神经网络(Deep RNN)是一种能够处理序列数据的神经网络模型。它是在传统的循环神经网络的基础上进行扩展的,通过增加多个循环层(Recurrent Layer)实现深度学习,传统 RNN 如图 4-12(a)所示,深度循环神经网络如图 4-12(b)所示。

循环神经网络和深度循环神经网络的区别在于它们的网络结构。RNN 只有一个循环层,而 Deep RNN 有多个循环层。

在 RNN 中,假设当前时间步为 t,输入为 x_t,上一时间步的隐状态为 a_{t-1},输出为 y_t,则可以表示为

$$
\begin{aligned}
h_t &= \sigma(W_a a_{t-1} + W_x x_t + b_h) \\
y_t &= \sigma(W_y a_t + b_y)
\end{aligned}
\tag{4-21}
$$

其中,σ 是激活函数,W_a、W_x、W_y 是权重矩阵,b_h、b_y 是偏置向量。

在 Deep RNN 中,假设当前时间步为 t,第 l 层循环层的输入为 x_t,上一层循环层的输出为 $h_t^{(l-1)}$,该层的权重矩阵为 $W^{(l)}$,则该层的输出 $h_t^{(l)}$ 可以通过下面的公式计算:

$$
h_t^{(l)} = \sigma(W^{(l)} a_t^{(l-1)} + U^{(l)} x_t + b^{(l)})
\tag{4-22}
$$

其中,σ 是激活函数,$U^{(l)}$ 是该层的输入权重矩阵,本质上是多层的 RNN 层堆叠组成的结

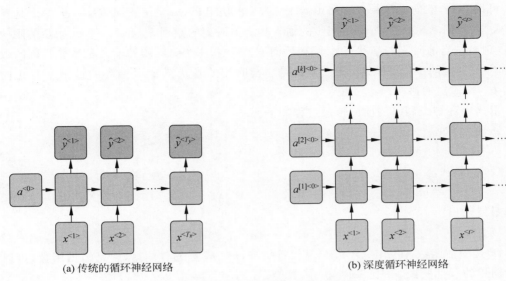

(a) 传统的循环神经网络   (b) 深度循环神经网络

图 4-12   Naive RNN & Deep RNN

构，$b^{(l)}$ 是偏置向量。与传统的 RNN 一样，当前层的隐状态不仅受到当前时间步的输入 x_t 的影响，还受到上一层的隐状态 $h_t^{(l-1)}$ 的影响。因为结构变得更复杂了，所以 Deep RNN 能够更好地捕捉序列数据中的长期依赖关系，而 RNN 则相对简单，只能"记忆"很短的历史信息。

4.2.4 双向循环神经网络

双向循环神经网络(Bi-RNN)是一种能够处理序列数据的神经网络模型。与传统的循环神经网络只考虑当前时刻之前的历史信息不同，双向循环神经网络能够同时考虑过去和未来的信息，因此在序列数据的处理中具有很大的优势。传统的循环神经网络和双向循环神经网络的结构对比如图 4-13 所示。

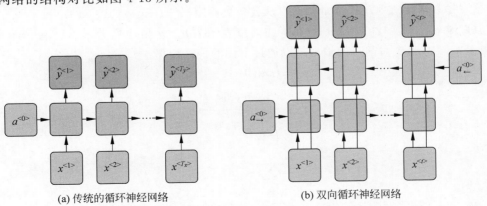

(a) 传统的循环神经网络   (b) 双向循环神经网络

图 4-13   Naive RNN & Bidirectional RNN

可以看到,双向循环神经网络由两个 RNN 模块组成,一个是正向 RNN,另一个是反向 RNN。在正向 RNN 中,每个时间步的输入是当前时刻的数据 x_t 和上一个时间步的隐状态 a_{t-1},输出是当前时刻的隐状态 a_t。在反向 RNN 中,每个时间步的输入是当前时刻的数据 x_t 和下一个时间步的隐状态 a_{t+1},输出是当前时刻的隐状态 a'_t。最终的输出 y 是正向和反向 RNN 输出的拼接。

双向循环神经网络的前向传播过程如下。

正向 RNN:

$$a_t = \sigma(W_a a_{t-1} + W_x x_t + b_a) \tag{4-23}$$

反向 RNN:

$$a'_t = \sigma(W'_a a_{t+1} + W'_x x_t + b'_a) \tag{4-24}$$

最终输出:

$$y_t = f([a_t, a'_t]) \tag{4-25}$$

其中,σ 是激活函数,W_a、W'、W_x、W' 是权重矩阵,b_a、b'_a 是偏置向量,f 是输出函数,可以是一个简单的线性变换、一个 Softmax 函数等。

双向循环神经网络在处理序列数据时,能够同时考虑过去和未来的信息,从而更好地捕捉序列数据中的上下文信息。在自然语言处理、语音识别的某些特殊任务中,双向循环神经网络已经取得了一些很好的成果,如情感分析、命名实体识别、机器翻译、完形填空等,双向循环神经网络可以考虑上下文信息,从而提高任务的准确率。

4.2.5　基于注意力的循环神经网络

Attention-Based RNN 是一种基于注意力机制的 RNN 变体模型,它通过引入注意力机制来对序列中的不同部分进行加权,从而能够更好地捕捉序列数据中的重要信息。Attention-Based RNN 的主要思想是在每个时间步对序列中的不同部分赋予不同的权重,从而能够更好地捕捉序列中的重要信息。这个思想是符合直觉的,我们很容易理解:一个句子中每个单词的重要程度应该是不同的,所以希望模型能捕捉这个特点,即通过设置额外的注意力参数来显式地建模这个特性。从公式角度定义 Attention-Based RNN。

假设输入序列为 $x_{1:T}$,第 t 个元素的向量表示为 h_t,输出序列为 $y_{1:T}$。在 Attention-Based RNN 中,每个时间步的输出可以通过下面的公式计算:

$$s_t = \tanh(W_h h_t + b_h)$$

$$\alpha_t = \frac{\exp(s_t^\mathrm{T} e)}{\sum_{i=1}^{T} \exp(s_i^\mathrm{T} e)} \tag{4-26}$$

$$y_t = \sum_{i=1}^{T} \alpha_{t,i} h_i$$

其中,W_h 和 b_h 是映射向量的权重和偏置,e 是用来计算注意力权重的权重向量,α_t 是第 t

个时间步计算得到的注意力权重,它是由所有元素的权重经过 Softmax 处理得到的,y_t 是第 t 个时间步的输出,它是所有元素的加权平均,这个加权求和的过程实际上就是实现句子中每个单词重要程度重分配的过程。

具体来讲,第 1 步将序列中的每个元素通过前馈神经网络映射为一个向量 s_t,这个 s_t 实际上就是当前时刻 RNN 输出的隐藏状态,然后计算每个元素的注意力权重 $\alpha_{t,i}$,通过将 s_t 与一个固定的权重向量 e 进行点积,然后经过 Softmax 处理得到。最后,将所有元素的加权平均作为输出 y_t。值得注意的是,选择合适的注意力权重的权重向量 e 是 Attention-Based RNN 中的关键,它对模型的性能影响很大。一般来讲,e 可以由以下几种方式来得到。

(1)解码器的隐藏状态:在一些序列到序列的模型(如机器翻译)中,e 可以是解码器在前一个时间步的隐藏状态。在这种情况下,e 代表了到目前为止已经生成的输出序列的累积信息。通过将这个查询向量与输入序列的每个时间步的隐藏状态 h 进行对比,模型可以决定接下来最需要关注输入序列的哪部分。

(2)可学习参数:在某些模型中,e 可能是一个独立的可以通过训练学习的参数。在这种情况下,e 不是由模型的其他部分直接生成的,而是通过模型训练的过程逐渐调整的,以便更好地协助模型确定注意力的焦点。

(3)固定或预设的向量:在某些特定应用或简化的模型中,e 可能是一个预先定义的固定向量,可能与特定任务或数据集的某些特性相关。这种情况比较少见,通常出现在特定的研究或试验场景中。

不管 e 的具体形式是什么,它的主要作用都是作为一种参考,帮助模型判断在处理序列数据时应该把注意力集中在哪里。通过与输入序列的每个时间步的隐藏状态的交互,e 影响着最终的注意力权重 α_t,从而影响模型的输出。这种机制使模型能够动态地调整对输入数据的关注点,这在处理长序列或需要理解复杂关系的任务中尤为重要。

最后,关于注意力权重 α_t 的计算其实有很多种方式,常见的计算注意力权重的方式有以下几种。

1. 点积注意力

点积注意力(Dot Product Attention)是一种简单的计算注意力权重的方法,它通过计算输入序列中每个词向量与当前时刻的隐状态之间的点积来得到注意力权重。具体来讲,假设输入序列中的词向量为 $e_1, e_2, \cdots, e_T$,当前时刻的隐状态为 s_t,则点积注意力权重 α_t 可以表示为

$$\alpha_t = \frac{\exp(s_t^{\mathrm{T}} e_i)}{\sum_{j=1}^{T} \exp(s_t^{\mathrm{T}} e_j)} \tag{4-27}$$

其中,$s_t^{\mathrm{T}} e_i$ 表示当前时刻的隐状态 s_t 与第 i 个词向量 e_i 之间的点积,当前时刻的隐状态 s_t 和输入序列中每个单词的向量 e_i 都是用来表示语义信息的向量。在 Attention-Based RNN 中,通过将当前时刻的隐状态 s_t 与输入序列中每个单词的向量 e_i 进行点积,可以得到一个

标量值,用于表示当前时刻 t 下,每个单词对输出结果的贡献大小。

根据线性代数的知识,当 s_t 与 e_i 两个向量之间的相似度越高时,点积的结果越大,意味着当前时刻的隐状态 s_t 和输入序列中的该单词 e_i 具有更相似的语义信息,也就是说,在当前时刻 t 下,该单词对输出结果的贡献更大,因此,该单词在当前时刻的重要性就越高。

例如,在机器翻译任务中,当 s_t 表示待翻译的目标句子中已经翻译出的部分的隐状态时,e_i 表示原句子中的每个单词向量。如果当前时刻的隐状态 s_t 与原句子中的某个单词向量 e_i 之间的相似度越高,则该单词在当前时刻的重要性就越大,模型就需要更多地关注它,从而提高模型的翻译准确性。

因此,当前时刻的隐状态 s_t 与该单词的向量 e_i 之间的相似度越高,该单词在当前时刻的重要性就越大,这是因为相似度的提高反映了两者之间的语义相关性增强,从而该单词对输出结果的贡献也相应增大,所以 $\exp(s_t^{\mathrm{T}} e_i)$ 表示这个点积的重要程度,$\sum_{j=1}^{T} \exp(s_t^{\mathrm{T}} e_j)$ 表示所有点积的加权和,通过这个加权和可以将所有点积的重要程度归一化到 0 到 1 的范围内,从而得到注意力权重 $\boldsymbol{\alpha}_t$。

实际上,上述对于注意力权重 $\boldsymbol{\alpha}_t$ 为什么表征注意力的解释,只是科学家赋予点积操作这个算法的一种类比而已。从另一个角度说,注意力权重 $\boldsymbol{\alpha}_t$ 是通过训练得到的参数,到底是什么,究竟是不是真的表示注意力只有模型自己才知道,或许仅仅是增加了模型的可学习参数,让模型的潜力有机会学到更好的表征也未可知,这就是深度学习模型的黑盒性质。

2. 缩放点积注意力

为了避免在点积注意力中出现点积结果过大或过小的问题,可以采用缩放点积注意力(Scaled Dot Product Attention)的方法。具体来讲,缩放点积注意力将点积结果除以 $\sqrt{d}$,其中 d 表示向量 e_i 的维度,从而缩放点积结果的大小,缩放点积注意力的公式如下:

$$\boldsymbol{\alpha}_t = \frac{\exp(s_t^{\mathrm{T}} e_i / \sqrt{d})}{\sum_{j=1}^{T} \exp(s_t^{\mathrm{T}} e_j / \sqrt{d})} \tag{4-28}$$

3. 加性注意力

加性注意力(Additive Attention)是一种将当前时刻的隐状态和输入序列中每个词向量连接起来后通过一个全连接层计算注意力权重的方法。具体来讲,假设当前时刻的隐状态为 s_t,输入序列中的词向量为 $e_1, e_2, \cdots, e_T$,全连接层的权重矩阵为 $\boldsymbol{W}$,则加性注意力权重 $\boldsymbol{\alpha}_t$ 可以表示为

$$\boldsymbol{\alpha}_t = \frac{\exp(\boldsymbol{v}^{\mathrm{T}} \tanh(\boldsymbol{W} s_t + \boldsymbol{U} e_i))}{\sum_{j=1}^{T} \exp(\boldsymbol{v}^{\mathrm{T}} \tanh(\boldsymbol{W} s_t + \boldsymbol{U} e_j))} \tag{4-29}$$

其中,$\boldsymbol{W}$ 和 $\boldsymbol{U}$ 是全连接层的权重矩阵,$\boldsymbol{v}$ 是一个用来计算注意力权重的随机初始化向量。全连接层可以学习输入序列中每个词向量与当前时刻的隐状态之间的关系,从而计算每个单词在当前时刻的注意力得分,然而,如果全连接层中的参数数量较大,则可能会导致过拟

合,因此引入一个额外的注意力向量v可以用较少的参数量来计算注意力得分,提高模型的泛化能力。具体来讲,注意力向量v可以将全连接层的计算结果从向量映射为一个标量,用于计算该单词在当前时刻的注意力得分。这样可以有效地减少模型参数,降低模型的过拟合风险。实际上,这个加性注意力分数完全可以使用一个简单的 MLP 实现,如图 4-14 所示。

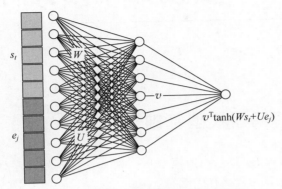

图 4-14　用 MLP 实现加性注意力分数

当用 MLP 实现加性注意力分数时,输入就是向量s_t和e_j的拼接,第 1 个隐藏层中要学习的参数就是W和U,第 2 个隐藏层中要学习的参数就是v,最后输出一个标量。希望这个 MLP 最后输出的标量可以通过训练和学习成为注意力分数。

此外,经典的注意力计算方法还有自注意力机制,在预测下一个单词的任务中,Attention-Based RNN 通常使用的是源-目标注意力(Source-Target Attention),即将当前时刻的隐状态s_t与输入序列中每个单词的向量e_j进行加性或乘性注意力计算,得到每个单词在当前时刻的注意力得分,用于加权求和,生成下一个单词的输出。在这种情况下,没有自注意力机制(Self-Attention)的应用。

自注意力机制是指模型对于输入序列中每个位置的向量,不仅可以通过与其他位置的向量计算注意力权重来表达其对输出的贡献,同时还可以通过与自身进行注意力计算,表示该位置向量内部的不同部分之间的关系。自注意力机制被广泛地应用于自然语言处理任务中,如文本分类、机器翻译、文本摘要等,但在预测下一个单词的任务中,通常没有自注意力机制的应用,因为模型主要关注当前时刻的隐状态与输入序列中的每个单词的关系,而不是在单词内部建立注意力关系。

然而,在某些特定的情况下,也可以将自注意力机制应用于预测下一个单词的任务中。例如,在文本生成任务中,模型需要根据之前生成的单词预测下一个单词,此时可以使用自注意力机制帮助模型关注之前已经生成的单词,并从中学习到相应的语义信息。此外,在一些序列到序列的任务中,如文本摘要和机器翻译,还可以将自注意力机制应用于解码器端,以帮助解码器生成更加准确的输出序列。我们将在 Transformer 算法讲解的章节中对自注意力机制进行详细讲解。

第 5 章

编码器-解码器模型

5.1 编码器-解码器模型基础

编码器-解码器(Encoder-Decoder)模型是一种常见的序列到序列学习模型,它在自然语言处理和计算机视觉等领域都有广泛的应用。

5.1.1 编码器-解码器模型的基本结构

编码器-解码器算法是一种深度学习模型结构,被广泛地应用于自然语言处理(NLP)、图像处理、语音识别等领域。它主要由两部分组成:编码器(Encoder)和解码器(Decoder)。这种结构能够处理序列到序列(Seq2Seq)的任务,如机器翻译、文本摘要、对话系统等。

在自然语言处理领域编码器的作用是接收输入序列,并将其转换成固定长度的上下文向量(Context Vector)。这个向量是输入序列的一种内部表示,捕获了输入信息的关键特征。在自然语言处理的应用中,输入序列通常是一系列词语或字符。

编码器可以是任何类型的深度学习模型,但循环神经网络(RNN)及其变体,如长短期记忆网络(LSTM)和门控循环单元(GRU),因其在处理序列数据方面的优势而被广泛使用。

解码器的目标是将编码器生成的上下文向量转换为输出序列。在开始解码过程时,它首先接收到编码器生成的上下文向量,然后基于这个向量生成输出序列的第 1 个元素。接下来,它将自己之前的输出作为下一步的输入,逐步生成整个输出序列。

解码器也可以是各种类型的深度学习模型,但通常与编码器使用相同类型的模型以保持一致性。

在训练编码器-解码器模型时,目标是最小化模型预测的输出序列与实际输出序列之间的差异。这通常通过计算损失函数(如交叉熵损失)实现,并使用反向传播和梯度下降等优化算法进行参数更新。

5.1.2 编码器-解码器模型在自然语音处理领域的应用

1. 机器翻译

机器翻译是编码器-解码器模型最为广泛的应用之一。在机器翻译任务中,编码器-解码器模型将一个源语言句子映射成一个目标语言句子,其中编码器将源语言句子编码成一个固定长度的向量,解码器将这个向量解码成一个目标语言句子。

在编码阶段,编码器部分的任务是处理输入序列(源语言文本)。每个输入词元(可以是词或字符)被转换为向量,然后输入编码器网络(通常是 RNN、LSTM 或 GRU)。编码器逐步处理输入序列中的每个元素,更新其内部状态。最后一个时间步的内部状态被认为是对整个输入序列的压缩表示,称为上下文向量或编码器隐藏状态。这个向量旨在捕获输入序列的语义信息。

在解码阶段,解码器接收编码器的上下文向量,并开始生成输出序列(目标语言文本)。解码器的初始状态通常是编码器的最终状态。在每个时间步,解码器基于当前的状态和前一时间步的输出(或在训练期间,可能是前一时间步的实际目标词元)预测下一个词元,然后这个预测被用作下一个时间步的输入,直到生成序列结束标记为止。

此外,为了改善性能,特别是在处理长序列时,注意力机制被引入。注意力允许解码器在生成每个词时"关注"输入序列的不同部分。具体来讲,它通过计算解码器的当前状态和编码器每个时间步状态的相似度,为编码器的每个输出分配一个权重,然后生成一个加权组合,这个加权组合被用作附加的上下文信息输入解码器,帮助生成更准确的输出。

2. 文本摘要

文本摘要是一种将长文本压缩成短文本的任务,其中编码器-解码器模型通常用于生成一个摘要句子。在文本摘要任务中,编码器将输入文本编码成一个向量,解码器根据这个向量生成一个与输入文本相对应的摘要句子。

在编码阶段,编码器读取整个输入文本(例如,一篇文章),逐词(或逐字符)进行处理,更新其内部状态。在处理序列的每个步骤,编码器试图捕获并累积文本的关键信息,并将这些信息编码进一个固定长度的向量中。

在解码阶段,使用编码器的输出(上下文向量)作为输入,解码器开始生成文本摘要。与机器翻译类似,解码器在每个时间步基于当前的上下文和前一时间步的输出(或在训练期间,前一时间步的实际目标词元)生成下一个词元。这个过程重复进行,直到达到预设的长度限制或生成了特殊的序列结束标记。

在文本摘要中,注意力机制同样重要,因为它使模型能够在生成摘要的每步"关注"输入文本的不同部分,从而提高摘要的相关性和准确性。此外,一些高级技术,如复制机制(允许直接从输入将词汇复制到输出)、覆盖机制(防止重复)和内容选择技术被来进一步提高摘要质量。

3. 对话生成

在探讨对话系统和聊天机器人的实现过程中,我们聚焦于编码器-解码器模型的核心作用,尤其是它在处理生成式对话任务时的应用。这一过程可以分为几个关键阶段,每个阶段都对生成流畅且相关的回应至关重要。

(1)输入处理阶段:在与用户的交互中,自然语言文本作为对话系统的输入序列发挥着基础作用。编码器负责接收这些输入文本,并将其逐词或逐字符转换为向量表示。这些向量随后通过编码网络(例如 RNN、LSTM、GRU)进行处理,网络在此过程中更新其内部状态,以反映序列中累积的信息。编码过程的终点是生成一个或多个向量,这些向量综合概括了输入文本的内容及其上下文,为后续的回应生成奠定了基础。

(2)回应生成阶段:在初始化阶段,解码器的起始状态通常由编码器的最终状态所决定,确保了从用户输入提取的信息被有效利用以引导回应的生成。解码器随后根据从编码阶段获得的上下文信息,逐步构建回应。它在每一时间步骤中预测下一个词元,直至遇到终止符号,如句号或特殊的结束标记,从而完成一个回应的生成。在此过程中,解码器会综合考量当前的内部状态及先前时间步骤生成的词元,以确定下一步最合适的输出。

(3)注意力机制:在对话系统的构建中,注意力机制的引入极大地增强了模型的性能。它允许解码器在生成回应时专注于输入序列的特定部分,使系统能够根据对话的实际上下文调整其回应,从而产生更为相关和个性化的输出。这一机制通过计算解码器的当前状态与编码器各种状态之间的相似度,从而确定模型的焦点。相似度得分用于为编码器的输出创建加权组合,该组合随后作为额外的上下文信息辅助回应的生成,进一步提升了交互质量。

5.1.3　编码器-解码器模型在计算机视觉领域的应用

1. 图像去噪

在图像去噪的应用中,自编码器通过一个精妙的编码-解码过程,学习如何从含噪声的图像中恢复出清晰的图像。编码器部分将输入的含噪声图像转换成一个潜在的、紧凑的表示形式,在这一过程中,通过逐层减少数据维度,迫使网络捕获图像的本质特征,而忽略那些不重要的噪声。随后,解码器部分接手这个潜在表示,通过逐层增加数据维度,重构出去噪后的图像。在实现上,自编码器通过最小化重构图像与原始图像之间的差异(例如,使用均方误差作为损失函数)进行训练,从而有效地学习到如何去除图像中的噪声。

2. 特征提取与降维

自编码器在特征提取与降维方面的应用基于其能力将高维数据转换为低维的、有意义的表示。在编码过程中,自编码器通过减少数据的维度,将输入图像编码到一个潜在空间中,这个潜在空间的表示捕获了输入数据的关键信息。这种低维表示为各种视觉任务(如分类、检测等)提供了一种更为简洁且信息丰富的数据形式。在解码过程中,尽管目标是重构原始输入,但这一过程的副产品(潜在空间的表示)在实践中被广泛地用作特征向量。通过这种方式,自编码器不仅实现了数据的有效压缩,还提供了一种强大的特征学习机制。

3. 图像生成

在图像生成领域,变分自编码器(VAE)扩展了自编码器的概念,引入了能够学习输入数据分布的能力。VAE 的编码器不仅学习了如何将输入映射到潜在空间,而且还学习了潜在空间中数据分布的参数(如均值和方差)。这允许 VAE 通过在潜在空间进行随机采样,然后通过解码器生成新的、多样化的图像。这种方法的核心在于其损失函数,它由重构损失(鼓励模型准确重构输入数据)和 KL 散度(鼓励潜在空间的分布接近先验分布)组成。通过优化这个损失函数,VAE 能够生成与训练数据相似但又全新的图像实例,为创造性图像生成和其他应用开辟了广阔的天地。

5.1.4　自编码器模型

接下来将介绍编码器解码器模型的特例:自编码器。这一无监督学习的典范,以一种近乎自省的方式工作,旨在通过其内部的编码器部分探索并捕获输入数据的本质特征,将这些丰富的信息压缩成一个紧凑的潜在空间表示。随后,其解码器部分努力重构出原始数据,尽可能地复原失去的细节。这一过程不仅体现了数据压缩和降噪的实用价值,也暗示了对数据内在结构的深刻理解。自编码器的魅力在于其能够在没有任何外部标签或指示的情况下,自我学习并发现数据的隐藏规律。

与自编码器的内省式学习不同,编码器-解码器模型则是一种旨在桥接序列之间差异的架构,常见于需要将一种形式的数据转换为另一种形式的监督学习任务中。这种模型以其灵活性著称,能够处理从语言翻译到语音识别等多样化的任务。在这一框架下,编码器首先解析输入序列,提炼出能够代表其核心意义的潜在表示;解码器随后接过这一表示,创造性地转换为目标序列。这一过程不仅需要对输入数据有深刻的理解,还要求模型具备高度的创造力,以生成准确且流畅的输出。

尽管自编码器与编码器-解码器模型在目标、应用和训练方法上各不相同,但它们之间的联系不容忽视。两者都采用了将数据编码到某种形式的潜在表示这一共同理念,这一点体现了深度学习模型设计中的一种普遍策略:通过某种形式的内部表示,捕获并利用数据的本质特性。无论是自编码器在无监督学习中的应用,还是编码器-解码器模型在监督学习任务中的广泛使用都深刻地展示了深度学习的灵活性和强大能力,为我们提供了理解复杂数据结构和解决实际问题的强有力工具。

5.2　CV 中的编码器-解码器:VAE 模型

变分自编码器(Variational Autoencoder,VAE)是一种生成模型,最终目标是掌握如何构建一个生成模型。生成模型的本质是定义一个联合概率分布 $p(x,z)$,其中 x 表示观测数据,z 表示潜在变量。得到联合概率分布后,就可以通过采样 z 生成不同的样本 x。

以生成手写数字图片为例子。假设有一个手写数字的图片集合。在这个集合里,每张图片都有一个固定的尺寸,用 X 来代表这个图片集合。在这个环境下,有一个名为潜空间的概念,记为 Z。这个潜空间包含了所有可能的手写数字和它们的风格。可将其理解为一个"隐藏的"空间，其中每个点都代表一个独特的手写体数字风格。P 是一个概率分布，用于表示在潜空间中生成手写数字的可能性。当从 P 中随机抽样一个点，这个点就会对应到 Z 中的一个特定数字和风格的组合。现在所面临的主要挑战是：如何使用观察到的真实手写数字图片（X）来建立这个 P 概率分布？

变分自编码器是自编码器的一种扩展。与普通自编码器不同，VAE 假定输入数据是由某种潜在变量及该潜在变量的概率分布生成的。在编码过程中，它不仅输出一个隐藏表示，还输出一组参数，这些参数定义了潜在空间中的一个概率分布。解码器则从该分布中抽取样本，并根据这些样本生成新的输入实例。

因此，变分自编码器可以生成新的、与输入数据相似的实例，这使它们非常适合于生成模型的任务，而且，由于它们明确地学习了潜在空间的概率分布，所以可以生成具有连续性和结构性的数据，这对于许多任务来讲是很有价值的。下面将逐步展开讲解 VAE 模型的理论知识。5.2.1 节是 VAE 的简明讲解；5.2.2 节和 5.2.6 节都是学习 VAE 模型的数学理论知识，其关系也是逐层递进的，其中 5.2.6 节是 VAE 损失函数的数学理论推导，比较难理解，可以选看。

5.2.1　VAE 模型简明指导

VAE 最想解决的问题是如何构造编码器和解码器，使图片经过编码器能够编码成合理的特征向量，并且能够通过解码器尽可能无损地解码回原真实图像。

这听起来似乎与 PCA（主成分分析）有些相似，而 PCA 本身是用来做矩阵降维的。

如图 5-1 所示，x 本身是一个矩阵，通过一个变换 W 变成了一个低维矩阵 c，因为这一过程是线性的，所以再通过一个变换就能还原出一个矩阵，现在要找到一种变换 W，使矩阵 x 与 $\hat{x}$ 能够尽可能地一致，这就是 PCA 做的事情。在 PCA 中找这个变换 W 用到的方法是奇异值分解（Singular Value Decomposition，SVD）算法，这是一个纯数学方法，不再细述，而在 VAE 中不再需要使用 SVD，直接用神经网络代替。

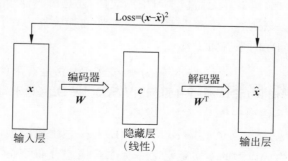

图 5-1　自编码器模型

PCA 与我们想要构造的自编码器的相似之处是：如果把矩阵 x 视作输入图像，将 W 视作一个编码器，将低维矩阵 c 视作图像的编码，将 W^{T} 和 $\hat{x}$ 分别视作解码器和生成图像，PCA 就变成了一个自编码器网络模型的雏形。用两个分别被称为编码器和解码器的神经

网络代替 W 变换和 W^{T} 变换，就得到了自编码器模型。

这一替换的明显好处是，引入了神经网络强大的拟合能力，使编码的维度能够比原始图像的维度低很多。至此通过自编码器（Auto-Encoder，AE）构造出了一个比 PCA 更加清晰的自编码器模型，但这并不是真正意义上的生成模型。对于一个特定的生成模型，它一般应该满足以下两点：

（1）编码器和解码器是可以独立拆分的（类比 GAN 的 Generator 和 Discriminator）。

（2）固定维度下任意采样出来的编码都应该能通过解码器生成一张清晰且真实的图片。

解释下第二点。假设用一些全月图和一些半月图去训练一个 AE，经过训练，模型能够很好地还原出这两张图片，如图 5-2 所示。接下来在潜空间中取两张图片编码点中的任意一点，将这点交给解码器进行解码，直觉上会得到一张介于全月图和半月图之间的图片（如阴影面积覆盖3/4），然而，实际上这个点经过解码器解码后的结果不仅模糊而且还是乱码的，这就是自编码的过拟合现象。

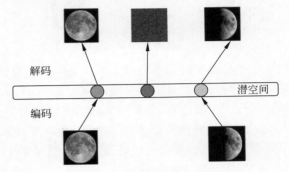

图 5-2　自编码的过拟合现象

为什么会出现这种现象？一个直观上的解释是 AE 的 Encoder 和 Decoder 都使用了神经网络，神经网络是一个非线性的变换过程，因此在潜空间中点与点之间的关系往往没有规律可循。解决此问题的一种方法是引入噪声，使图片的编码区域得到扩大，从而掩盖失真的空白编码点。

在对两张图片进行编码时引入一定的噪声，使每张图片的编码点出现在潜空间的矩形阴影范围内，如图 5-3 所示，因此，在训练模型时，矩形阴影范围内的点都有可能被采样到，这样解码器在训练过程中会尽可能地将矩形阴影内的点还原为与原图相似的图片。接着，对之前提到的失真点，此时它位于全月图和半月图编码的交界处，因此，解码器希望失真点既能尽量与全月图相似，又能尽量与半月图相似，因此它的还原结果将是两种图的折中（例如 3/4 的全月图）。通过这个例子发现给编码器增加一些噪声，可以有效地覆盖失真区域。然而，引入区域噪声的方法还不够充分，因为噪声的范围总是有限的，不可能覆盖所有采样点。为了解决此问题，可以尝试将噪声的范围无限延伸，以使对于每个样本，其编码能够覆盖整个编码空间，但是需要确保，在原始编码附近的编码点具有最高的概率，随着离原始编码点的距离的增加，编码的概率逐渐减小。在这种情况下，图像的编码将从原来离散的编码点变成一个连续的编码分布曲线，如图 5-4 所示。

这种将图像编码由离散变为连续的方法，就是变分自编码的核心思想。接下来介绍 VAE 的模型架构，以及 VAE 如何实现上述构思。

VAE 架构就是在原本的 AE 结构上，为编码添加合适的噪声，如图 5-5 所示。首先将 input 输入编码器，计算出两组编码：一组编码为均值编码 $m = (m_1, m_2, m_3)$，另一组为控

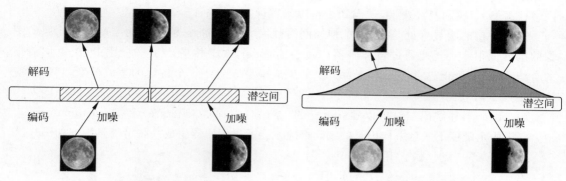

| 图 5-3　自编码中噪声的引入 | 图 5-4　编码分布曲线 |

制噪声干扰程度的方差编码 $\sigma = (\sigma_1, \sigma_2, \sigma_3)$，这两组参数分别通过两个神经网络计算得到，其中方差编码 σ 主要用来为噪声编码 $z = (e_1, e_2, e_3)$ 分配权重，在分配权重之前对方差编码 σ 进行了指数运算，主要因为神经网络学习出来的权重值是有正负值的，加入指数运算后可保证分配到的权重是正值。最后，将原编码 m 和经过权重分配后的噪声编码进行叠加，得到新的隐变量，再送入解码器。观察图 5-5 可以看出，损失函数这一项除了之前传统 AE 的重构损失以外，还多了一项损失：$\sum\limits_{i=1}^{3} (\exp(\sigma_i) - (1 + \sigma_i) + (m_i)^2)$。

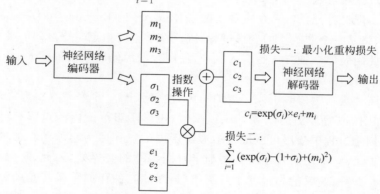

图 5-5　VAE 结构图

运用反证法的思想来推敲这个新损失的意义。当不引入这个损失函数时，模型会努力减少生成图片的重构误差来提高图片质量。为了实现这一点，编码器会期望减少噪声对生成图片的影响，降低任务难度，因此，它会倾向于给噪声分配较低的权重。如果没有任何约束限制，则网络只需将方差编码设置为接近负无穷大的值，从而消除噪声的影响，即 $\exp(\sigma_i)e_i = 0$，此时 m_i 就等于它本身，模型就退化成了普通的自编码器，过拟合问题就会卷土重来。尽管此时模型的训练效果可能非常好，但生成的图片往往会非常糟糕。

为了方便理解，可以做一个生活中的类比。将变分自编码器（VAE）的工作过程类比为参加高考的过程。在学生准备高考的过程中，他们需要进行大量的模拟考试以提高最终的考试成绩,这就像 VAE 在训练阶段所做的事情。模拟考试的题目和难度由老师安排,这能够公正地评估学生的学习能力。类似地,在 VAE 的训练过程中,它生成的数据的分布,即方差编码 σ,应由某个损失函数(可以理解为"老师")来决定。如果没有老师的监督,让学生自己设置模拟考试的难度,则他们很可能将试题设得非常简单,以便得高分。这就像 VAE 在没有适当的损失函数约束时,可能倾向于降低噪声的影响,让模型重构误差尽可能地接近于零。因此,为了保证 VAE 在实际应用中的表现,而不是通过降低噪声影响来"投机取巧",需要引入一个适当的损失函数。这个损失函数就像老师一样,监督 VAE 的训练过程,确保模型在适当的难度下进行训练,从而能够在复杂的真实世界任务中表现得更好。

由此可知,除了重构误差,VAE 还让所有的矩阵 c 都向标准正态分布看齐,这样就防止了 $\exp(\sigma_i)e_i$ 接近零,进而造成噪声为 0 的情况,保证 VAE 模型不会退化成自编码器,如图 5-6 所示。

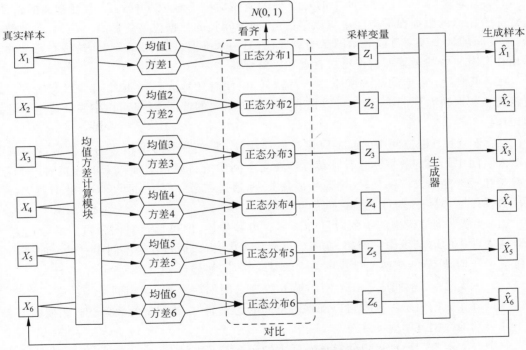

图 5-6 标准化 VAE 的参数分布图

让所有的 c 都向标准正态分布看齐最直接的方法就是在重构误差的基础上加入额外的损失。此时,KL 散度就派上用场了,可以让 $p(z|x)$(也就是 c)和 $\mathcal{N}(0, I)$ 看齐,相当于一个约束,确保方差不为 0,所以加一个约束项 $\mathrm{KL}(q_\theta(z|x) \parallel \mathcal{N}(0, I)) = \mathrm{KL}(p(z|x) \parallel p(z))$,这个约束项经过推导即为 VAE 中的第 2 项损失。推导过程,参见 5.2.2～5.2.6 节。

5.2.2 潜空间

在机器学习和深度学习领域中,由编码器将输入数据映射到低维向量空间。得到的低维空间被称为潜空间（Latent Space），因为它包含了输入数据的隐藏特征和表示。

在深度学习中，编码器通常是一个神经网络，它通过学习将高维输入数据（如图像、音频或文本）转换为潜空间中的低维向量表示。这个低维向量表示捕捉了输入数据的重要特征和结构，其中每个维度可能对应着数据的某个抽象特征。

潜空间具有一些有用的属性。首先，潜空间具有较低的维度，因此可以更有效地表示数据，并且可以减少冗余信息，其次，潜空间的向量可以进行数学运算，例如向量加减法，这种运算在潜空间中对应着对输入数据的语义操作，例如在图像中添加或去除特定特征。这使潜空间成为生成模型和重构模型的重要组成部分。

潜空间在许多机器学习任务中发挥着重要作用，包括图像生成、图像重构、特征提取和数据压缩等。通过学习潜空间的结构和特征，可以实现更高级别的数据分析和操作。

一个好的潜空间应该具备以下几个特点。

（1）有意义的表示：潜空间中的每个维度应该对应着输入数据的某个有意义的特征。这意味着相似的数据在潜空间中应该更接近，而不相关的数据应该更远离。例如，在图像领域，潜空间的某个维度可以表示图像中的颜色，另一个维度可以表示形状。这种有意义的表示使在潜空间中的运算和操作更加直观和可解释。

（2）低维度：潜空间的维度应该相对较低，以便有效地表示数据并减少冗余信息。通过将高维数据映射到低维空间，可以提取数据中最重要的特征，并且可以更高效地进行计算和操作。

（3）连续性：潜空间中的向量应该具有连续性，即在潜空间中相邻的向量应该对应着在输入空间中相似的数据。这种连续性使在潜空间中进行插值或插入新的向量时，能够产生合理和平滑的结果。例如，在图像生成任务中，通过在潜空间中对两个不同的向量进行线性插值，可以生成一个介于它们之间的新图像。

（4）可操作性：潜空间中的向量应该具有可操作性，即可通过对向量进行数学运算实现对输入数据的语义操作。例如，在图像生成任务中，可以通过在潜空间中对某个向量的特定维度进行增减操作，来改变生成图像中的某个特征，如颜色、形状等。

（5）一致性：潜空间应该在不同的输入数据之间保持一致，即相同类型的数据在潜空间中应该有相似的表示。这样可以确保潜空间的泛化能力，使相似的数据具有相似的表示，而不同类别的数据有明显的区分。

一个好的潜空间设计可以使在该空间中的数据表示更加有效、有意义，并且可以支持各种任务，包括生成、重构、插值和语义操作等。潜空间和图像生成模型之间有密切的关系，潜空间是图像生成模型的关键组成部分之一。

图像生成模型旨在从潜空间中生成逼真的图像。这些模型通常使用生成对抗网络或变分自编码器等方法。在这些模型中，一个重要的步骤是将输入图像映射到潜空间中的向量表示，这个过程通常由编码器完成。编码器将输入图像转换为潜空间中的向量表示，其中每个向量维度对应着图像的某个特征。这个向量可以被看作图像的隐含表示或特征向量。此特征向量可以被用于进行各种图像操作，例如生成新的图像、重构原始图像或者在潜空间中进行插值操作。

生成模型的另一部分是解码器,它的任务是将潜空间中的向量转换回图像空间。解码器接收潜空间中的向量,并将其解码为逼真的图像。这个过程可以被视为对潜空间向量的逆映射。

通过训练生成模型,可以学习到一个优化的潜空间表示,其中潜空间中的向量可以被解码成高质量的图像,从而可以在潜空间中进行图像操作,例如通过在潜空间中调整特定维度的值来改变图像的特征,或者通过在潜空间中进行插值来生成介于两个向量之间的新图像。

总之,潜空间为图像生成模型提供了一个有效的表示和操作图像的方式,可以通过对潜空间中的向量进行操作来生成和操纵图像。

5.2.3 最大似然估计

最大似然估计(Maximum Likelihood Estimation,MLE)是一个由样本来估计总体的算法,就像我们想根据有限的图片样本估计它总体的潜空间表示,然而,最大似然估计是参数估计方法,而我们求的是概率分布,该如何进行应用呢?这里需要运用统计建模方法,假设样本 $p(x)$ 服从某种分布,对于连续数据最常用的就是高斯分布 $\mathcal{N}(\mu, \sigma^2)$。当 $p(x)$ 的分布确定后,概率分布估计问题就被转换为参数估计问题,因此联合概率分布 $p(x, z)$ 可以分解为

$$L(\theta; X) = P(X; \theta) = \prod_{i=1}^{n} p(x_i; \theta) \tag{5-1}$$

其中,θ 可以看作 z 分布的参数,式(5-1)也被称为似然函数。最大似然估计准则是最大化似然函数,这等同于最小化负对数似然函数,取对数是为了将连乘符号变成连加符号,方便计算,公式如下:

$$\hat{\theta} = \underset{\theta}{\arg\max} L(\theta; X) = \underset{\theta}{\arg\min} - \sum_{i=1}^{n} \ln p(x_i; \theta) \tag{5-2}$$

在优化的过程中需要求解关于参数 θ 的梯度:

$$\nabla_{\theta} L(\theta; X) = -\nabla_{\theta} \sum_{i=1}^{n} \ln p(x_i; \theta) = -\sum_{i=1}^{n} \nabla_{\theta} \ln p(x_i; \theta) \tag{5-3}$$

按照梯度下降的方法,最大似然估计就可以求出参数 θ,得到概率分布,最后采样生成图片。

实际上神经网络的有监督训练与最大似然估计很相似。首先,读者需要明白两者的基本概念。

(1)有监督训练:在有监督训练中,存在一组标记过的训练数据,每个训练样本都有一个对应的标签(或目标值)。目标是训练一个模型,当给定一个新的输入时,能够准确地预测出对应的标签。

(2)最大似然估计:最大似然估计是一种用来估计一个概率模型参数的方法,其基本思想是,给定一组观测数据,应该选择那些使这组数据出现的可能性(似然性)最大的参数。

现在,让我们来看它们之间的关系:在很多情况下,神经网络的有监督训练可以看作在进行最大似然估计。例如,当使用交叉熵损失函数(一种常用于分类问题的损失函数)训练一个神经网络时,实际上就是在对模型的参数进行最大似然估计。因为在这种情况下,训练目标是最小化交叉熵损失函数,这等价于最大化数据的对数似然。简而言之,希望找到一组参数,使在这组参数下,观察到的实际标签出现的可能性达到最大。这也就是为什么说神经网络的有监督训练与最大似然估计的思路相同。它们都是在寻找一组参数,使给定这组参数,观察到的实际数据的可能性最大。

而且,在神经网络的有监督训练中,虽然不直接假设一个显式的数据生成分布,但在使用特定的损失函数(如均方误差或交叉熵)时,实际上隐含地做了一些关于数据和模型错误的分布假设。例如,使用均方误差损失函数通常假设了数据误差遵循高斯分布,而使用交叉熵损失函数则假设了分类任务中数据遵循伯努利或多项分布。

具体来讲,对于均方误差,其形式是预测值和实际值之差的平方的期望(或平均值)。如果将这种误差视为随机变量的"噪声",MSE 就等价于这种噪声的方差。根据中心极限定理,当大量独立同分布的随机变量叠加时,其和的分布将接近正态分布(也就是高斯分布),因此,当使用 MSE 作为损失函数时,隐含地假设了噪声遵循高斯分布。对于交叉熵,它常常用于衡量两个概率分布之间的差异。在二元分类问题中,每个样本只有两种可能的类别,因此其目标值可以看作一个伯努利随机变量的实现结果。目标就是找到一个模型,其预测的概率分布尽可能地接近目标的伯努利分布,所以当使用交叉熵作为损失函数时,隐含地假设了数据遵循伯努利分布。同样,对于多分类问题,目标值可以看作多项分布的实现结果,因此使用交叉熵也就隐含了数据遵循多项分布的假设,所以虽然在神经网络训练的过程中并没有显式地声明这些分布假设,但这些假设确实是损失函数选择的结果,并且对模型的训练和预测有重要影响。

损失函数的选择对模型的训练影响很大,这同样也是最大似然估计存在的一个致命的问题:该方法是有假设存在的,假设了 $p(x)$ 服从某种分布。分布的选择是需要领域知识或先验的,需要对生成过程很了解,否则如果选择的分布和真实分布不一致,则结果可能很差。真实世界的问题通常是很复杂的,没有人能够完全了解它的生成过程,同时也没有能够描述如此复杂过程的概率分布形式,因此假设的分布基本是错误的。

5.2.4 隐变量模型

隐变量就是潜空间中的向量。它可以作为解决图片生成这一困难问题的跳板,这个思路在数学中非常常见,例如我们想直接根据变量 a,求解结果 b 非常困难,而由 a 求解 c 和由 c 求解 b 都很简单,那么可以选择绕开最难的部分,而选择 $a \rightarrow c \rightarrow b$ 的求解方法。在图像生成中体现为根据图片样本直接求解数据分布 $p(x)$ 很难,那么可以通过隐变量实现,例如考虑手写体数字例子,一般在写数字的时候会首先想到要写哪个数字,同时脑子里想象它的样子,然后才写下来的图像。这个过程可以总结成两个阶段:先决定数字及其他影响因

素,用隐变量 z 来表示;再根据隐变量 z 生成数字图像。这就是隐变量模型,用数学描述为

$$P(X) = \int P(X \mid z; \theta) P(z) \mathrm{d}z \tag{5-4}$$

通常假定 z 服从正态分布 $z \sim \mathcal{N}(0, I)$。$P(X \mid z; \theta)$ 可以转换成 $f(z; \theta)$,即用一个参数为 θ 的函数去计算样本 X 的概率分布 $P(X \mid z; \theta)$。这里采用条件分布形式是因为它可以显式地表明 X 依赖 z 生成。隐变量模型把概率密度估计问题转换为函数逼近问题。首先分开解释这两部分。

(1) 概率密度估计:这是一个统计问题,目标是从有限的样本数据中估计出整个概率分布。对于复杂的、多维的数据,直接估计这个分布可能是困难的。

(2) 函数逼近:这是一个优化问题,目标是找到一个函数,使其在某种意义下尽可能地接近给定的目标函数。在神经网络中,这个函数通常是通过一个可微分的参数化模型(例如深度神经网络)来表示的。

隐变量模型,如变分自编码器,可以把概率密度估计问题转换为函数逼近问题。在 VAE 中,并不直接估计数据的概率密度,而是假设存在一个隐含的潜在空间,数据是由这个潜在空间中的点通过一个可微分的生成网络生成的,即 VAE 的解码器。这个生成网络可以被看作一个函数,它把潜在空间中的点映射到数据空间。我们的目标是找到这个生成网络的参数,使由它生成的数据的分布尽可能地接近真实数据的分布。这就把一个概率密度估计问题转换为一个函数逼近问题。

这样的做法有几个优点。首先,函数逼近问题可以通过诸如梯度下降等优化方法来解决,其次,可以利用深度神经网络的强大表示能力来建模复杂的、高维的数据分布。最后,通过学习一个潜在空间,可以得到数据的一种低维表示,这对于许多任务,例如生成模型、异常检测等都是有用的。

隐变量模型背后的关键思想是:任何一个概率分布经过一个足够复杂的函数后可以映射到任意概率分布。如示例中,z 服从标准高斯分布,采样后经过函数 $f(z; \theta)$ 的变换后可以变成手写体数字的真实分布 $P(X)$。

通过隐变量模型,最大似然估计的问题已经被绕过去了,不再需要指定复杂的概率分布形式,也不怕出现分布不一致的情况。只需求解函数 $f(z; \theta)$,这个函数看似很难求解,不过我们有神经网络这一利器,深度学习最有魅力的一点就是拟合能力,但凡直接求解很困难的问题都可以交给神经网络进行拟合。

下面采用最大似然的思想去优化隐变量模型。因为 $P(X \mid z; \theta)$ 是确定性函数,最大化 $P(X)$ 等于最大化 $P(z)$。我们想要的是如果从 $P(z)$ 采样的 z 的概率很大,则它生成的 X 出现在数据集的概率也很大。隐变量模型的负对数似然函数为

$$L(\theta; X) = -\sum_{i=1}^{n} \ln p(x_i; \theta) = -\sum_{i=1}^{n} \ln \int p(x_i \mid z; \theta) p(z) \mathrm{d}z \tag{5-5}$$

关于 θ 的梯度为

$$\nabla_\theta L(\theta;X) = -\sum_{i=1}^{n} \nabla_\theta \ln \int p(x_i \mid z;\theta) p(z) \mathrm{d}z = -\sum_{i=1}^{n} \frac{\int \nabla_\theta p(x_i \mid z;\theta) p(z) \mathrm{d}z}{\int p(x_i \mid z;\theta) p(z) \mathrm{d}z} \quad (5\text{-}6)$$

根据式(5-6)的梯度公式就可以优化参数,得到最后的隐变量模型。

但隐变量模型存在问题:在计算$\nabla_\theta L(\theta;X)$的过程中需要计算分子和分母的积分,为了使 z 能表达更多的信息,通常假设 z 是一个连续的随机变量。在这种情况下,由于一般无法直接求解准确值,因此会存在计算困难的问题。

5.2.5　蒙特卡洛采样

隐变量模型在计算梯度时存在积分难计算的问题。针对求积分问题,很难计算准确值,因此通常采用蒙特卡洛采样去近似求解。

原来的积分可以写成期望的形式 $\int p(x \mid z;\theta) p(z) \mathrm{d}z = \mathbb{E}_{z \sim p(z)}[p(x \mid z;\theta)]$,然后利用期望法求积分,步骤如下。

(1)从 $p(z)$ 中多次采样 $z_1, z_2, \cdots, z_m$。

(2)根据 $p(x \mid z;\theta)$ 计算 $x_1, x_2, \cdots, x_m$。

(3)求 x 的均值。用数学表达为

$$\int p(x \mid z;\theta) p(z) \mathrm{d}z = \mathbb{E}_{z \sim p(z)}[p(x \mid z;\theta)] \approx \frac{1}{m} \sum_{j=1}^{m} p(x_j \mid z_j;\theta) \quad (5\text{-}7)$$

通过对 z 多次采样,可以计算$\nabla_\theta L(\theta;X)$的近似值。简单来讲,蒙特卡洛采样就是通过样本的均值来近似总体的积分。

蒙特卡洛采样存在的问题是:采样次数一般需要很大,这主要是由两个因素引起的。

(1)高维度:对于高维问题,由于"维度的诅咒",可能需要指数级的采样数才能在所有维度上获得足够的覆盖。这是因为在高维空间中,大部分的体积在靠近边界的区域,所以需要大量的样本才能精确地估计整个空间的性质。

(2)稀疏区域:如果感兴趣的分布在某些区域中非常稀疏,则大多数的蒙特卡洛样本可能会落入不关心的区域,而真正关心的区域可能会被严重地欠采样。这会导致估计结果严重偏离真实值。

解决这两个问题的方法可以缩小 z 的取值空间。缩小 $p(z)$ 的方差 σ^2,那么 z 的采样范围就会缩小,采样的次数 m 也不需要那么大。同时,也可能把生成坏样本的 z 排除,生成更像真实样本的图像。这其实就是下面要介绍的 VAE 的原理。

5.2.6　变分推断

继续 5.2.5 节的问题,怎么能缩小 z 的取值空间呢?原来 z 从先验概率分布 $p(z)$ 中采样,现在可以考虑从 z 的后验概率分布 $p(z|X)$ 中采样。具体来讲,给定一个真实样本 X,假设存在一个专属于 X 的分布 $p(z|X)$(后验分布),并进一步假设这个分布是独立的、多

元的正态分布。

如何理解后验概率 $p(z|X)$ 会比先验概率 $p(z)$ 更好呢？在变分自编码器中，"后验概率"通常是指在给定观察数据的情况下，隐变量的概率分布，而"先验概率"则是在没有观察数据的情况下，隐变量的概率分布。后验概率包含了更多的信息。先验概率只反映了在没有观察数据之前对隐变量的知识或者假设，它通常被设置为一种简单的分布，如高斯分布或者均匀分布，而后验概率则是在观察到数据之后，对隐变量的最新认识，它包含了数据的信息。

例如，假设我们的任务是对人脸图片进行建模，隐变量可能代表一些人脸的特性，如性别、年龄等。在没有看到任何图片的情况下，可能假设所有的性别和年龄都是等可能的，这就是先验概率，但是当看到一些图片之后，可能会发现实际上某些性别或者年龄的人脸图片更常见，这就是后验概率。

因此，当我们说后验概率比先验概率更好时，其实是说，后验概率包含了更多的来自数据的信息，能够更准确地反映真实世界的情况。在变分自编码器中，编码器的目标就是学习表示后验概率分布。

从数学角度出发，如何求出后验概率分布 $p(z|X)$ 呢？求隐变量的后验分布是变分推断的一个核心问题。

一般是无法准确地求出后验分布的，但是变分推断可以用另一个分布 $q_\theta(z|X)$ 近似估计 $p(z|X)$，然后从 $q_\theta(z|X)$ 中采样来近似从 $p(z|X)$ 中采样。这种方法是用一个函数近似另一个函数，其实就是用神经网络来近似概率分布参数。用变分法的术语来讲，变分推断的主要思想是通过优化来近似复杂的概率分布。这种方法的名字"变分"来自微积分中的变分法，这是一种数学方法，用于寻找函数或者泛函（函数的函数）的极值。

在变分推断的背景下，我们有一个复杂的概率分布，通常是后验概率分布 $p(z|X)$，这里 z 是隐变量，X 是观察到的数据。目标是找到一个相对简单的分布（例如高斯分布），称其为 $q_\theta(z|X)$，用它来近似真实的后验分布，其中，θ 表示分布的参数，需要找到合适的 θ 来最大化这种近似的准确性。

那么，如何度量这种"近似"的准确性呢？这就需要用到 KL 散度，它是一种衡量两个概率分布之间"距离"的方法。目标就是找到参数 θ，使 $q_\theta(z|X)$ 和 $p(z|X)$ 之间的 KL 散度最小。

然后这个最小化问题可以通过梯度下降等优化算法来求解。在每步中都会计算 KL 散度关于 θ 的梯度（这就是变分），然后沿着梯度的负方向更新 θ，以减小 KL 散度。这个过程就像在函数空间中"下山"，因此被称为函数空间的梯度下降。

由此可知，变分推断就是一种用优化的方式来逼近复杂的概率分布的方法。通过在函数空间中进行梯度下降，找到一个可以用来近似真实分布的简单分布，但是，还有一个很大的问题：$p(z|X)$ 是未知的，所以无法直接计算 KL 散度。解决这个问题的方法是通过引入一个叫作证据下界（Evidence Lower Bound，ELBO）的量。ELBO 是模型对数似然的一个下界，它与 KL 散度的和是一个常数，这个常数就是观测数据的对数似然，因此，最大化 ELBO

等价于最小化 KL 散度。

ELBO 可以写成以下形式:

$$\text{ELBO} = E_{q_\theta(z|X)}[\log p(X \mid z)] - \text{KL}(q_\theta(z \mid X) \parallel p(z)) \qquad (5\text{-}8)$$

其中,第 1 项 $E_{q_\theta(z|X)}[\log p(X|z)]$ 是重构误差,代表了生成的数据与实际数据的相似程度,具体来讲,$X \sim q_\theta(z|X)$ 表示有一个 X 可以根据分布 $q_\theta(z|X)$ 采样一个 z,这个过程可以理解为把 X 编码成 z,此过程被称为 VAE 模型的编码器。$p(X|z)$ 表示根据 z 生成输出结果,此过程被称为 VAE 模型的解码器。整体表示先将给定 x 编码成 z 再重构得到输出结果,这个过程的期望,被称为重构误差。如果这个期望很大,则表明得到的 z 是 X 的一个好的表示,能够抽取 X 足够多的信息来重构输出结果,让它与 X 尽可能相似。第 2 项 $\text{KL}(q_\theta(z|X) \parallel p(z))$ 是 $q_\theta(z|X)$ 和先验分布 $p(z)$ 的 KL 散度,代表了隐变量的分布偏离先验分布的程度。

可以看到,计算 ELBO 并不需要知道后验分布 $p(z|X)$ 的具体形式,只需知道数据的生成模型 $p(X|z)$ 和隐变量的先验分布 $p(z)$,而这两者通常是可以设定的,所以可以计算,因此,可以通过最大化 ELBO 实现变分推断。

最后,证据下界的推导过程是基于 Jensen 不等式和 KL 散度的性质,了解即可,不要求掌握。

先定义一个模型的对数似然:

$$\log p(X) = \log \int p(X, z)\mathrm{d}z \qquad (5\text{-}9)$$

其中,z 是隐变量,X 是观察数据。

再引入变分分布 $q_\theta(z|X)$,然后对上式两边乘以 $q_\theta(z|X)$ 并对 z 积分,得到:

$$\log p(X) = \log \int q_\theta(z \mid X)\frac{p(X, z)}{q_\theta(z \mid X)}\mathrm{d}z \qquad (5\text{-}10)$$

由于对数函数是凹函数,所以这里可以使用 Jensen 不等式,Jensen 不等式说明对于凹函数 f 和随机变量 Z,有 $E[f(Z)] \leqslant f(E[Z])$,所以:

$$\log p(X) \geqslant \int q_\theta(z \mid X)\log\frac{p(X, z)}{q_\theta(z \mid X)}\mathrm{d}z \qquad (5\text{-}11)$$

不等式(5-11)的右边,就是定义的 ELBO:

$$\text{ELBO} = E_{q_\theta(z|X)}[\log p(X \mid z)] - \text{KL}(q_\theta(z \mid X) \parallel p(z)) \qquad (5\text{-}12)$$

它由两部分组成,第一部分 $E_{q_\theta(z|X)}[\log p(X|z)]$ 是对数似然的期望,第二部分 $\text{KL}(q_\theta(z|X) \parallel p(z))$ 是变分分布与先验分布之间的 KL 散度。

由此可知,ELBO 实际上是对数似然的一个下界。在变分推断中,试图最大化 ELBO,这等价于最小化变分分布与真实后验分布之间的 KL 散度,从而使变分分布尽可能地接近真实的后验分布。

实际上,ELBO 就是 VAE 的损失函数,VAE 的训练目标就是最大化 ELBO(证据下界)。负 ELBO 由两部分组成:第一部分是期望的重构误差,它衡量的是模型生成的数据与真实数据的匹配程度;第二部分是 KL 散度,它衡量的是隐变量的分布偏离先验分布的程度。

重构误差可以用各种不同的方式来计算,例如使用均方误差或者交叉熵损失。至于KL散度,由于通常假设先验分布是标准正态分布,所以KL散度可以用隐变量的均值和方差来显式地进行计算。值得注意的一点是,在VAE简明推导中提到的KL散度损失是:

$$\frac{1}{2}\sum_{i=1}^{l}(\exp(\sigma_i)-(1+\sigma_i)+(\mu_i)^2) \tag{5-13}$$

它是在假设隐变量服从高斯分布时的结果。在变分自编码器中,通常会假设隐变量z的先验分布是标准正态分布,即$p(z)=\mathcal{N}(0,I)$。还会假设编码器给出的后验分布也是一个高斯分布,即$q_\theta(z|X)=\mathcal{N}(\mu,\sigma^2 I)$,其中$\mu$和$\sigma$是由神经网络给出的。在这种情况下,$q_\theta(z|X)$和$p(z)$之间的KL散度可以显式地计算出来,结果就是式(5-13),其中,μ_i是隐变量z第i个维度的均值,σ_i是第i个维度的标准差的对数(在实际实现中,神经网络直接输出的通常是$\log\sigma^2$,为了保证其非负),l是隐变量的维度。

下面给出具体的推导,首先,两个高斯分布之间的KL散度的公式为

$$\mathrm{KL}(\mathcal{N}(\mu_1,\sigma_1^2)\parallel\mathcal{N}(\mu_2,\sigma_2^2))=\frac{(\mu_1-\mu_2)^2+\sigma_1^2-\sigma_2^2+2(\log\sigma_2-\log\sigma_1)}{2\sigma_2^2} \tag{5-14}$$

在VAE中,设定先验分布$p(z)=\mathcal{N}(0,1)$,即$\mu_2=0,\sigma_2^2=1$,而后验分布$q_\theta(z|X)=\mathcal{N}(\mu,\sigma^2)$,即$\mu_1=\mu,\sigma_1^2=\sigma^2$,将它们代入式(5-14),可以得到:

$$\mathrm{KL}(q_\theta(z|X)\parallel p(z))=\frac{\mu^2+\sigma^2-1-\log\sigma^2}{2} \tag{5-15}$$

这就是KL散度的公式,但是,由于通常使用$\log\sigma^2$(记作σ)作为神经网络的输出(为了确保σ^2的非负性),所以可以对式(5-15)进行一些变换:

$$\mathrm{KL}(q_\theta(z|X)\parallel p(z))=\frac{\mu^2+\mathrm{e}^\sigma-1-\sigma}{2} \tag{5-16}$$

这就是VAE论文中所给出的KL散度项的公式。如果有l个隐变量,则整个KL散度项就是所有维度上的KL散度之和,公式如下:

$$\sum_{i=1}^{l}\left(\frac{1}{2}(\mu_i^2+\exp(\sigma_i)-1-\sigma_i)\right) \tag{5-17}$$

这就是在VAE损失函数中需要最小化的KL散度项的公式。

5.3　NLP中的编码器-解码器:Seq2Seq模型

Seq2Seq模型可以被认为是一种编码器-解码器模型的变体,其特别适用于处理序列到序列的任务,编码器将输入序列映射为一个固定长度的向量表示,解码器则使用这个向量表示来生成输出序列。它已被广泛地应用于机器翻译、对话系统、语音识别等自然语言处理任务。Seq2Seq模型的结果框架如图5-7所示。

以机器翻译任务为例来讲解图5-7的Seq2Seq结构。假设现在的模型输入是文本序列hello world,想得到输出结果为"你好,世界"。

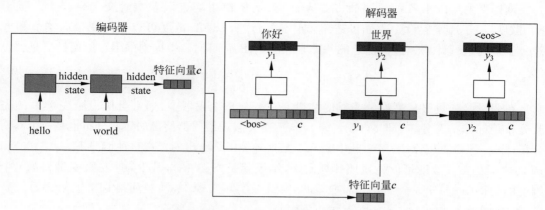

图 5-7　Seq2Seq 模型的结果框架

5.3.1　Seq2Seq 编码器

在 Seq2Seq 模型中,编码器负责将输入序列映射到一个特征向量 c,如图 5-8 所示。希望通过训练可以让该向量提取到输入信息的语义特征,将来送入解码器中作为解码器的一部分输入信息。编码器通常采用循环神经网络或卷积神经网络来处理输入序列。

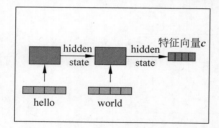

图 5-8　Seq2Seq 编码器

以 RNN 为例,编码器由多个时间步组成,每个时间步接收输入序列中的一个元素,并生成一个隐藏状态。这个隐藏状态通过一个非线性函数,例如 tanh 或 ReLU 激活函数,被映射到一个连续的向量表示。这个过程可以表示为

$$h_t = f_{\text{enc}}(x_t, h_{t-1}) \qquad (5\text{-}18)$$

其中,x_t 是输入序列的第 t 个元素,h_t 是编码器在时间步 t 的隐藏状态,h_{t-1} 是前一个时间步的隐藏状态,f_{enc} 是一个非线性函数,它将输入序列的元素和前一个隐藏状态作为输入,并返回当前隐藏状态。

在许多 Seq2Seq 模型中,最后一个时间步的隐藏状态被视为输入序列的向量表示,即

$$z = h_T \qquad (5\text{-}19)$$

其中,T 是输入序列的长度。这个向量将用作解码器的部分输入信息。除了基本的 RNN 编码器,还有许多其他类型的编码器,例如双向 RNN 编码器,它可以同时处理正向和反向序列,以捕捉输入序列中的双向信息。此外,还有一些基于卷积神经网络的编码器和 Transformer 编码器。这些编码器在不同的任务和数据集上具有不同的优点和局限性。简单来讲,编码器只是一种概念,具体使用哪种算法没有规定,只要能对输入数据进行特征提取即可,可以根据当前输入信息的特点来选择适合的算法作为编码器。

5.3.2 Seq2Seq 解码器

在 Seq2Seq 模型中,解码器负责生成输出序列,它通常也采用循环神经网络或其他变体来处理输出序列。与编码器类似,解码器也由多个时间步组成。在每个时间步中,解码器使用前一个时间步的输出元素和当前时间步的隐藏状态来生成当前时间步的输出元素。这个过程可以表示为

$$y_t = f_{dec}(y_{t-1}, s_t) \tag{5-20}$$

其中,y_t 是输出序列的第 t 个元素,s_t 是解码器在时间步 t 的隐藏状态,y_{t-1} 是前一个时间步的输出元素,f_{dec} 是一个非线性函数,它将前一个输出元素和当前隐藏状态作为输入,并返回当前输出元素,如图 5-9 所示。

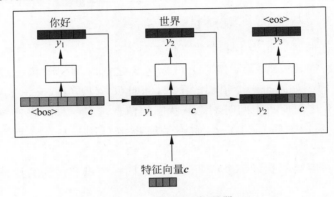

图 5-9 Seq2Seq 解码器

在解码器的初始时刻,通常会将编码器输出的特征向量 c 和起始向量< bos >拼接到一起,作为初始时刻的隐藏状态 s_0,并计算得到当前时刻的输出信息 y_1。在下一时刻 t_1 会将编码器输出的特征向量 c 和 y_1 拼接成一个向量作为当前时刻 t_1 的输入,并计算得到当前时刻的输出 y_2,以此类推,直到模型预测出结束向量< eos >时停止。不难发现,解码器的输入信息不仅包含了当前要翻译的单词,还包含了当前这句话的上下文语义信息;解码器会结合这两部分信息预测当前的输出,这就是解码器翻译文本为什么有效的原因。

5.3.3 Seq2Seq 的 Attention 机制

在 Seq2Seq 模型中,Attention 机制通常是在解码器端使用的。具体来讲,解码器在生成每个输出时会根据当前的解码状态和编码器中每个输入的状态计算一个注意力权重,用于表示当前输出与输入序列中每个位置的相关程度,如图 5-10 所示。

图 5-10 表示的是一个常规的 Seq2Seq 模型,只是将编码器的两个中间时刻输出的隐藏状态(O_1, O_2)也画在图中。考虑这样一个问题:将编码器最后时刻输出的隐藏状态,即特征向量 c 作为上下文语义信息送入解码器,并在解码器翻译每个单词时都用这同一个特征向量 c 作为输入,这种方式真的是最佳方案吗?

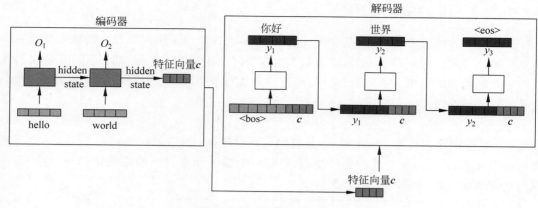

图 5-10 Seq2Seq 模型

（1）考虑将特征向量 c 作为上下文语义信息是否合适？

由于 RNN 的特性，特征向量 c 实际上可以包含之前时刻隐藏状态 O_1,O_2 的信息，但这是因为此序列较短。如果是一个很长的序列，例如 $O_1,O_2,O_3,\cdots,O_n$，则此时，特征向量 c 并不能很好地保存之前所有中间时刻隐藏状态的信息。有一种解决方案是将之前所有输出的隐藏状态加起来作为特征向量 c，而不是简单地只用最后一个时刻的隐藏状态，即 $c=O_1+O_2+O_3+\cdots+O_n$。

（2）继续考虑在解码器翻译每个单词时都用这同一个求和得到的特征向量 c 作为输入是否合适？

语言这种数据其实很复杂，既存在局部相关性，即跟某个单词关系最大的单词肯定是它附近的单词，又存在远距离依赖，即当前单词也可能与较远处的单词相关。不管是哪种情况都说明句子中，单词之间是按照不同的重要程度进行相互依赖的。例如将图 5-10 的例句稍微变长一些："hello,world is beautiful"翻译成"你好，世界是美好的"。在翻译"美丽"时，它可以与 beautiful 本身 90% 相关，跟 is 这个词 1% 相关，跟 world 这个词 7% 相关等，即翻译"美丽"时，抓取原文的语言信息可能是"$0.9\times$beautiful$+0.01\times$is$+0.07\times$world$+\cdots$"，而在翻译"是"这个单词时，抓取原文的语言信息是不同的，可能是"$0.001\times$beautiful$+0.99\times$is$+0.005\times$world$+\cdots$"。

由此可知，在解码器翻译每个单词时都用这同一个特征向量 c 作为上下文信息送进输入中是不合适的，如图 5-10 所示，在翻译得到 y_1 时，特征向量 c 可能等于 $0.82\times O_1+0.18\times O_2$，在翻译得到 y_2 时，特征向量 c 可能等于 $0.07\times O_1+0.93\times O_2$。推广下去，在翻译得到 y_n 时，特征向量 c 可能等于 $a_1\times O_1+a_2\times O_2+a_3\times O_3+\cdots+a_n\times O_n$，其中 $[a_1,a_2,a_3,\cdots,a_n]$ 就是要求解的注意力分数，它应该与要翻译的输入文本的向量 $[O_1,O_2,O_3,\cdots,O_n]$ 维度一致，这样才能通过相乘的方法进行重要程度的重分配。

问题的关键来了，如何对注意力分数 $[a_1,a_2,a_3,\cdots,a_n]$ 进行建模？

假设输入序列是 $x_1,x_2,\cdots,x_n$，对应的编码器隐藏状态为 $h_1,h_2,\cdots,h_n$。解码器的当

前隐藏状态为 s_t。首先计算解码器隐藏状态 s_t 与所有编码器隐藏状态 h_i 之间的相似性分数 $e_{t,i}$。可以通过点积、加权点积或其他相似性度量来进行计算,具体的相似性分数函数详见 4.2.5 节的 Attention-Based RNN 模型:

$$e_{t,i} = \text{score}(s_t, h_i) \tag{5-21}$$

s_t 和某些 h_i 越相似,意味着这些语义信息 h_i 就是在翻译文本 x_t 时应该着重关注的地方。就像在翻译"美丽"时,应该着重注意输入信息 beautiful,当然也不能忽略 world 等其他单词。接下来,将这些分数转换为权重,通过 Softmax 函数进行归一化:

$$\alpha_{t,i} = \frac{\exp(e_{t,i})}{\sum\limits_{j=1}^{n} \exp(e_{t,i})} \tag{5-22}$$

其中,$\alpha_{t,i}$ 可以看作解码器在时间步 t 时关注编码器隐藏状态 h_i 的权重。接着计算加权和的上下文向量 c_t,公式如下:

$$c_t = \sum_{i=1}^{n} \alpha_{t,i} h_i \tag{5-23}$$

上下文向量 c_t 捕获了输入序列与解码器当前时间步的相关性,然后将上下文向量 c_t 与解码器的隐藏状态 s_t 结合起来,以生成下一个输出单词的概率分布,公式如下:

$$y_t = \text{Softmax}(W(s_t, c_t) + b) \tag{5-24}$$

其中,W 和 b 是需要学习的权重和偏置项。通过这种方式,注意力机制帮助 Seq2Seq 模型关注输入序列的重要部分,从而提高预测性能。

5.3.4　Seq2Seq 的 Teacher Forcing 策略

Teacher Forcing 用于训练阶段,主要针对 Seq2Seq 模型的解码器结构,神经元的输入包括上一个神经元的输出,如果上一个神经元的输出是错误的,则下一个神经元的输出也很容易是错误的,导致错误会一直传递下去并累加,而 Teacher Forcing 可以在一定程度上缓解上面的问题。

在 Teacher Forcing 策略中,模型在训练期间以一定的概率使用真实的输出序列作为输入,而不是使用前一个时间步的输出元素。这个策略可以加速模型的收敛,因为它强制模型学习如何生成正确的输出序列,而不是仅仅学习如何在没有真实输出的情况下生成下一个输出元素。

具体来讲,假设有一个输入序列 x 和相应的输出序列 y,则在训练期间,使用以下步骤:首先将输入序列 x 输入编码器,生成一个向量表示 z。接着将 z 作为解码器的初始隐藏状态 s_0,并使用 Teacher Forcing 策略,将 y_{t-1} 作为解码器在时间步 t 的输入,生成当前时间步的输出元素 y_t,如图 5-11 所示,解码器 3 个时刻 t_0, t_1, t_2 的输出结果分别是 y_1, y_2, y_3。假设,这 3 个时刻对应的真值(Label)分别是"你好,世界,$<$ eos $>$"。以 t_1 时刻为例,在正常的 Seq2Seq 的训练过程中,t_1 时刻的输入应该是 concat(y_1, c),但是在 Teacher Forcing 策略的训练过程中,t_1 时刻的输入应该是 concat(你好,c)。这样做的好处是即使在 t_0 时刻模

型预测的 y_1 不准,也不会影响到 y_2 时刻的预测。

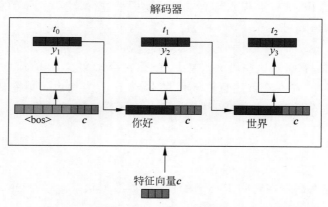

图 5-11　使用 Teacher Forcing 策略的 Seq2Seq

在测试期间不能使用 Teacher Forcing 策略,因为在测试期间没有真实的输出序列来作为输入。在测试期间,一般使用 Beam Search 来生成输出序列。具体来讲,在生成目标序列时,模型为每个时间步生成一个词。Beam Search 的核心思想是在每个时间步保留固定数量(Beam 宽度)的最优部分序列,而不是仅保留单个最优序列。通过这种方法,Beam Search 能够在搜索空间中更有效地探索,并有更大的概率找到全局最优的目标序列。

Beam Search 的过程如下。

(1)初始化:将开始符号(如< bos >)作为输入传递给模型,并设置 Beam 宽度 K。

(2)首次扩展:计算以开始符号为输入时所有可能的下一个词的概率,并保留概率最高的 K 个词,形成 K 部分序列。

(3)迭代扩展:对于每部分序列,计算其下一个可能的词的概率,再将这些概率与之前的部分序列概率相乘,然后从所有可能的扩展中选择概率最高的 K 个作为新的部分序列。重复这个过程直到达到预定的最大长度,或者所有部分序列都已经生成了结束符号(如< eos >)。

(4)结果选择:当搜索过程结束时,从 K 部分序列中选择概率最高的一个作为最终的目标序列。

需要注意的是,Beam Search 是一种启发式搜索方法,并不能保证找到全局最优解,但在实际应用中,相较于贪婪搜索(Greedy Search)或穷举搜索,Beam Search 能够在较短的时间内得到更好的结果。同时,Beam 宽度 K 的选择会影响搜索过程的效率和结果质量,K 值越大,搜索空间越大,结果质量可能越好,但计算成本也越高。

总之,Beam Search 是一种常用的解码策略,它可以在 Seq2Seq 模型中用于生成输出序列。与 Teacher Forcing 策略不同,Beam Search 用于测试阶段,以便在没有真实输出序列作为输入的情况下生成输出序列。

最后,在回归 Teacher Forcing 策略的讨论中,使用 Seq2Seq 模型的 Teacher Forcing 策略可以加速模型的训练,但也存在一些缺点。

(1) 不稳定性：由于训练和测试的输入方式不同，模型可能在测试期间生成不稳定的输出序列。在训练期间，模型使用真实的输出序列作为输入，而在测试期间，模型必须使用前一个时间步的输出作为输入。这种差异可能会导致模型在测试期间表现不佳。

(2) 训练偏差：由于 Teacher Forcing 策略只使用真实输出序列作为输入，它可能导致模型在训练期间出现偏差。在测试期间，模型必须学习如何在没有真实输出序列作为输入的情况下生成下一个输出元素。如果模型在训练期间没有充分地学习这种情况，则可能无法正确地生成输出序列。

(3) 限制序列长度：使用 Teacher Forcing 策略可能会限制生成的输出序列的长度。因为在训练期间，必须使用真实的输出序列作为输入，这意味着只能生成与训练数据中输出序列长度相同的序列。如果需要生成更长的序列，则必须修改模型或使用其他策略。

综上所述，虽然 Teacher Forcing 策略可以加速模型的训练，但也存在一些缺点。在实践中，需要根据具体的任务和数据集选择合适的解码策略，以实现更好的性能。

5.3.5 Seq2Seq 评价指标 BLEU

首先，BLEU(Bilingual Evaluation Understudy)是 Seq2Seq 模型的评价函数，而不是损失函数。在 Seq2Seq 模型中，通常使用一些常见的损失函数，例如交叉熵损失函数或均方误差损失函数，来衡量生成的输出序列与真实输出序列之间的差距。这些损失函数的目标是最小化生成序列的错误。

而 BLEU 是一种广泛使用的自动评价机器翻译系统性能的指标。BLEU 的主要原理是通过计算机器翻译结果与人工翻译参考之间的 n-gram 精度(n-gram Precision)来衡量翻译质量。同时，BLEU 还考虑了短句惩罚(Brevity Penalty，BP)，以防止模型生成过短的翻译结果。

BLEU 的计算过程如下。

1. n-gram 精度

对于不同的 n(如 1-gram，2-gram，3-gram，4-gram 等)，计算机器翻译结果中 n-gram 与参考翻译中 n-gram 的匹配程度。具体来讲，对于每个 n-gram，计算其在机器翻译结果中出现的次数与参考翻译中出现的次数的最小值，然后将这些最小值相加并除以机器翻译结果中 n-gram 的总数。这一步骤计算出的精度表示为 p_n。举例如下：

参考翻译 1：The cat is on the mat.

参考翻译 2：There is a cat on the mat.

机器翻译输出：The cat is on the mat.

现在，使用 BLEU 指标来计算机器翻译的质量。

首先需要确定 n-gram 的大小。假设选择 2-gram 作为 n-gram 的大小，然后需要计算机器翻译输出中的 2-gram 与参考翻译中的 2-gram 的重合度。

对于参考翻译 1，其 2-gram 序列为{The cat，cat is，is on，on the，the mat}。

对于参考翻译 2，其 2-gram 序列为{There is，is a，a cat，cat on，on the，the mat}。

对于机器翻译输出,其 2-gram 序列为{The cat,cat is,is on,on the,the mat}。

因此,机器翻译输出中的 2-gram 在参考翻译 1 中的精确匹配率为 5/5＝1,在参考翻译 2 中的精确匹配率为 2/5＝0.4。

需要注意的是,BLEU 通常计算多个 n 的 n-gram 精度。为了综合这些精度,可以使用加权几何平均计算 BLEU 分数的一部分。给定权重 ω_n(通常取对数加权,即 $\omega_n = 1/N$,其中 N 为最大 n-gram 长度),可以计算加权几何平均值 $\prod_{n=1}^{N} p_n^{w_n}$。

2. 短句惩罚

为了避免过短的翻译获得高分,BLEU 引入了短句惩罚。如果机器翻译结果的长度(c)小于参考翻译的最佳匹配长度(r),则 BP 计算如下:

$$\text{BP} = \begin{cases} 1 & \text{如果 } c > r \\ \exp\left(1 - \dfrac{r}{c}\right) & \text{如果 } c \leqslant r \end{cases} \tag{5-25}$$

将加权几何平均值与短句惩罚相乘,得到最终 BLEU 分数,公式如下:

$$\text{BLEU} = \text{BP} \times \prod_{n=1}^{N} p_n^{w_n} \tag{5-26}$$

需要注意的是,尽管 BLEU 是一个广泛使用的评价指标,但它有一些局限性,例如忽略了词序、句法和语义等因素,因此,在实际应用中,通常会结合其他评价指标进行评价。

5.3.6 Seq2Seq 模型小结

Seq2Seq 模型是一种广泛用于自然语言处理和其他序列生成任务的神经网络架构。Seq2Seq 模型的核心思想是将一个序列(如文本)编码成一个固定大小的向量表示,然后解码成另一个序列。这种模型通常包括一个编码器和一个解码器,分别负责将输入序列编码成隐藏表示和将隐藏表示解码成输出序列。

编码器:编码器的目标是将输入序列编码为固定大小的隐藏向量表示。可能的编码器算法有以下几种。

(1) RNN(循环神经网络):如 LSTM(长短时记忆网络)或 GRU(门控循环单元),这些循环神经网络可以捕捉序列中的长距离依赖关系。

(2) CNN(卷积神经网络):使用卷积层捕获局部特征,并通过池化层降维以降低计算成本。此外,基于 CNN 的编码器还可以接受图片作为输入,配合基于 RNN 的解码器可以实现"看图说话"的应用。

(3) Transformer:通过自注意力机制和多头注意力在序列中捕捉全局依赖关系,这种架构在许多自然语言处理任务中取得了显著的性能提升。相比于基于 RNN 的架构,效果更好。

解码器:解码器的目标是将隐藏向量表示解码成目标序列。解码器在每个时间步生成一个输出词,然后将这个词作为下一个时间步的输入。可能的解码器算法有以下几种。

（1）RNN：如 LSTM 或 GRU，可以在每个时间步接收来自编码器的隐藏表示及前一个时间步的输出，并生成当前时间步的输出。

（2）CNN：使用卷积层捕捉输出序列中的局部特征，并通过逐步生成序列的方式进行解码。基于 CNN 的解码器也可以生成图片，配合基于 RNN 的编码器可以实现"根据文本描述，生成图片或视频"的应用。

（3）Transformer：利用自注意力机制和多头注意力生成目标序列，还可以使用编码器-解码器注意力层来关注输入序列的不同部分。

Seq2Seq 模型可以应用于机器翻译、文本摘要、问答系统、聊天机器人等任务。为了生成更好的输出序列，Seq2Seq 模型通常与一些搜索策略（如贪婪搜索、Beam Search）结合使用。尽管基于 RNN 的 Seq2Seq 模型取得了很大成功，但它也有一些挑战，如捕捉长距离依赖关系、处理不同长度的输入和输出序列等。为了解决这些问题，研究人员不断地提出新的架构和技术，如注意力机制、Transformer 等。

第 6 章

变形金刚算法

6.1 算法基础

Transformer 架构于 2017 年 6 月推出。最初的研究重点是自然语言处理领域的翻译任务。随后,几个具有影响力的模型被引入,主要包括以下几个。

(1) 2018 年 6 月:GPT,第 1 个预训练的 Transformer 模型,用于微调各种自然语言处理任务,并获得了 SOTA 模型效果。

(2) 2018 年 10 月:BERT,另一个大型预训练模型,旨在生成更好的句子摘要。

(3) 2019 年 2 月:GPT-2,GPT 的改进版本(模型更大),由于道德问题没有立即公开发布。

(4) 2019 年 10 月:DistilBERT,BERT 的精简版,计算速度提高 60%,内存减少 40%,并且仍保留了 BERT 97% 的性能。

(5) 2020 年 5 月:GPT-3,GPT-2 改进版本(模型更大),能够在各种任务上表现良好而无须微调(称为 0 样本学习)。

(6) 2021 年 6 月:ViT 的发布成为 Transformer 进军计算机视觉领域的里程碑。证明了 Transformer 算法同样适用于计算机视觉。让其逐渐成为两个领域大一统的框架。同年,微软研究院发表在 ICCV 上的一篇文章 *Swin Transformer* 引发视觉领域的又一次碰撞。该论文一经发表就已在多项视觉任务中霸榜。甚至动摇了卷积神经网络在计算机视觉领域的地位。

(7) 2023 年 1 月:OpenAI 公司发布了聊天机器人 ChatGPT,以高质量高水平高逻辑性的信息回复风靡全球,成为各行各业人士的咨询小管家,对各行业带来了一次技术革新,尤其是咨询行业。

6.1.1 算法概况

Transformer 是典型的 Seq2Seq 模型,关于 Seq2Seq 模型详见 5.3 节。该模型主要由两个块组成,如图 6-1 所示。

左边是编码器：负责把输入信息编码成特征向量的算法组件，输入信息根据不同的任务而不同，可是文本也可以是图像。注意，文本和图像本身不能直接输入编码器，必须把它们向量化成向量才能送入编码器。

右边是解码器：解码器是服务于生成任务的，如果是判别任务，则可以没有解码器结构。解码器需要对编码器的输出结果进行翻译和解释，生成想要的目标序列。因为最初的Transformer 被用于生成任务，所以是编码器-解码器架构。

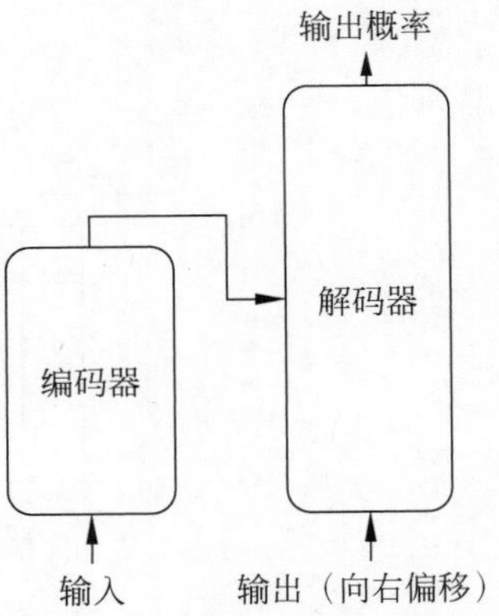

注意，不管是编码器还是解码器都可以独立或联合使用，具体取决于任务，以文本信息为例。

（1）仅使用编码器的模型：适用于需要理解输入的任务，例如句子情感取向分类和命名实体识别等。

图 6-1　Transformer 结构

（2）仅使用解码器的模型：适用于文本生成等生成任务。

（3）使用编码器-解码器的模型：适用于需要输入的生成任务，例如语言翻译或摘要提取等任务。

6.1.2　自注意力层

Transformer 模型中最关键的部分就是自注意力（Self-Attention）机制，正如 Transformer 的论文的标题是 *Attention Is All You Need*，接下来以文本问题为例来讲解这个机制。在处理文本问题时，自注意力机制会告诉模型在处理每个单词的表示时，特别关注在句子中传递给它的某些单词，并或多或少地忽略其他单词。简单来讲，就是给句子中不同单词分配不同的权重。这是符合常理的，因为一句话中的每个单词的重要程度是不一样的，从语法角度讲，主谓宾语比其他句子成分更重要，Self-Attention 机制就是模型尝试学习句子成分重要程度的方法。自注意力机制权重的计算过程如下。

计算自注意力的第 1 步是为编码器的每个输入向量（在本例中是每个词的特征向量）创建 3 个新向量。它们分别被称为查询向量（Queries）、键向量（Keys）和值向量（Values），简称 q、k、v 向量，如图 6-2 所示。这些向量是通过与训练过程中训练的 3 个权重矩阵（W^Q、W^K、W^V）相乘而创建的。这 3 个向量的创建过程在模型实现时非常简单，通过神经网络层的映射即可得到。具体来讲，输入数据为 Token 本身（假设 64 维），而映射后的输入向量可以是 192 维，此时第 0～63 维作为 q 向量，第 64～127 维作为 k 向量，而第 128～192 维作为 v 向量。需要注意，这些新向量的维度一般小于输入向量。例如，在原论文中新向量的维度是 64 维，而输入向量的维度是 512 维，这可以在一定程度上节省后续的计算开销。

查询向量、键向量和值向量是为计算和思考注意力机制而抽象出来的概念，或者说是我们对模型的学习期望。因为这 3 个新向量在刚创建时是随机初始化的，没有特殊含义，是经过模型训练分别得到了类似查询、回复、存值等向量功能，一个词向量可以通过它们与其他词向量进行互动来建模词与词之间的相关性。在读者阅读完接下来的全部计算过程之后，就会明白它们名字的由来。

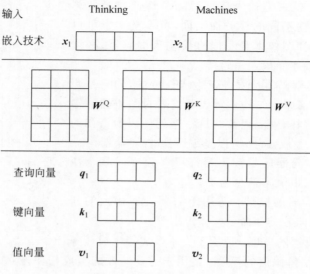

图 6-2　计算 q、k、v 向量

计算自注意力的第 2 步是计算一个相关性分数（Score）。假设正在计算本例中的第 1 个词 Thinking 的相关性分数。这个分数就决定着 Thinking 这个词在某句话中与其他词的关联程度，所以 Thinking 这个词要与其他所有词都计算一个分数。

分数是通过查询向量与正在评分的相应单词的键向量的点积计算得出的。点积的公式：$a \times b = |a| \times |b| \times \cos\theta$，其意义就是比较两个向量的相关程度，相关性越高，分数越大，如图 6-3 所示。

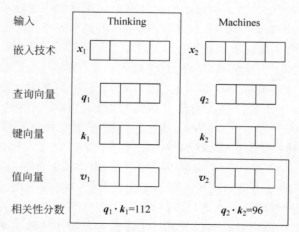

图 6-3　计算词向量间的相关性分数

第 3 步和第 4 步是将相关性分数除以 8（8 是论文中使用的查询向量维度的平方根，即 $\sqrt{64} = 8$）。这会使模型训练时的梯度更稳定，然后通过 Softmax 函数映射出最后的结果。

Softmax 函数可以对分数进行归一化处理,使它们都为正且加起来为 1,计算过程如图 6-4 所示。

Softmax 映射后的分数决定了每个词在句子中某个位置的重要性。显然,当词语处于该位置时,其 Softmax 分数最高。因为它的查询向量、键向量和值向量都来源于这个词本身,具体来讲 q、k、v 向量是当前词向量经过神经网络层映射得到的,是比较相近的 3 个向量,所以 q 和 k 的点积结果就大,表示该词与自身是最相关的,但是,这个词是存在于一个句子中的,因此它与其他词之间应该也存在一个相关性,但这个相关性一般没有与自身的相关性大,所以在当前词的查询向量和别的单词的键向量做点积时,结果就会相对较小。这时的结果表示该词与别的单词的相关性。值得注意的是自注意力机制中"自"的含义是:q、k、v 向量都来源于当前词本身,是"自己"通过神经网络层映射得到的。

第 5 步是将每个值向量乘以对应的 Softmax 分数,其目的是对每个单词的重要程度进行重新分配。最后是加权值向量求和的操作。这会在该位置产生自注意层的输出,例如,词 Thinking 经过自注意力层处理后的输出为 output＝$0.88\times v_1+0.12\times v_2$,即当前这句话经过自注意力层处理后,词 Thinking 的含义包含了 88% 的自身含义和 12% 的下一词 Machines 的含义,这样处理就体现了文本上下文的关系。当前这句话中的其他词也要做相同的处理,如图 6-5 所示。

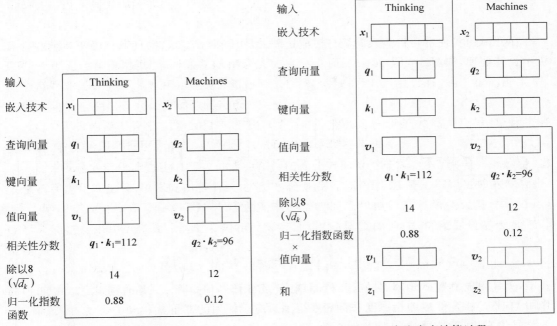

图 6-4 计算注意力分数　　　　　图 6-5 自注意力计算过程

自注意力计算到此为止,关于 q、k、v 的含义和作用在上文也解释了。实际上,一个粗略的类比是将其想象为在文件柜中搜索。查询向量就像一张便笺纸,上面写着正在研究的主题。键向量就像柜子内文件夹的标签,当标签与便签匹配时,我们取出该文件夹的内容,这些内容就是值向量。不过不仅要查找一个值,还要从多个文件夹中进行相关内容的查找,如图 6-6 所示。

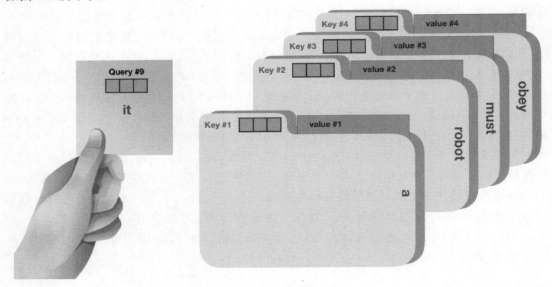

图 6-6 $\boldsymbol{q}$、$\boldsymbol{k}$、$\boldsymbol{v}$ 向量图示

在实际的实现中会将输入向量打包成矩阵,以矩阵形式完成此计算,以便更快地在计算机中计算处理,如图 6-7 所示。

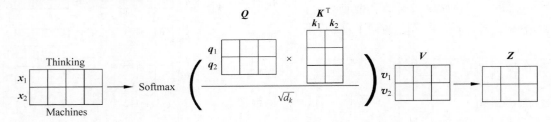

图 6-7   Self-Attention 矩阵形式计算过程

其公式表示如下:

$$\text{Attention}(\boldsymbol{Q},\boldsymbol{K},\boldsymbol{V}) = \text{Softmax}\left(\frac{\boldsymbol{Q}\boldsymbol{K}^{\mathrm{T}}}{\sqrt{d_k}}\right)\boldsymbol{V} \tag{6-1}$$

其中,$\boldsymbol{Q}$、$\boldsymbol{K}$ 和 $\boldsymbol{V}$ 是输入矩阵,分别代表查询矩阵、键矩阵和值矩阵,d_k 是向量维度。式(6-1)的作用是通过对 $\boldsymbol{Q}$ 和 $\boldsymbol{K}$ 的相似度进行加权得到对应于输入的 $\boldsymbol{V}$ 的加权和。

具体来讲,这个公式分为 3 个步骤:

(1) 计算 $\boldsymbol{Q}$ 和 $\boldsymbol{K}$ 之间的相似度,即 $\boldsymbol{Q}\boldsymbol{K}^{\mathrm{T}}$。

(2) 由于 $\boldsymbol{Q}$ 和 $\boldsymbol{K}$ 的维度可能很大,因此需要将其除以 $\sqrt{d_k}$ 来进行缩放。这有助于避免在 Softmax 计算时出现梯度消失或梯度爆炸的问题。

(3) 对相似度矩阵进行 Softmax 操作,得到每个查询向量与所有键向量的权重分布,然后将这些权重与值矩阵 V 相乘并相加,得到自注意力机制的输出矩阵。

6.1.3 多头自注意力层

该论文通过添加一种被称为多头注意力(Multi-heads Self-Attention)的机制进一步细化了自注意力层。对于多头注意力,其中有多组查询向量、键向量和值向量,这里把一组 Q、K、V 称为一个头,Transformer 原论文中使用 8 个注意力头。每组注意力头都是可训练的,经过训练可以扩展模型关注不同位置的能力。

举一个形象的类比:把注意力头类比成小学生,那么多名小学生在学习过程中会形成不同的思维模式,对同样的问题会产生不同的理解。这就是为什么要使用多头的原因,就是希望模型可以从不同的角度思考输入的信息,如图 6-8 所示。

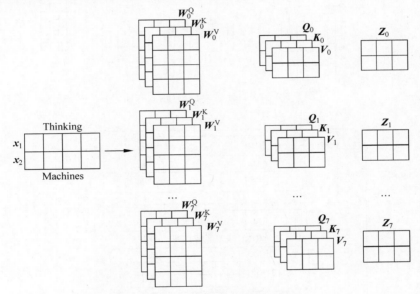

图 6-8 多头自注意力机制(输入计算)

但是,多头注意力机制也带来了一个问题。如果使用 8 个头,经过多头注意力机制后会得到 8 个输出,但是,实际上只需输出一个结果,所以需要一种方法将这 8 个输出压缩成一个矩阵,方法也很简单,将它们乘以一个额外的权重矩阵 W^O。这个操作可以通过一个神经网络层的映射完成,如图 6-9 所示。

6.1.4 编码器结构

每个编码器中的自注意力层周围都有一个残差连接,然后是层归一化步骤。归一化的输出再通过前馈网络(Feed Forward Network,FFN)进行映射,以进行进一步处理。前馈网络本质上就是几层神经网络层,其中间采用 ReLU 激活函数,两层之间采用残差连接。编码器的结构如图 6-10 所示。

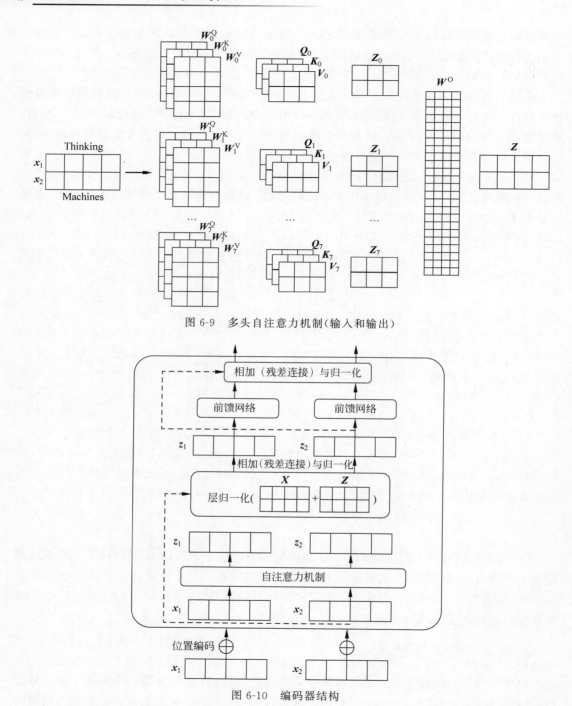

图 6-9　多头自注意力机制（输入和输出）

图 6-10　编码器结构

其中，残差连接可以帮助梯度进行反向传播，让模型更快更好地收敛。层归一化用于稳定网络，减轻深度学习模型数值传递不稳定的问题。

至于 Transformer 中的 FNN 是一个 MLP,它在自注意力机制之后对序列中的每个向量单独应用。FNN 起到以下两个主要作用。

(1) 引入非线性:虽然自注意力机制能捕捉序列中不同位置的向量之间的依赖关系,但它本质上是线性的。通过引入 FNN 层,Transformer 可以学习到输入序列的非线性表示,这有助于模型捕捉更复杂的模式和结构。

(2) 局部特征整合:FNN 层是一个 MLP,对序列中每个位置的向量独立作用。这意味着它可以学习到局部特征并整合这些特征,以形成更丰富的特征表示。这种局部特征整合与自注意力机制中的全局依赖关系形成互补,有助于提高模型性能。换句话说,自注意力机制学习的是向量之间的关系,而 FNN 学习的是每个向量本身更好的特征表示。

FNN 层由两个全连接层和一个非线性激活函数(如 ReLU 或 GELU)组成。假设有一个输入向量 $\boldsymbol{x} \in \mathbb{R}^d$,那么 FNN 层的计算过程如下:

$$\text{FNN}(\boldsymbol{x}) = \boldsymbol{W}_2 \cdot \text{ReLU}(\boldsymbol{W}_1 \cdot \boldsymbol{x} + \boldsymbol{b}_1) + \boldsymbol{b}_2 \qquad (6\text{-}2)$$

其中,$\boldsymbol{W}_1$、$\boldsymbol{b}_1$、$\boldsymbol{W}_2$ 和 $\boldsymbol{b}_2$ 是需要学习的权重矩阵和偏置向量,ReLU 是激活函数。

将以上这些加起来就是编码器的结构组成,可以将编码器堆叠 N 次以进一步编码信息,其中每层都有机会学习不同的注意力表示,因此有可能提高 Transformer 网络的预测能力。最后,在文本信息被送进编码器之前,往往需要对输入信息添加位置编码。这是因为 Transformer 模型中的自注意力机制是一种全局操作,它在计算时并不考虑输入序列中元素的顺序,然而,在自然语言处理任务中,单词之间的顺序是非常重要的。为了让 Transformer 能够捕捉到这种顺序信息,需要为输入添加位置编码。

位置编码是一种表示序列中每个位置信息的向量。位置编码的维度与输入向量的维度相同,因此可以将它们逐元素相加,从而保留位置信息。位置编码可以是固定的(如基于正弦和余弦函数的编码),也可以是可学习的(通过训练得到的向量)。在原始的 Transformer 论文中,使用了一种基于正弦和余弦函数的固定位置编码。对于一个给定位置 pos 和编码维度 i,位置编码的计算公式如下:

$$\begin{cases} \text{PE}_{(i,2k)} = \sin\left(\dfrac{i}{10\,000^{2k/d}}\right) \\[3mm] \text{PE}_{(i,2k+1)} = \cos\left(\dfrac{i}{10\,000^{2k/d}}\right) \end{cases} \qquad (6\text{-}3)$$

其中,$\text{PE}_{(i,2k)}$ 和 $\text{PE}_{(i,2k+1)}$ 是位置编码矩阵中第 i 行第 $2k$ 和 $2k+1$ 列的值,d 是输入向量的维度。通过式(6-3)可以为输入序列中的每个位置生成一个位置编码向量,该向量具有一定的模式,能够表示该位置在序列中的位置信息。

为了将位置编码添加到输入序列中,可以将输入序列中的每个词语向量与对应位置编码向量相加,得到包含位置信息的输入向量,如图 6-11 所示,这样 Transformer 模型就可以更好地处理输入序列中的信息,从而提高模型的性能。

如果这些位置编码是可学习的,则在模型刚开始训练时会进行随机初始化,我们期望模型能自己通过学习找到词语之间的位置相关性。就像期望模型可以通过学习让词向量映射生成的 3 个新向量 $\boldsymbol{Q}$、$\boldsymbol{K}$、$\boldsymbol{V}$ 分别执行查询、回复、存值等向量功能一样。

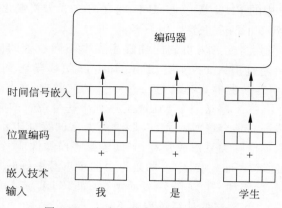

图 6-11　文本向量化和添加位置编码

6.1.5　解码器结构

解码器的工作是生成文本序列。解码器具有与编码器类似的子层。它有两个多头注意力层、一个前馈网络、残差连接及每个子层之后的层归一化。这些子层的行为类似于编码器中的层,这里不再重复赘述。解码器的顶层是由一个充当分类器的线性层和一个用于获取单词概率的 Softmax 所覆盖。编解码器完整的结构如图 6-12 所示。注意,在一些判别任务中可能没有解码器结构,编码器-解码器结构经常存在于一些生成任务中。

以"我是学生"→I am a student 的语言翻译任务为例,如图 6-13 所示。

图 6-13 模型由编码器和解码器两部分组成,是典型的 Seq2Seq 模型,详见编码器-解码器章节,其中编码器用于提取当前要翻译序列的语义信息,作为解码器的输入。在解码器中,需要根据解码器之前时刻已经生成的部分目标序列和编码器的输出来预测下一个词语。Transformer 解码器的详细介绍如下。

1. 位置编码

解码器的输入也需要进行位置编码,与编码器中的方法相同。

2. 自注意力层

与编码器类似,解码器中也包含多个自注意力层,结合之前已经生成的部分目标序列,用于在当前时间步骤预测下一个词。

3. 编码器-解码器注意力层

在解码器中,还需要使用一个编码器-解码器注意力层来对编码器的输出进行加权求和。该层的输入包括当前解码器的自注意力层输出和编码器的输出。具体来讲,我们将当前解码器的自注意力层输出作为查询向量 Q,这表示解码器当前正在尝试生成的元素需要哪些信息进行准确预测。编码器的输出作为键向量 K 和值向量 V,这为解码器提供了一个关于输入序列的丰富上下文,然后使用 Self-Attention 公式来计算注意力分布。通过将解码器的查询与编码器的键和值结合,模型可以决定在生成每个新元素时,应该给予编码器输

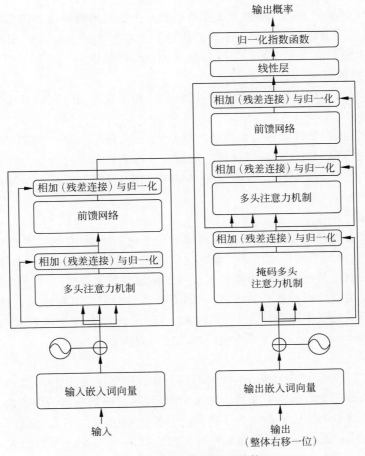

图 6-12 编码器-解码器结构

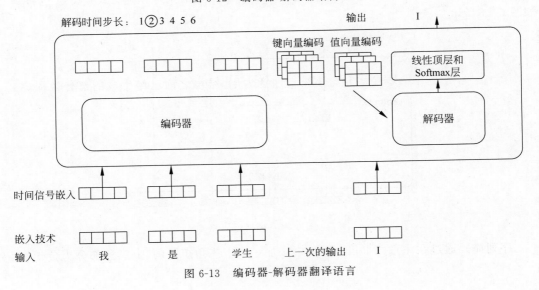

图 6-13 编码器-解码器翻译语言

出中的哪些部分更多的重视。这种方法使解码器在生成输出时不仅要考虑到它自己之前生成的内容,而且还要考虑到整个输入序列的内容。这对于生成与输入密切相关的准确和连贯的输出至关重要。尤其是在类似于机器翻译的语言任务中。

4. 前馈神经网络

与编码器类似,解码器中也包含前馈神经网络,用于在生成序列的过程中增强模型的表达能力。

需要注意的是,在解码器中会使用遮掩机制。Transformer 中的掩码(Masking)机制用于防止模型在处理序列时访问不应该访问的信息。掩码机制在自注意力计算过程中有重要作用,主要有两种类型:填充掩码(Padding Mask)和序列掩码(Sequence Mask,也称为查找掩码或解码器掩码)。

1)填充掩码

在自然语言处理任务中,为了将不同长度的句子输入模型中,通常需要对较短的句子进行填充,使其与最长句子的长度相同。填充通常使用特殊的符号(如< pad >)表示。

填充掩码的目的是在自注意力计算过程中忽略这些填充位置。这样做是因为这些填充符号实际上并不携带任何有意义的信息,我们不希望它们影响其他单词之间的注意力权重计算。填充掩码通过将填充位置对应的注意力 logits 设置为一个非常大的负数实现。这样,在应用 Softmax 函数时,填充位置对应的注意力权重会接近于零。

2)序列掩码

序列掩码主要应用于 Transformer 解码器。在自回归生成任务中(如机器翻译、文本摘要等),解码器需要逐步生成输出序列。在每个时间步,解码器只能访问当前及之前的单词,而不能访问未来的单词。这样做是为了确保模型在生成过程中不会"偷看"未来的信息,从而遵循真实的生成场景。举例:假设某时刻模型只有两个 Token 作为输入,并且我们正在观察第 2 个 Token。在这种情况下,最后两个 Token 被屏蔽,其对应的权重分数也将是 0,如图 6-14 所示。

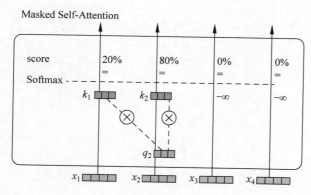

图 6-14　序列掩码

序列掩码通过在注意力 logits 矩阵中添加一个下三角矩阵(其上三角部分为负无穷)实

现。这样，在应用 Softmax 函数时，当前位置之后的单词对应的注意力权重将接近于零。这使解码器在每个时间步只能关注当前及之前的单词。下面进行详细的示例计算推导，这种掩蔽通常通过被称为注意掩蔽的矩阵实现，如图 6-15 所示。

Features
Labels
position: 1
2
3
4
Example:
1
robot
must
obey
orders
must
2
robot
must
obey
orders
obey
3
robot
must
obey
orders
orders
4
robot
must
obey
orders
<eos>

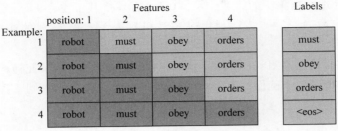

图 6-15　注意掩码矩阵

想象一个由 4 个单词组成的序列(例如 robot must obey orders)。先可视化其注意力分数的计算，如图 6-16 所示。

Queries
robot must obey orders
×
Keys
robot must obey orders
robot must obey orders
robot must obey orders
robot must obey orders
=
Scores
(before Softmax)
0.11 0.00 0.81 0.79
0.19 0.50 0.30 0.48
0.53 0.98 0.95 0.14
0.81 0.86 0.38 0.90

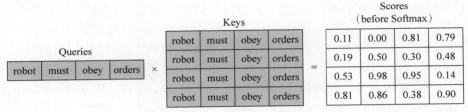

图 6-16　注意力分数可视化

相乘之后使用注意掩蔽矩阵，它将我们想要屏蔽的单元格设置为负无穷大或一个非常大的负数(例如 GPT2 中的−10 亿)，如图 6-17 所示。

Scores
(before Softmax)
0.11 0.00 0.81 0.79
0.19 0.50 0.30 0.48
0.53 0.98 0.95 0.14
0.81 0.86 0.38 0.90
Apply Attention
Mask
Masked Scores
(before Softmax)
0.11 –inf –inf –inf
0.19 0.50 –inf –inf
0.53 0.98 0.95 –inf
0.81 0.86 0.38 0.90

图 6-17　注意掩蔽矩阵

然后在每行上应用 Softmax，产生用于自注意力的实际分数，如图 6-18 所示。

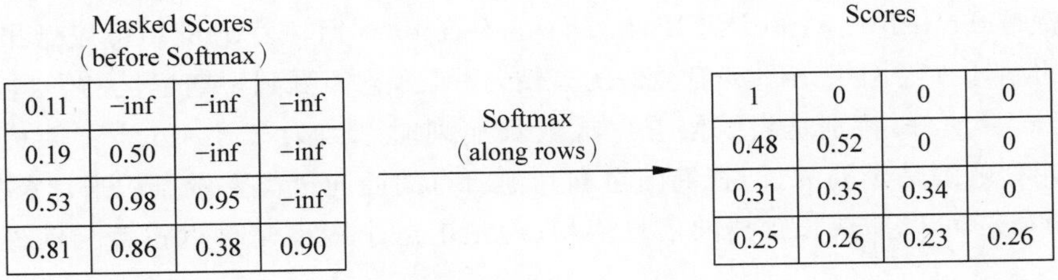

Masked Scores
(before Softmax)
0.11 –inf –inf –inf
0.19 0.50 –inf –inf
0.53 0.98 0.95 –inf
0.81 0.86 0.38 0.90
Softmax
(along rows)
Scores
1 0 0 0
0.48 0.52 0 0
0.31 0.35 0.34 0
0.25 0.26 0.23 0.26

图 6-18　Softmax

此分数表的含义如下：

(1) 当模型处理数据集中的第 1 个示例（第 1 行）时，该示例仅包含一个单词（机器人），其 100% 的注意力将集中在该单词上。

(2) 当模型处理数据集中的第 2 个示例（第 2 行）时，其中包含单词（机器人必须），当模型处理单词"必须"时，48% 的注意力将集中在"机器人"上，而 52% 的注意力将集中在"必须"上。

总结一下，掩码机制在 Transformer 模型中具有重要作用。填充掩码用于忽略填充符号的影响，而序列掩码用于确保解码器在生成过程中遵循自回归原则。掩码的存在使模型在处理序列时更加稳定、可靠。

6.1.6 线性顶层和 Softmax 层

Transformer 的线性顶层和 Softmax 层是用于生成目标序列中每个位置上的词语概率分布的关键组件，详细介绍如下。

在 Transformer 的解码器中，使用自注意力和编码器-解码器注意力生成当前时间步骤的特征向量。这些特征向量包含所有上下文信息，并且对应于目标序列中的每个位置。为了将这些特征向量转换为目标序列上的词语概率分布，需要添加一个线性顶层。

具体来讲，可以使用一个全连接层（线性变换）来将特征向量映射到一个维度为词表大小的向量。该向量包含每个词语的得分，可以使用 Softmax 函数将这些得分转换为概率分布，即目标序列中每个位置上的词语概率分布。

Softmax 函数是一个常用的激活函数，可以将任意实数向量转换为概率分布。在 Transformer 中，使用 Softmax 函数将线性顶层输出的向量转换为目标序列中每个位置上的词语概率分布。

具体来讲，对于每个位置 i，将线性顶层输出的向量 o_i 作为 Softmax 函数的输入，得到一个大小为词表大小的概率分布向量 p_i。该概率分布向量 p_i 表示了在给定上下文信息和之前已经生成的目标序列时，目标序列中第 i 个位置上每个词语的概率。

总体来讲，Transformer 的线性顶层和 Softmax 层是用于将解码器中生成的特征向量转换为目标序列上的词语概率分布的关键组件。在 Transformer 中，使用一个全连接层将特征向量映射到一个大小为词表大小的向量，然后使用 Softmax 函数将其转换为概率分布。这样就可以预测目标序列中每个位置上的词语，并且可以使用这些预测来计算损失函数，从而训练模型。

以上就是 Transformer 的计算机制。Transformer 利用注意力机制可以做出更好的预测。之前的循环神经网络试图实现类似的事情，但因为它们受到短期记忆的影响，效果不如 Transformer 算法好，特别是当编码或生成较长序列时。因为 Transformer 架构在计算注意力时的计算范围是全局的，即查询向量和其他所有的键向量都要做点积来计算相关性，因此 Transformer 可以捕获长距离的信息依赖，理论上这个距离是可以覆盖当前处理的整句话的。

6.1.7　输入数据的向量化

最后补充一些输入数据向量化(Input Embedding)的知识。所谓文档信息的向量化,就是将信息数值化,从而便于进行建模分析,自然语言处理面临的文本数据往往是非结构化(杂乱无章)的文本数据,而机器学习算法处理的数据往往是固定长度的输入和输出,因而机器学习并不能直接处理原始的文本数据。必须把文本数据转换成数字,例如向量。

词嵌入(Word Embedding)是一种将自然语言中的词语映射到低维向量空间中的技术。它是自然语言处理领域中的重要技术之一,被广泛地应用于文本分类、机器翻译、问答系统等任务中。NLP中常见的几种词嵌入方法如下。

1. 基于计数的方法

基于计数的方法通过统计每个词语在语料库中出现的次数,计算不同词语之间的共现关系。常见的基于计数的方法有 LSA 和 HAL。

LSA(Latent Semantic Analysis)是一种基于奇异值分解(SVD)的方法,将词语表示为在语料库中的共现矩阵的主题向量。LSA 的主要思想是:相似的词语在语料库中通常会出现在相似的上下文中,因此,将词语表示为在语料库中的共现矩阵的主题向量,可以捕捉到它们之间的语义关系。

HAL(Hyperspace Analogue to Language)是一种基于点间相似性的方法,通过在高维向量空间中建立词语之间的关联关系,将词语表示为向量。HAL 的主要思想是:通过在高维向量空间中表示每个词语,可以捕捉到它们之间的语义关系。在 HAL 中,每个词语表示为在高维向量空间中的一个点,词语之间的相似度可以通过计算它们在向量空间中的距离来得到。

2. 神经网络方法

神经网络方法通过训练神经网络,将词语映射到低维向量空间中,其中,Word2Vec 是最常见的神经网络方法之一。

Word2Vec 有两种模型:CBOW 和 Skip-gram。CBOW(Continuous Bag-of-Words)模型通过上下文预测当前词语,而 Skip-gram 模型则通过当前词语预测上下文。这些模型通过训练大量的文本数据,得到了每个词语的词向量,可以用于后续的 NLP 任务中。

3. 预训练模型

预训练模型通过预先训练大规模文本语料库,学习通用的语义信息,然后将这些模型迁移到特定的 NLP 任务中,其中,BERT 和 GPT 是目前最为流行的预训练模型之一。它们都是基于 Transformer 模型的,通过对大规模文本语料库进行无监督的预训练,学习词语的词向量表示和文本序列的上下文信息。

总体来讲,词嵌入是将自然语言中的词语映射到低维向量空间中的技术。常见的词嵌入方法包括基于计数的方法、神经网络方法和预训练模型。这些方法可以用于提取文本中的语义信息,并为后续的 NLP 任务提供有用的特征表示。

6.2 NLP 中的 Transformer 模型

6.2.1 BERT

BERT(Bidirectional Encoder Representations from Transformers)是一种预训练语言模型,由谷歌在 2018 年提出,它是一种基于 Transformer 网络结构的模型。BERT 模型的提出可以说是自然语言处理领域的一次重大突破,它在许多自然语言处理任务上取得了最先进的效果,包括问答、文本分类、命名实体识别、语义相似度等。

BERT 模型采用预训练和微调两个阶段。在预训练阶段,BERT 模型会利用大量的无标签语料来学习语言表示,其中包括两个任务:掩码语言建模(Masked Language Modeling,MLM)和下一句预测(Next Sentence Prediction,NSP)。掩码语言建模是指在输入语句中随机选择一些单词并将它们替换成掩码(例如[Mask]),让模型来预测这些掩码的正确词语,以此来训练模型对上下文的理解能力。下一句预测则是指判断两个语句是否是连续的,即判断第 2 个语句是否是第 1 个语句的下一句。这个任务可以帮助模型学习语句之间的关系,进而提高模型的推理能力。

在微调阶段,BERT 模型会使用标注数据进行微调,以适应不同的自然语言处理任务。例如,在问答任务中,BERT 模型会将问题和一篇文章作为输入,并输出答案的位置和内容。

BERT 模型的主要优势在于它的预训练阶段可以使用大量的无标签语料进行训练,从而提高了模型的泛化能力。此外,BERT 模型还采用了双向编码器的结构,允许模型同时考虑左右两侧的上下文信息,进一步提高了模型的效果。

总体来讲,BERT 模型的提出是自然语言处理领域的一次重大进展,它不仅在学术界受到广泛关注,也在工业界得到了广泛应用。它的本质是通过预训练学习文本更好的向量表示,通过微调来适用 NLP 领域不同的任务。

1. BERT 模型的动机

在 BERT 之前,许多 NLP 任务是采用单独的模型或特征提取方法来完成的,而 BERT 的出现为 NLP 领域带来了巨大的变革,因为它具有更好的通用性和性能。BERT 模型的研究动机如下。

(1)上下文敏感性:在自然语言处理中,理解上下文对于模型准确解读语义至关重要。以往的模型如 Word2Vec 和 GloVe 等,只能生成静态的词向量,即一个词在不同的上下文中具有相同的向量表示。BERT 的研究动机之一便是提高模型对上下文的敏感性,实现动态词向量表示。

(2)预训练和微调:过去的 NLP 任务通常采用特定任务的模型,这意味着每个任务都需要从头开始训练模型。BERT 模型提出了预训练和微调的思想。首先在大规模语料库上进行预训练,学习通用的语言知识,然后对预训练好的模型进行微调,适应特定的 NLP 任务。这种方法大大地提高了模型的训练效率和性能。

(3)双向编码:传统的自然语言处理模型通常采用单向或双向的顺序模型,例如 RNN、

LSTM 和 GRU,然而,这些模型无法完全捕捉到上下文信息。BERT 引入了双向 Transformer 编码器,可以同时考虑到词汇在上下文中的前后关系,从而更好地捕捉句子中的语义信息。

(4) 通用性:BERT 模型的设计初衷是为了提供一个通用的预训练模型,以适应各种 NLP 任务,因此,BERT 模型在研究动机上非常关注通用性。事实证明,BERT 在很多 NLP 任务上取得了显著的性能提升,如情感分析、命名实体识别、问答系统等。

(5) 提高性能:BERT 的研究动机还包括在各种 NLP 任务上取得了更高的性能。在 BERT 发布之后,它在多个任务上刷新了纪录,如 GLUE、SQuAD 和 SWAG 等基准测试。

总之,BERT 模型研究的动机在于提高上下文敏感性、利用预训练和微调的方法提高训练效率、利用双向 Transformer 编码器捕捉更丰富的上下文信息、实现通用性以适应各种 NLP 任务,以及在各种 NLP 任务上提高性能。这些动机共同推动了 BERT 模型的发展,使其成为当今自然语言处理领域的重要基石。

2. BERT 模型的预训练和微调

BERT 模型由输入、中间组件和输出结果 3 部分组成。它的输入由 3 部分组成:Token Embeddings、Segment Embeddings 和 Position Embeddings。

(1) Token Embeddings:将输入文本中的每个单词或子词转换为固定大小的向量表示。BERT 使用 WordPiece Tokenizer 将输入文本分割成子词。

(2) Segment Embeddings:用于区分两个句子,主要用于句子对任务,例如问答或自然语言推理。在句子对任务中,两个句子被拼接在一起,然后用特殊标记(如[SEP])分隔。

(3) Position Embeddings:由于 BERT 模型中的 Transformer 编码器缺乏位置感知能力,因此需要加入位置信息。位置嵌入通过为输入序列中的每个位置分配一个向量实现。

这 3 个嵌入向量会逐元素相加,得到一个综合的嵌入向量表示,用于输入 BERT 的 Transformer 编码器。需要注意的是,BERT 的输入是两个句子拼接在一起的,这是因为 BERT 的设计初衷是为了处理各种自然语言处理任务,其中许多任务涉及句子对,例如问答、自然语言推理(NLI)和语义文本相似度(STS)等。为了使模型能够处理这些任务, BERT 采用了两个句子拼接在一起的输入方式。在这种输入表示中,两个句子(句子 A 和 句子 B)使用特殊分隔符[SEP]进行分隔,并在句子对的开头添加特殊标记[CLS]。同时,通过引入 Segment Embeddings,BERT 能够区分句子 A 和句子 B。这种输入表示方式使 BERT 在预训练阶段就能同时学习单句子和双句子任务的语义表示。值得注意的是,尽管 BERT 的输入设计可以处理两个句子,但它也可以灵活地处理单句子任务。对于单句子任务,可以只输入一个句子,并在句子开头添加[CLS]标记,同时仍然使用 Segment Embeddings。这种输入表示方法使 BERT 可以在预训练和微调阶段处理各种单句子和双句子任务,提高了模型的通用性和适用范围。

BERT 模型的核心是基于 Transformer 的编码器架构。Transformer 编码器是由多层自注意力机制和前馈神经网络组成的堆叠层。在自注意力机制中,每个词的表示都会根据整个输入序列中的其他词进行调整。这使 BERT 能够充分地捕捉句子中的双向上下文信息。BERT 模型中的 Transformer 编码器的数量取决于具体的模型变体。不同的变体有不同数量的 Transformer 编码器层。BERT-Base 变体包含 12 层 Transformer 编码器。BERT-Large 变体包含 24 层 Transformer 编码器。BERT-Base 模型如图 6-19 所示。

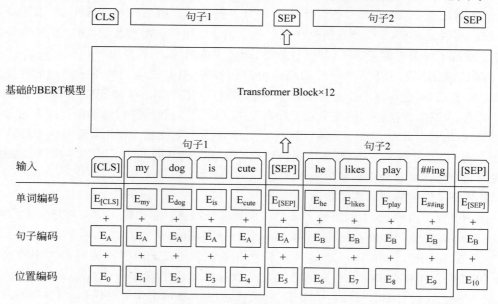

图 6-19　BERT 模型结构图

经过若干层 Transformer 编码器处理后,BERT 会输出一个向量序列,与输入序列等长。这个向量序列可以用于各种下游任务。例如分类层、序列标注层或者生成层等。附加层的输出将作为任务的最终结果。例如,对于文本分类任务,BERT 输出的第 1 个位置(对应特殊标记[CLS])的向量会被送入一个全连接层,然后进行分类。对于序列标注任务,每个输出位置的向量都会进入一个全连接层,逐个地对位置进行标注。

BERT 模型采用了两阶段的训练过程:预训练(Pre-training)和微调(Fine-tuning)。这种训练策略的目的是将通用的语言知识和特定任务的知识结合起来,以提高模型的性能和泛化能力。

预训练阶段的目标是让 BERT 模型学习通用的语言知识。在这个阶段,模型使用无监督学习方法,在大规模的未标注文本数据(例如,维基百科等)上进行训练。预训练阶段采用了以下两个任务。

(1) Masked Language Model (MLM):在这个任务中,模型需要预测句子中被随机遮挡的词汇,其实就是"完形填空"任务。这迫使模型学习如何根据上下文生成词汇的表示。在此任务中,被随机遮挡的词汇作为模型训练的真值(Label),这个真值与有监督训练中的真值不同,它不是人工标注的,所以被称为无监督学习。

(2) Next Sentence Prediction (NSP):NSP 任务是 BERT 预训练阶段使用的另一种无监督学习任务。NSP 任务的主要目的是让模型学会理解句子之间的关系和逻辑。通过这个任务,BERT 能够捕捉到更高层次的语言结构,从而提高在各种 NLP 任务中的性能。在

NSP 任务中,模型接收一对句子作为输入,并需要预测第 2 个句子是否紧接在第 1 个句子之后。这一对句子可以来自相同的文档(正例),也可以是随机选择的两个句子(负例)。通常情况下,正例和负例的比例约为 1∶1。

在预训练阶段结束时,BERT 模型将学会理解语法、句法、词汇知识等通用的语言特征。

微调阶段的目标是将预训练好的 BERT 模型调整为适应特定的 NLP 任务,例如文本分类、命名实体识别、问答系统等。在这个阶段,模型使用有监督学习的方法,在特定任务的标注数据上进行训练。

为了适应特定任务,BERT 模型的结构会进行一定的调整。通常情况下,涉及在模型顶部添加一个任务相关的输出层。例如,在文本分类任务中,可以添加一个全连接层作为输出层,用于预测类别标签。在微调过程中,所有 BERT 模型的参数都会进行更新,以适应特定任务。通过微调,BERT 模型将学会在特定任务上的知识和技能。

这种预训练和微调的训练策略使 BERT 模型能够在各种 NLP 任务上取得显著的性能提升。预训练阶段学到的通用语言知识可以帮助模型更好地理解特定任务的语义,而微调阶段则使模型能够针对特定任务进行优化。两个阶段的结合,使 BERT 模型具有很好的泛化能力和性能。

3. BERT 模型解决上下文敏感性

上下文敏感性(Context Sensitivity)是指自然语言处理模型在理解和分析文本时,能够捕捉到词汇在不同上下文中的语义变化。在自然语言中,许多词汇具有多种含义,这些含义取决于它们所处的上下文,因此,上下文敏感性对于准确理解和处理自然语言至关重要。

BERT 模型通过以下 3 种方式解决了上下文敏感性问题。

(1)双向 Transformer 编码器:BERT 采用了双向 Transformer 编码器来捕捉上下文信息。Transformer 编码器使用自注意力机制,在处理一个词汇时能够将整个句子的信息都考虑进去。这使 BERT 能够同时捕捉到一个词汇在上下文中的前后信息,从而实现上下文敏感性。

(2)Masked Language Model(MLM):在 BERT 的预训练阶段,使用了被称为 Masked Language Model 的任务。在这个任务中,模型需要预测句子中被随机遮挡的词汇。这要求 BERT 学习如何根据上下文生成被遮挡词汇的正确表示,因此,MLM 任务迫使模型学习上下文敏感性。

(3)动态词向量表示:动态词向量表示是指在不同上下文中,为同一个词汇生成不同的词向量。这与静态词向量表示相对应,静态词向量表示指的是在任何上下文中为一个词汇生成相同的词向量。动态词向量表示可以帮助模型更好地理解词汇在不同语境下的多种含义。

在 BERT 模型中,由于采用了双向 Transformer 编码器,每个词汇的表示都是基于其在特定上下文中的位置计算得到的,因此,在不同上下文中,同一个词汇将具有不同的表示。举个例子,假设有一个单词 bank,在英语中它可以表示"银行"和"河岸"两个不同的概念。在静态词向量表示中,无论 bank 出现在哪种上下文中,它都将具有相同的词向量表示。这可能导致模型难以区分它在不同上下文中的不同含义,然而,在 BERT 模型中,由于采用了动态词向量表示,同一个词汇 bank 在表示"银行"的上下文中和表示"河岸"的上下文中将具有不同的词向量表示。这有助于模型更好地理解和区分词汇在不同上下文中的含义。

简而言之,动态词向量表示是一种使模型能够根据上下文为词汇生成不同表示的方法,这有助于模型在处理具有多种含义的词汇时,根据其所处的上下文生成合适的表示。这种表示方法使 BERT 模型具有很好的上下文敏感性,从而在各种 NLP 任务中实现了显著的性能提升。

6.2.2　GPT

GPT(Generative Pre-trained Transformer)模型是 OpenAI 开发的一种基于 Transformer 架构的预训练语言模型。GPT 模型在自然语言处理任务中取得了显著的性能提升,尤其是在文本生成、问答系统、摘要生成等任务上表现突出。

GPT 模型的主要特点如下。

(1) 基于 Transformer 架构:与 BERT 一样,GPT 模型也使用了 Transformer 架构,该架构通过自注意力机制实现了长距离依赖关系的捕捉和并行计算能力的提升。

(2) 预训练-微调策略:GPT 模型采用了与 BERT 相似的训练策略,即分为预训练和微调两个阶段。在预训练阶段,GPT 使用大量未标注文本数据学习语言知识;在微调阶段,GPT 使用特定任务的标注数据进行优化,以适应具体的 NLP 任务。

(3) 自回归语言模型:GPT 模型的一个关键特点是它采用了自回归(Autoregressive)的方式进行语言建模。在这种方式中,模型预测下一个词汇时只能使用其左侧的上下文信息,而不能使用右侧的上下文信息。这使 GPT 模型在文本生成任务中表现优异,但可能导致在部分任务中上下文敏感性不足。

与 BERT 模型的主要区别如下。

(1) 上下文信息获取:GPT 是一个单向(从左到右)模型,只能利用左侧上下文信息进行预测,而 BERT 是一个双向模型,可以同时利用左侧和右侧的上下文信息,因此,BERT 在捕捉上下文信息方面更强大。

(2) 预训练任务:在预训练阶段,GPT 使用了自回归语言模型任务,而 BERT 采用了 Masked Language Model(MLM)任务和 Next Sentence Prediction(NSP)任务。这使 BERT 能够更好地捕捉双向上下文信息,从而在多种 NLP 任务上取得更好的性能。

(3) 适用任务:由于 GPT 的自回归特性,它在文本生成任务上表现尤为突出,而 BERT 由于双向上下文敏感性,在文本分类、命名实体识别等任务上表现更优。

(4) 训练策略:虽然两者在预训练阶段都使用了大规模的未标注文本数据,但 GPT 在训练过程中使用了更多的计算资源,从而使模型的性能得到更大的提升。

1. GPT 的历史

自 GPT 模型诞生以来,其性能和规模不断扩大,成为自然语言处理领域的重要技术。GPT 系列模型的进化历史如下。

1) GPT-1

GPT 的第 1 代模型于 2018 年发布,它使用了 Transformer 架构,并采用了预训练-微调的策略。GPT 的第 1 代模型使用了单向自回归语言模型(从左到右)进行预训练。这使 GPT 在诸如文本生成、问答系统和摘要生成等任务上表现突出,然而,由于其只能利用左侧上下文信息,所以在部分任务中的上下文敏感性可能不足。

2) GPT-2

GPT-2 是 GPT 系列的第 2 代模型,于 2019 年发布。相较于第 1 代模型,GPT-2 的主要改进为模型规模和训练数据的扩大。GPT-2 使用了更大的 WebText 数据集进行预训练,这个数据集包含了超过 45 万篇文章。GPT-2 模型的参数量达到了 15 亿个,远超第 1 代模型。这些改进使 GPT-2 在多种 NLP 任务上取得了显著的性能提升。

3) GPT-3

GPT-3 是 GPT 系列的第 3 代模型,于 2020 年发布。GPT-3 的主要特点是大规模,模型参数量高达 1750 亿个,是当时世界上最大的预训练语言模型。GPT-3 使用了更大的 WebText 数据集进行预训练,这个数据集包含了约 450GB 的文本数据。GPT-3 在多种 NLP 任务上取得了前所未有的性能提升,甚至在某些任务上实现了零样本学习,即不需要微调就可以达到很好的效果。

4) GPT-4

截至本书的写作日期(2023 年 4 月),GPT-4 尚未发布具体信息,然而,可以预期的是,GPT-4 可能会在模型规模、训练数据和算法优化等方面进一步地进行改进,从而在各种自然语言处理任务上取得更好的性能。考虑到 GPT-3 的规模和性能已经达到了很高的水平,GPT-4 可能会在以下几个方面取得突破。

(1)更大的模型规模:与 GPT-3 相比,GPT-4 可能会进一步扩大模型规模,包括更多的参数、更深的层数和更大的训练数据集,从而提高模型的表现能力。

(2)更强的泛化能力:GPT-4 可能会在算法优化方面取得进展,例如改进训练策略、损失函数和优化方法等,以提高模型的泛化能力,使其在各种 NLP 任务上取得更好的性能。

(3)更高效的计算资源利用:由于大规模模型的训练和推理需要消耗大量计算资源,GPT-4 可能会采用更高效的模型架构和计算方法,以降低资源消耗,使模型更易于部署和应用。

(4)对抗样本和偏见处理:GPT-4 可能会针对现有模型的一些问题进行改进,如对抗样本的稳健性和模型偏见问题,从而使模型在面对现实世界问题时更加健壮和可靠。

需要注意,以上内容基于对 GPT 系列模型发展趋势的推测。如果读者对未来的 GPT 模型感兴趣,则可关注 OpenAI 的官方发布和相关研究论文,以获取最新的信息。至于 ChatGPT,它是基于 GPT 系列模型(如 GPT-3)的一个应用,专门针对聊天机器人和对话系统的场景。它利用了 GPT 模型在文本生成方面的强大能力,为用户提供有趣、连贯和相关的对话回复。

GPT 和 ChatGPT 之间的关系可以从以下几个方面理解。

（1）基础模型：ChatGPT 是基于 GPT 模型构建的。GPT 模型为 ChatGPT 提供了基本的语言理解和生成能力。

（2）微调策略：GPT 模型首先在大量未标注文本上进行预训练，然后通过特定任务的标注数据进行微调。在构建 ChatGPT 时，GPT 模型会使用与对话相关的标注数据进行微调，从而使其适应对话任务的需求。

（3）应用场景：GPT 模型在多种 NLP 任务上表现出色，而 ChatGPT 是一个针对聊天机器人和对话系统的特定应用。通过将 GPT 模型应用于这些场景，ChatGPT 能够为用户提供自然、连贯和相关的对话体验。

总之，ChatGPT 是 GPT 系列模型在聊天机器人和对话系统领域的一个应用，它利用了 GPT 模型的强大文本生成能力，并针对对话场景进行了特定的微调和优化。

2. GPT 模型

GPT 模型基于 Transformer 架构，采用自回归（Autoregressive）的方式进行语言建模。在训练过程中，GPT 模型通过大量未标注文本数据进行预训练，然后使用特定任务的标注数据进行微调。这种预训练-微调策略使 GPT 模型能够在各种 NLP 任务中获得显著的性能提升。接下来将详细介绍 ChatGPT 模型的输入、组件和输出。

GPT 的输入通常是一个包含用户输入（问题或指令）和聊天历史的文本序列。为了使模型能够区分不同的对话元素，输入文本通常会被添加特殊的分隔符和标记，如< user >、< bot >等，以表示用户和机器人的发言。

词嵌入层（Word Embedding Layer）是 GPT 模型的第 1 层，负责将输入的文本序列转换为一个连续的向量表示。这些向量能够捕获词汇的语义信息和语法信息，从而使模型能够处理和理解输入的文本。GPT 模型词嵌入层的详细介绍如下。

1）分词器

在将输入文本送入词嵌入层之前，首先需要使用分词器（Tokenizer）将文本切分成单词或子词。GPT 系列模型通常使用 Byte-Pair Encoding（BPE）或其变体（如 WordPiece、SentencePiece 等）进行分词。BPE 算法通过合并频繁出现的字符序列来创建子词词汇表，从而实现了一种介于字符级和单词级之间的分词方式。

2）词汇表

分词后，每个单词或子词会被映射到词汇表（Vocabulary）中的一个整数索引。词汇表通常包含数万个词条，这些词条可能包括实际的单词、子词和一些特殊符号（如< pad >、< eos >等）。

3）词向量

词嵌入层将每个单词或子词的整数索引转换为一个连续的向量表示（Word Vectors）。这些向量通常具有固定的维度，例如 768 维或 1024 维。在 GPT 模型的预训练过程中，词向量作为模型参数被学习，以便捕获词汇之间的语义和语法关系。

4）位置编码

由于 GPT 模型基于 Transformer 架构，而 Transformer 无法直接处理输入序列中的顺序信息,因此,在词嵌入层之后,还需要为每个单词或子词添加位置编码(Positional Encoding)。位置编码可以是固定的编码(如基于正弦和余弦函数的位置编码),也可以是可学习的参数。通过将位置编码与词向量相加,模型能够捕获输入序列中的顺序信息。

词嵌入层是 GPT 模型的第 1 步,将输入文本转换为模型可以处理的连续向量表示。在此基础上,模型的后续层(如 Transformer 层和输出层)可以对这些向量进行处理和分析,以完成各种自然语言处理任务。

GPT 模型的核心组件是基于 Transformer 架构的一系列 Transformer 层。GPT 模型的 Transformer 层的数量取决于模型的具体设置和配置。在 GPT 系列模型中,随着模型规模的增加,Transformer 层的数量也会相应增加,示例如下。

(1) GPT-1:GPT-1 模型的 Transformer 层有 12 层。

(2) GPT-2:GPT-2 有多种配置,其中最大的版本包含 48 层的 Transformer 层。

(3) GPT-3:GPT-3 的最大版本包含 175 层的 Transformer 层。

需要注意的是,这些层数是指单个 Transformer 编码器的层数。在实际应用中,选择不同规模的 GPT 模型可能取决于任务的需求、计算资源限制和性能要求。更多层数的 Transformer 通常意味着更强大的表示能力,但同时也需要更多的计算资源进行训练和推理。

GPT 模型的输出层是模型的最后一层,负责将 Transformer 层的输出转换为预测结果。在文本生成任务中,输出层通常用于预测下一个词汇。GPT 模型输出层的详细介绍如下。

1) 线性层

输出层的核心组件是一个线性层(Linear Layer),它将模型的隐藏状态(最后一个 Transformer 层的输出)映射到词汇表中每个词汇的概率分布。线性层的权重矩阵的大小为(隐藏状态维度×词汇表大小)。这个线性变换使模型能够根据上下文信息为每个可能的词汇分配一个概率值。

2) Softmax 激活函数

线性层的输出被送入一个 Softmax 激活函数,将线性层的原始输出转换为概率分布。Softmax 函数确保所有词汇的概率值之和为 1。这样,在生成任务中就可以根据概率分布选择下一个词汇。

3) 生成策略

在实际应用中,为了生成文本,需要从输出层的概率分布中选择一个词汇。有多种生成策略可以用于此目的,如贪婪采样(Greedy Sampling):直接选择具有最高概率的词汇。集束搜索(Beam Search):在每个时间步维护多个候选序列,选择具有最高概率的序列。顶部采样(Top-k Sampling 或 Top-p Sampling):从概率最高的前 k 个词汇或概率总和超过 p 的词汇中随机选择一个词汇。

最后总结一下 GPT 的文本生成顺序。

(1) 输入初始文本:首先需要提供一个初始文本(称为前缀或种子文本),作为生成过程的起点。这个初始文本可以是一个完整的句子、一个短语或者一个词汇。

（2）分词：将输入的初始文本使用分词器（如 BPE 或 WordPiece）切分为单词或子词。

（3）词嵌入：将切分后的单词或子词转换为词向量表示，并添加位置编码以捕获序列中的顺序信息。

（4）通过编码器：将词向量序列输入 GPT 模型的编码器，编码器由多个 Transformer 层组成，每个层都包含多头自注意力和前馈神经网络。编码器将输入序列转换为隐藏状态表示。

（5）输出层：将最后一个 Transformer 层的输出传递给输出层，输出层包含一个线性层和一个 Softmax 激活函数。线性层将隐藏状态映射到词汇表中每个词汇的概率分布，Softmax 激活函数将概率值归一化。

（6）生成策略：根据输出层的概率分布选择下一个词汇。选择策略可以是贪婪采样、集束搜索或顶部采样等。选择后的词汇被添加到输入序列中。

（7）重复生成：将更新后的输入序列重新输入 GPT 模型，重复执行步骤 2～6，直到达到预定的生成长度或遇到结束符（如< eos >）。

通过这种自回归的方式，GPT 模型逐个词汇地生成文本，确保生成的文本在给定前缀或种子文本的上下文下自然且连贯。最后，值得注意的是，GPT 模型的强大最重要的因素是庞大的训练数据集，例如，GPT-3 的训练集大小约为 45TB（未压缩的文本数据），然而，在训练过程中，模型使用了滑动窗口方法对数据进行压缩，最终将数据规模减少到约为 570GB。这些数据是从网络上的各种资源（如 Wikipedia、网页、科学文章等）及书籍、文章等来源收集而来的。

需要注意的是，尽管 GPT-3 的训练集非常庞大，但模型的知识截止日期是 2021 年 9 月，也就是说，它不能回答在此之后发生的事件或新兴概念相关的问题。

GPT-3 的训练集之所以如此庞大，是因为其目标是预测和理解自然语言，而自然语言具有极高的多样性和复杂性。通过在大量数据上进行训练，GPT-3 可以捕捉到更丰富的语言模式和语义信息，从而在各种自然语言处理任务中实现更强大的性能。

6.3　CV 中的 Transformer 模型

6.3.1　Vision Transformer

Transformer 的最初提出是针对 NLP 领域的，并且在 NLP 领域大获成功，几乎打败了 RNN 模型，已经成为 NLP 领域新一代的 baseline 模型。这篇论文 *Vision Transformer*（ViT）也受到其启发，尝试将 Transformer 应用到 CV 领域。通过这篇文章的试验，给出的最佳模型在 ImageNet-1K 上能够达到 88.55% 的准确率（先在大型数据集 JFT 上进行了预训练），说明 Transformer 在 CV 领域确实是有效的，尤其是在大数据集预训练的支持之下，ViT 因此也成为 Transformer 进军 CV 的里程碑。

这个大数据的容量到底是多少呢？论文中作者做了相关试验，如图 6-20 所示。横轴是不同的数据集,从左往右数据集容量依次是 130 万、2100 万、30 000 万。竖轴是分类准确率。图中两条灰色之间的性能区间是 ResNet 纯卷积网络能达到的性能区间;不同颜色的圆形代表不同大小的 ViT 模型。结果表明当数据集容量为一百万左右时,如 ImageNet-1K,ViT 模型的分类准确度是全面不如 CNN 模型的;当数据集容量为两千一百万左右时,如 ImageNet-21K,ViT 模型的分类准确度与 CNN 模型差不多;当数据集容量为 30 000 万左右时,如 JFT-300M,ViT 模型的分类准确率略好于 CNN 模型。

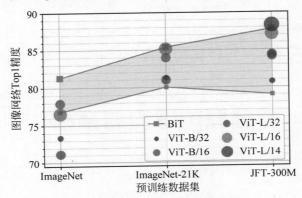

图 6-20 数据集容量对 ViT 性能的影响

在模型设计方面,ViT 尽可能地遵循原始的 Transformer 架构以提供一种计算机视觉和自然语言处理领域共用的大一统算法框架,因此,ViT 在后续的多模态任务中,尤其是文本和图像结合的任务中,提供了许多有用的参考。在本文中,作者主要比较了 3 种模型:ResNet、ViT(纯 Transformer 模型)及 Hybrid(卷积和 Transformer 混合模型)。

原论文中给出的关于 ViT 的模型框架如图 6-21(a)所示,共有 3 个模块。

(1) Linear Projection of Flattened Patches:嵌入层(Embedding),负责将图片映射成向量。

(2) Transformer Encoder:负责对输入信息进行计算学习,详细结构如图 6-21(b)所示。

(3) MLP Head:最终用于分类的层结构,与 CNN 常用的顶层设计类似。

1. 图片数据的向量化

对于标准的 Transformer 模块,要求输入的是 Token 序列,即二维矩阵[num_token,token_dim]。对于图像数据而言,其数据格式[H,W,C]是三维矩阵,并不是 Transformer 期望的格式,因此,需要先通过一个嵌入层来对数据进行变换。

具体来讲,将分辨率为 224×224 的输入图片按照 16×16 大小的 Patch 进行划分,划分后会得到(224/16)×(224/16)=196 个子图。接着通过线性映射将每个子图映射到一维向量中。

线性映射是通过直接使用一个卷积层实现的,卷积核大小为 16×16,步长为 16,个数为 768,这个卷积操作对输入数据产生张量的形状变化为[224,224,3]→[14,14,768],然后把

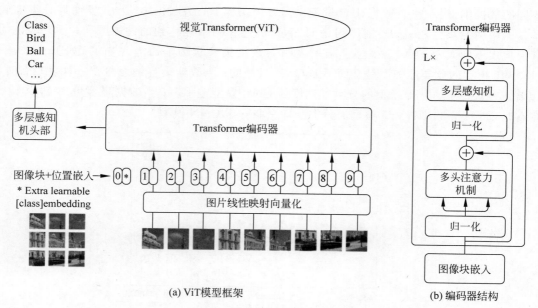

(a) ViT模型框架　　　　(b) 编码器结构

图 6-21　ViT 模型框架

H 及 **W** 两个维度展平即可,张量的形状变化为[14,14,768]→[196,768],此时正好变成了一个二维矩阵,正是 Transformer 期望的格式,其中 196 表征的是子图的数量,将每个形状为[16,16,3]的子图数据通过卷积映射得到一个长度为 768 的 Token。

　　在输入 Transformer Encoder 之前注意需要加上[class]Token 及位置嵌入。在原论文中,作者使用[class]Token 而不是全局平均池化做分类的原因主要是参考 Transformer,尽可能地保证模型结构与 Transformer 类似,以此来证明 Transformer 在迁移到图像领域的有效性。具体做法是,在经过 Linear Projection of Flattened Patches 后得到的 Tokens 中插入一个专门用于分类的可训练的参数([class]Token),数据格式是一个向量,具体来讲,就是一个长度为 768 的向量,与之前从图片中生成的 Tokens 拼接在一起,维度变化为 concat([1,768],[196,768])→([197,768])。由于 Transformer 模块中的自注意力机制可以关注到全部的 Token 信息,因此我们有理由相信[class]Token 和全局平均池化一样,都可以融合 Transformer 学习到的全部信息,用于后续的分类计算。

　　位置嵌入采用的是一个可训练的一维位置编码(1D Pos. Emb.),由于被直接叠加在 Tokens 上,所以张量的形状要一样。以 ViT-B/16 为例,刚刚拼接[class]Token 后张量的形状是[197,768],那么这里的位置嵌入的张量的形状也是[197,768]。自注意力是让所有的元素两两之间进行交互,是没有顺序的,但是图片是一个整体,子图是有自己的顺序的,在空间位置上是相关的,所以要给 Patch 嵌入加上位置嵌入这样一组位置参数,让模型自己去学习子图之间的空间位置相关性。

　　在卷积神经网络算法中,设计模型时给予模型的先验知识(Inductive Bias)是贯穿整个模型的,卷积的先验知识是符合图像性质的,即局部相关性(Locality)和平移不变性

（Transitionally Equivalent）。对于 ViT 模型，其关键组成部分之一是自注意力层，实施的是全局性的操作。在这个过程中，原始图像的二维结构信息并未显著地发挥作用，只有在初始阶段将图像切分为多个 Patch 时，该信息才被利用。值得强调的是，位置编码在初始阶段是通过随机初始化实现的，此过程并未携带关于 Patch 在二维空间中位置的任何信息。Patch 间的空间关系必须通过模型的学习过程从头开始建立。因此，ViT 模型没有使用太多的归纳偏置，导致在中小型数据集上的训练结果并不如 CNN，但如果有大数据的支持，ViT 则可以得到比 CNN 更高的精度，这在一定程度上反映了模型从大数据中学习到的知识要比人们给予模型的先验知识更合理。

最后，作者对于不同的位置编码方式做了一系列对比试验，结果见表 6-1。在源码中默认使用的是一维位置编码，对比不使用位置编码准确率提升了百分之三，和二维位置编码比较差距不大。作者的解释是，ViT 是在 Patch 水平上操作，而不是在像素水平上操作。具体来讲，在像素水平上，空间维度是 224×224，在 Patch 水平上，空间维度是 $(224/16) \times (224/16)$，比 Patch 维度上小得多。在这个分辨率下学习表示空间位置，不论使用哪种策略都很容易，所以结果差不多。

表 6-1 不同的位置编码方式对 ViT 性能的影响

位置编码种类	模 型 精 度	位置编码种类	模 型 精 度
不添加位置编码	0.613 82	二维位置编码	0.640 01
一维位置编码	0.642 06	相对位置编码	0.640 32

2. ViT 的 Transformer 编码器

Transformer 编码器其实就是重复堆叠 Encoder Block L 次，Encoder Block 的结构图如图 6-22(a)所示，其主要由以下几部分组成。

（1）层归一化：这种归一化的方法主要是针对自然语言处理领域提出的，这里对每个 Token 进行归一化处理，其作用类似于批量归一化。

（2）多头注意力：该结构与 Transformer 模型中的结构一样，这里不展开叙述了。

（3）DropOut/DropPath：在原论文的代码中直接使用的是 DropOut 层，但在实现的代码中使用的是 DropPath(Stochastic Depth)，后者会带来更高的模型精度。

（4）MLP 模块："全连接＋GELU 激活函数＋DropOut"组成也非常简单，需要注意的是，第 1 个全连接层会将输入节点的个数扩大到 4 倍，即$[197,768] \rightarrow [197,3072]$，而第 2 个全连接层会将节点个数还原回原始值，即$[197,3072] \rightarrow [197,768]$，结构图如图 6-22(b)所示。

3. MLP Head 模块

通过 Transformer 编码器后输出的张量的形状和输入的张量的形状是保持不变的，以 ViT-B/16 为例，输入的是$[197,768]$，输出的还是$[197,768]$。注意，在 Transformer Encoder 后其实还有一个 Layer Norm 没有画出来，ViT 模型的详细结构如图 6-23 所示。

因为只需要分类的信息，所以提取出[class]Token 生成的对应结果就行了，即$[197,768]$中抽取出[class]Token 对应的$[1,768]$。因为自注意力计算全局信息的特征，这个[class] Token 中已经融合了其他 Token 的信息。接着通过 MLP Head 得到最终的分类结果。

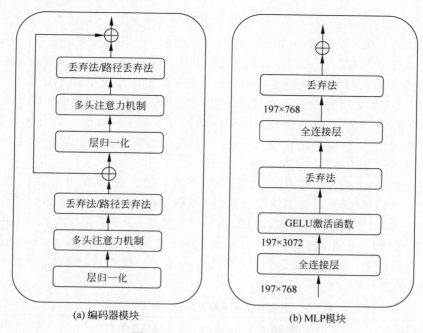

(a) 编码器模块   (b) MLP模块

图 6-22　Encoder Block 结构图

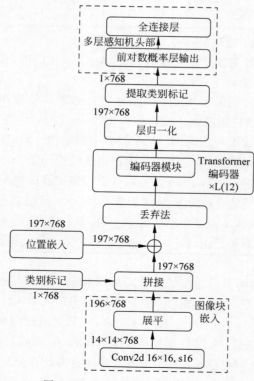

图 6-23　ViT Model Architecture

值得注意的是,关于[class]Token 和 GAP 在原论文中作者也是通过一些消融试验来比较效果的,结果证明,GAP 和[class]Token 这两种方式能达到的分类准确率相似,因此,为了尽可能地模仿 Transformer,选用了[class]Token 的计算方式,具体试验结果如图 6-24 所示。

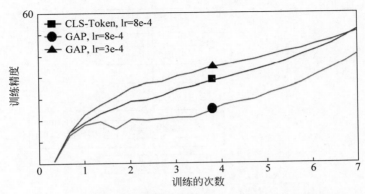

图 6-24　ViT 模型分别使用 GAP 和 CLS-Token 的精度

值得注意的是,当选择 GAP 的计算方式时要采用较小的学习率,否则会影响最终精度。值得总结的一点是:在深度学习中,有时操作效果不佳,不一定是操作本身存在问题,也有可能是训练策略的问题,即"炼丹技巧"。

4. 模型缩放

从表 6-2 中可以看到,论文给出了 3 个不同大小的模型(Base、Large、Huge)参数,其中 Layers 表示 Transformer 编码器中重复堆叠 Encoder Block 的次数,Hidden Size 表示对应通过嵌入层后每个 Token 的向量的长度(Dim),MLP Size 是 Transformer Encoder 中 MLP Block 第 1 个全连接的节点个数(是 Hidden Size 的 4 倍),Heads 表示 Transformer 中多头注意力的注意力头数。

表 6-2　ViT 模型缩放

Model	Patch Size	Layers	Hidden Size	MLP Size	Heads	Params/万个
ViT-Base	16×16	12	768	3072	12	8600
ViT-Large	16×16	24	1024	4096	16	30 700
ViT-Huge	14×14	32	1280	5120	16	63 200

5. 混合 ViT 模型

混合 ViT 模型(Hybrid-ViT)就是将传统 CNN 特征提取后和 Transformer 进行结合。该模型在浅层使用卷积结构,在深层使用 Transformer 结构。混合模型如图 6-25 所示,其中以 ResNet50 作为特征提取器的混合模型,不过这里的 ResNet50 与原论文中的 ResNet50 略有不同。首先这里的 ResNet50 的卷积层采用的 StdConv2d 不是传统的 Conv2d,然后将所有的 BatchNorm 层替换成 GroupNorm 层。在原 ResNet50 网络中,Stage 1 重复堆叠 3 次,Stage 2 重复堆叠 4 次,Stage 3 重复堆叠 6 次,Stage 4 重复堆叠 3

次,但在这里的 ResNet50 中,把 Stage 4 中的 3 个 Block 移至 Stage 3 中,所以 Stage 3 中共重复堆叠 9 次。

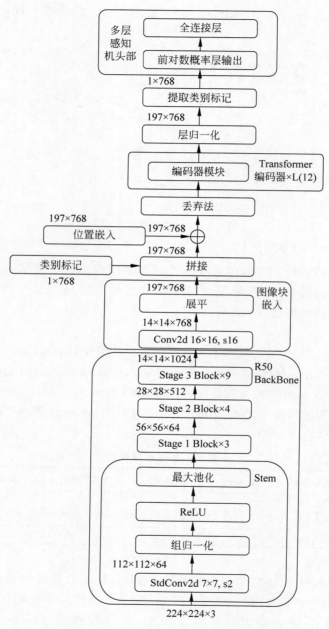

图 6-25　R50＋ViT-B/16 Hybrid Model

通过 ResNet50 Backbone 进行特征提取后,得到的特征矩阵张量的形状是[14,14,1024],然后输入 Patch Embedding 层,注意 Patch Embedding 中卷积层的卷积核尺寸和步长都变成了 1,只是用来调整通道数,最终的张量形状也会变成[196,768]。模型的后半部分和前面 ViT 的结构完全相同,此处不再赘述。

试验结果如图 6-26 所示,横轴表示模型的计算复杂度,即模型大小;竖轴是分类准确率。在 5 个数据集上的综合表现如图 6-26(a)所示,在 ImageNet 数据集上的表现如图 6-26(b)所示。结果表明,当模型较小时,Hybrid-ViT 表现最好,因为 Hybrid-ViT 综合了两个算法的优点,但是,当模型较大时,ViT 模型的效果最好,这在一定程度上说明了 ViT 模型自己从数据集中学习到的知识比人们根据先验赋予 CNN 模型的知识更有意义。

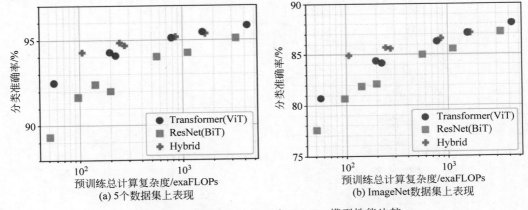

图 6-26　ViT、Hybrid-ViT 和 ResNet 模型性能比较

6.3.2　Swin Transformer

Swin Transformer 是 2021 年微软研究院发表在 ICCV 上的一篇文章,并且已经获得 ICCV 2021 best paper 的荣誉称号。Swin Transformer 网络是 Transformer 模型在视觉领域的又一次碰撞。该论文一经发表就在多项视觉任务中霸榜。Swin Transformer 在前面也是借鉴了 Vision Transformer 对于图片的处理方法。同时,Swin Transformer 的作者的初衷是想让 Vision Transformer 像卷积神经网络一样,也能够分成几个模块做层级式的特征提取,从而导致提取的特征具有多尺度的概念。

标准的 Transformer 直接用到视觉领域有一些挑战,难度主要来自尺度不一和图像的分辨率较高引起的计算复杂度问题较大两个方面。首先是关于尺度的问题,例如一张街景的图片,里面有很多车和行人,并且各种物体的大小不一,这种现象不存在于自然语言处理中。再者是关于图像的分辨率较大问题,如果以像素为基本单位,序列的长度就变得高不可攀,为了解决序列长度这一问题,科研人员做了一系列尝试工作,包括把后续的特征图作为 Transformer 的输入或者把图像打成多个 patch 以减少图片的分辨率,也包括把图片划分成一个一个的小窗口,然后在窗口里做自注意力计算等多种办法。针对以上两个方面的问题,Swin Transformer 网络被提出,它的特征是通过移动窗口的方式学来的,移动窗口不仅带来了更高的效率,由于自注意力是在窗口内计算的,所以也大大地降低了序列的长度,同时通过 Shifting(移动)的操作可以使相邻的两个窗口之间进行交互,也因此上下层之间有了 Cross-window Connection,从而变相达到了全局建模的能力。

层级式结构的好处在于不仅灵活地提供了各种尺度的信息,同时还因为自注意力是在窗口内计算的,所以它的计算复杂度随着图片大小线性增长而不是平方级增长,这就使 Swin Transformer 能够在特别大的分辨率上对模型进行预训练。

1. 网络整体框架

在正文开始之前,先来简单对比下 Swin Transformer 和之前讲解的 ViT 模型。Swin Transformer 如图 6-27(a)所示,ViT 如图 6-27(b)所示。

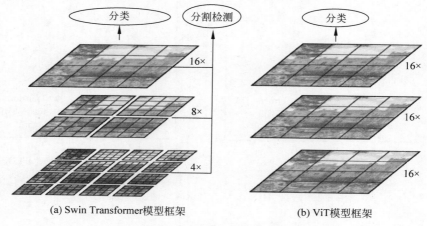

图 6-27　网络框架对比

通过对比至少可以看出两点不同:

Swin Transformer 模型使用了类似卷积神经网络中的层次化构建方法(Hierarchical Feature Maps),例如它的特征图尺寸中包括下采样 4 倍、8 倍和 16 倍的特征图。这种设计有助于网络提取更高级别的特征,使它更适合用于目标检测、实例分割等任务,而在之前的 ViT 模型中,网络一开始就直接下采样 16 倍,并且在后面的特征图中也维持着这个下采样率不变。

Swin Transformer 使用了 Windows Multi-Head Self-Attention(W-MSA)的概念。例如,当目前采样率为 4 倍和 8 倍时,特征图被划分成了多个不相交的窗口(Window),而窗口并不是最小的计算单元,最小的计算单元是窗口内的 Patch 块。每个窗口内都有 $m \times m$ 个 Patch 块,Swin Transformer 的原论文中 m 的默认值为 7,因此每个窗口内有 49 个 Patch。自注意力计算都是分别在窗口内完成的,所以序列长度永远都是 49(而 ViT 中是 $14 \times 14 = 196$ 的序列长度)。尽管通过基于窗口的方式计算自注意力有效地解决了内存和计算量的问题,但窗口与窗口之间没有进行通信,从而限制了模型的能力,无法达到全局建模的效果,因此,在论文中,作者提出了 Shifted Windows Multi-Head Self-Attention(SW-MSA)的概念,通过这种方法可以使信息在相邻的窗口之间传递,这将在后面进行详细讨论。

简单看一下原论文中给出的关于 Swin Transformer 网络的结构图,如图 6-28(a)所示。首先将图片输入 Patch Partition 模块中进行分块,即每 4×4 相邻的像素为一个图像块,然后在通道维度上展平。假设输入的是 RGB 三通道图片,那么每个 Patch 就有 $4 \times 4 = 16$ 像素,然后每个像素有 R、G、B 共 3 个值,所以展平后数据维度是 $16 \times 3 = 48$,通过 Patch Partition 后图像张量的形状由 $[H, W, 3]$ 变成了 $[H/4, W/4, 48]$,然后通过线性嵌入层对每个像素的通道数据进行线性变换,由 48 变成 C,即图像张量的形状再由 $[H/4, W/4, 48]$ 变成 $[H/4, W/4, C]$,其实在源码中 Patch Partition 和线性嵌入操作就是直接通过一个卷积层实现的,和之前 ViT 模型中的 Embedding 层结构一模一样。

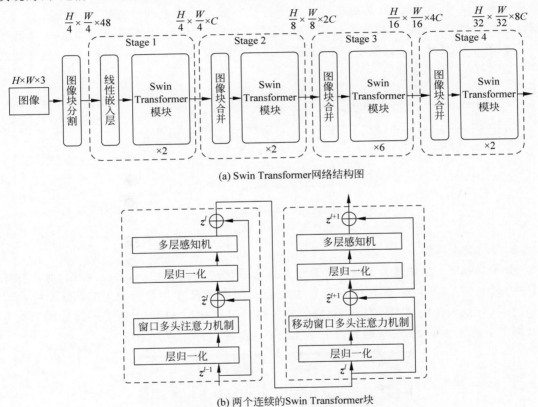

(a) Swin Transformer网络结构图

(b) 两个连续的Swin Transformer块

图 6-28 Swin Transformer S 结构图

接下来,Swim Transformer 模型通过 4 个 Stage 构建不同尺寸的特征图。Stage 1 先通过一个 Linear Embedding 层,而剩下的 3 个 Stage 都会先使用 Patch Merging 层进行下采样,然后重复堆叠 Swin Transformer Block,注意这里的 Block 实际上有两种结构,如图 6-28(b)所示,它们的不同之处仅在于一个使用 W-MSA 结构,另一个使用 SW-MSA 结构。这两种结构是成对使用的,先使用一个 W-MSA 结构,然后使用一个 SW-MSA 结构,因此堆叠 Swin Transformer Block 的次数都是偶数。最后,分类网络会连接上一个 LN 层、全局池化层及全连接层,以得到最终输出。这里并未在顶层图中给出。

接下来,分别详细介绍 Patch Merging、W-MSA、SW-MSA 及用到的相对位置偏置 (Relative Position Bias)。需要注意的是,Swin Transformer Block 中的 MLP 结构和 Vision Transformer 中的结构是一样的。

2. Patch Merging 详解

如 6.3.2.1 小节所述,在每个 Stage 中首先要通过一个 Patch Merging 层进行下采样 (Stage 1 除外),此操作的目的是将特征信息从空间维度转移到通道维度。假设输入 Patch Merging 的是一个 4×4 大小的单通道特征图,以特征图左上角的 4 个元素为起点,通过间隔采样得到 4 个子特征图,然后将这 4 个子特征在通道维度上进行拼接,再通过一个 LN 层。最后通过一个全连接层在特征图的深度方向做线性变换,将特征图的深度由 C 变成 C/2,如图 6-29 所示。通过这个简单的例子可以看出,经过 Patch Merging 层后,特征图的高和宽会减半,深度会翻倍。

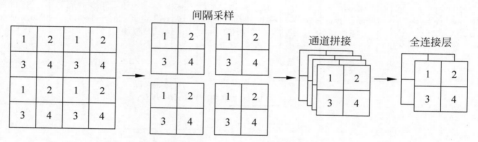

图 6-29　Patch Merging

3. W-MSA 详解

引入 W-MSA 模块是为了减少计算量。普通的 MSA 模块如图 6-30(a)所示,对于特征图中的每个像素,在自注意力计算过程中需要和所有的像素进行计算。W-MSA 模块如图 6-30(b)所示,在使用 W-MSA 模块时,首先将特征图按照 $M×M$ 的大小划分成一个窗口(例子中的 $M=4$),然后单独对每个 Window 内部进行自注意力计算。

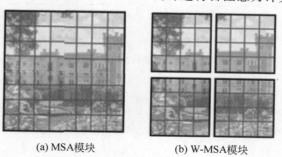

(a) MSA模块　　　　　(b) W-MSA模块

图 6-30　两种自注意力方式对比

两者的计算量具体差多少呢?原论文中给出了下面两个公式,这里忽略了 Softmax 函数的计算复杂度:

$$\Omega(\text{MSA}) = 4hwC^2 + 2(hw)^2C$$

$$\Omega(\text{W} - \text{MSA}) = 4hwC^2 + 2M^2hwC \tag{6-4}$$

其中,h 代表 Feature Map 的高度,w 代表 Feature Map 的宽度,C 代表 Feature Map 的深度,M 代表每个窗口的大小。假设特征图的 h、w 都为 64,$M=4$,$C=96$。采用多头注意力(MSA)模块的计算复杂度为 $4\times64\times64\times96^2+2\times(64\times64)^2\times96=3\,372\,220\,416$,而采用 W-MSA 模块的计算复杂度为 $4\times64\times64\times96^2+2\times4^2\times64\times64\times96=163\,577\,856$,节省了 95% 的计算复杂度。

4. SW-MSA 详解

如 6.3.2.3 小节所述,使用 W-MSA 模块时,只会在每个窗口内进行自注意力计算,因此窗口与窗口之间无法进行信息传递。为了解决这个问题,作者引入了 SW-MSA 模块,即进行偏移的 W-MSA,如图 6-31 所示。计算自注意力机制前,窗口发生了偏移,可以理解成窗口从左上角分别向右侧和下方各偏移了 $M/2$ 像素。

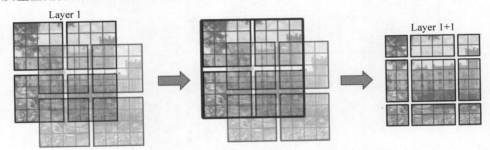

图 6-31 Shifted Windows Multi-Head Self-Attention

在此情况下,观察图 6-31 展示的 Layer 1+1 层可以发现,对于第 1 行第 2 列的 2×4 窗口,它可以使 Layer 1 层第 1 排的两个 4×4 大小的窗口之间进行信息进行交流。同样的道理,对于 Layer 1+1 第 2 行第 2 列的 4×4 窗口,它可以促进 Layer 1 层中 4 个窗口之间的信息交流,其他窗口的情况也是如此。这解决了不同窗口之间无法进行信息交流的问题。

根据图 6-31,可以发现通过将窗口进行偏移后,就达到了窗口与窗口之间的相互通信。虽然已经能达到窗口与窗口之间的通信,但是原来的特征图只有 4 个窗口,经过移动窗口后,得到了 9 个窗口,窗口的数量有所增加并且 9 个窗口的大小也不是完全相同的,这就导致计算难度增加,因此,作者又提出了 Efficient Batch Computation for Shifted Configuration,一种更加高效的计算方法,如图 6-32 所示。

先将"012"区域移动到最下方,再将"360"区域移动到最右方,此时移动完后,区域"4"成为一个单独的窗口,再将区域"5"和"3"合并成一个窗口;将"7"和"1"合并成一个窗口;将"8""6""2"和"0"合并成一个窗口。这样又和原来一样变为 4 个 4×4 的窗口了,这样就能够保证计算量的一致,然后分别在每个窗口内进行自注意力计算操作来提取特征,这样可以更有效地利用 GPU 并行计算的加速效果,但是把不同的区域合并在一起(例如 5 和 3)进行 MSA,从逻辑上讲是不合理的,因为这两个区域并不应该相邻。为了防止出现这个问题,在实际计算中使用的是带蒙版的 MSA(Masked MSA),这样就能够通过设置蒙版来隔绝不同区域的信息了。关于 Mask 如何使用,先回顾常规的 MSA 计算过程:

$$\text{Attention}(\boldsymbol{Q},\boldsymbol{K},\boldsymbol{V}) = \text{Softmax}\left(\frac{\boldsymbol{Q}\boldsymbol{K}^{\mathrm{T}}}{\sqrt{d_k}}\right)\boldsymbol{V} \tag{6-5}$$

可以发现,其在最后输出时要经过 Softmax 操作,Softmax 在输入很小时,其输出几乎为 0。以图 6-32 的区域"5"和区域"3"合并后的区域"53"为例,如果某像素是属于区域 5 的,则只想让它和区域"5"内的像素进行匹配。为了实现这个目标,可以在该像素与区域"3"中的所有像素进行注意力计算时,将计算结果减去 100。这样,在经过 Softmax 之后,对应的权重就会接近于 0,因此,对于该像素而言,实际上只与区域"5"内的像素进行了 MSA。对于其他像素也是同理。需要注意的是,在计算结束后,还需要将数据移到原来的位置上。

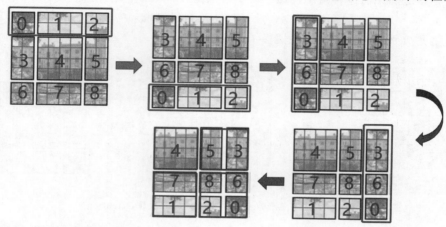

图 6-32 Efficient Batch Computation for Shifted Configuration

5. 相对位置偏置详解

关于相对位置偏置,原论文中指出使用该技术能够带来明显的性能提升。根据试验结果,在 ImageNet 数据集上,如果不使用任何位置偏置,则 Top-1 的准确率为 80.1,但使用相对位置偏置后,Top-1 的准确率为 83.3,提升效果明显。相对位置偏置的添加方式如下:

$$\text{Attention}(\boldsymbol{Q},\boldsymbol{K},\boldsymbol{V}) = \text{Softmax}\left(\frac{\boldsymbol{Q}\boldsymbol{K}^{\mathrm{T}}}{\sqrt{d}} + \boldsymbol{B}\right)\boldsymbol{V} \tag{6-6}$$

要理解相对位置偏置,应先理解什么是相对位置索引和绝对位置索引,如图 6-33 所示,首先可以构建出每个像素的绝对位置(左上方的矩阵),对于每个像素的绝对位置使用行号和列号表示。例如蓝色的像素对应的是第 0 行第 0 列,所以绝对位置索引是(0,0),接下来再看相对位置索引。以蓝色的像素举例,用蓝色像素的绝对位置索引与其他位置索引进行相减,就得到其他位置相对蓝色像素的相对位置索引。例如黄色像素的绝对位置索引是(0,1),则它相对蓝色像素的相对位置索引为(0,0)-(0,1)=(0,-1)。那么同理可以得到其他位置相对蓝色像素的相对位置索引矩阵。同样,也可以得到相对黄色、红色及绿色像素的相对位置索引矩阵。接下来将每个相对位置索引矩阵按行展平,并拼接在一起就可以得到下面的 4×4 矩阵。

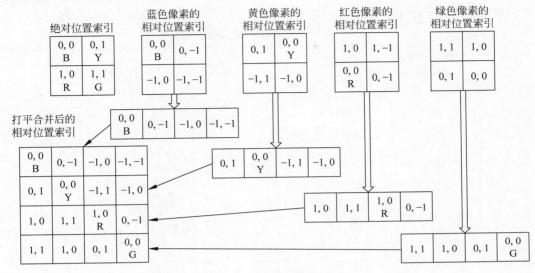

图 6-33 相对位置索引

需要注意,到此,计算得到的是相对位置索引,并不是相对位置偏置参数。因为后面会根据相对位置索引获取对应的参数,如图 6-34 所示。例如因为黄色像素在蓝色像素的右边,所以相对蓝色像素的相对位置索引为绿色像素在红色像素的右边,因此,相对于红色像素的相对位置索引可以发现这两者的相对位置索引,所以它们使用的相对位置偏置参数都是一样的。

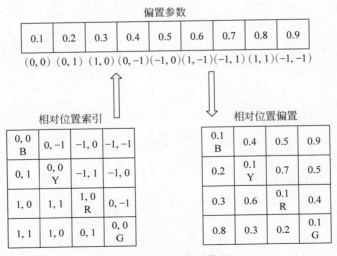

图 6-34 相对索引偏置

6. 模型详细配置参数

原论文中给出的关于不同 Swin Transformer 的配置:T(Tiny)、S(Small)、B(Base)、

L(Large)见表 6-3,其中,"win. sz. 7×7"表示使用的窗口的大小。dim 表示特征图的通道深度(或者说 Token 的向量长度)。head 表示多头注意力模块中注意力头的个数。

表 6-3　Swin Transformer 模型参数的配置

	downsp. rate (output size)	Swin-T		Swin-S	
Stage 1	4×(56×56)	concat 4×4,96-d. LN		concat 4×4.96-d. LN	
		win. sz. 7×7, dim 96. head 3	×2	win. sz. 7×7, dim 96,head 3	×2
Stage 2	8×(28×28)	concat 2×2,192-d,LN		concat 2×2,192-d,LN	
		win. sz. 7×7, dim 192, head 6	×2	win. sz. 7×7, dim 192, head 6	×2
Stage 3	16×(14×14)	concat 2×2.384-d,LN		concat 2×2.384-d,LN	
		win. sz. 7×7, dim 384,head 12	×6	win. sz. 7×7, dim 384,head 12	×18
Stage 4	32×(7×7)	concat 2×2.768-d,LN		concat 2×2,768-d,LN	
		win. sz. 7×7, dim 768,head 24	×2	win. sz. 7×7, dim 768,head 24	×2
	downsp. rate (output size)	Swin-B		Swin-L	
Stage 1	4×(56×56)	concat 4×4.128-d. LN		concat 4×4.192-d. LN	
		win. sz. 7×7, dim 128,head 4	×2	win. sz. 7×7, dim 192,head 6	×2
Stage 2	8×(28×28)	concat 2×2.256-d,LN		concat 2×2.384-d,LN	
		win. sz. 7×7, dim 256,head 8	×2	win. sz. 7×7, dim 384,head 12	×2
Stage 3	16×(14×14)	concat 2×2.512-d,LN		concat 2×2.768-d,LN	
		win. sz. 7×7, dim 512,head 16	×18	win. sz. 7×7, dim 768,head 24	×18
Stage 4	32×(7×7)	concat 2×2,1024-d,LN		concat 2×2,1536-d,LN	
		win. sz. 7×7, dim 1024,head 32	×2	win. sz. 7×7, dim 1536,head 48	×2

6.4　Transformer 小结

Transformer 模型是 Vaswani 等于 2017 年在论文 *Attention is All You Need* 中提出的一种基于自注意力机制的深度学习模型。它在自然语言处理(NLP)领域取得了显著的成功,并成为许多先进模型(如 BERT、GPT 等)的基础。Transformer 模型具有并行计算能力,易于优化,并能捕捉长距离依赖关系,因此在各种 NLP 任务中表现出色。

以下是 Transformer 模型的主要组成部分和特点。

（1）编码器和解码器结构：Transformer 模型由编码器（Encoder）和解码器（Decoder）组成，它们都包含多层（通常为 6 层或 12 层）。编码器负责对输入序列进行特征提取，解码器则利用编码器的输出逐步生成输出序列。

（2）自注意力（Self-Attention）机制：自注意力机制是 Transformer 的核心组成部分。通过计算输入序列中每个元素与其他元素的关系，自注意力机制可以捕捉长距离依赖关系。自注意力计算涉及 Query（查询）、Key（键）和 Value（值）的概念。

（3）多头注意力（Multi-head Attention）：Transformer 使用多头注意力结构，允许模型同时关注输入序列中的不同位置的信息。多头注意力可以捕捉更丰富的语义信息和不同的依赖关系。

（4）位置编码（Positional Encoding）：由于自注意力机制是一种全局操作，所以 Transformer 模型无法捕捉输入序列中的顺序信息。为了解决这个问题，Transformer 引入了位置编码，将位置信息添加到输入向量中。

（5）层归一化（Layer Normalization）和残差连接（Residual Connection）：为了提高模型的训练稳定性和收敛速度，Transformer 使用了层归一化和残差连接。这些结构有助于处理梯度消失和梯度爆炸问题。

（6）前馈神经网络（Feed-Forward Neural Network，FFNN）：在自注意力机制之后，Transformer 的每层还包含一个前馈神经网络。这个小型网络包含两个线性层和一个激活函数，如 ReLU 或 GELU。

（7）掩码机制（Masking）：Transformer 使用填充掩码（Padding Mask）忽略填充符号的影响，使用序列掩码（Sequence Mask）确保解码器在生成过程中遵循自回归原则。

最后强调一下 Transformer 算法的核心是多头自注意力机制。在之后的模型研究中被广泛使用。此外，我们常说的 Transformer 模块（Block）可以被看作一个特征提取器，其主要目的是对输入信息的各部分通过注意力机制进行相对整体重要程度的重分配，其结构图如图 6-35 所示。

总之，Transformer 模型是一种具有自注意力机制、多头注意力结构和位置编码的深度学习模型，适用于处理序列数据。它的编码器-解码器结构、掩码机制、层归一化和残差连接等特点使模型在自然语言处理任务中表现出色。自 Transformer 模型问世以来，它已经成为许多先进模型（如 BERT、GPT、ChatGPT 等）的基础，并在各种 NLP 任务中取得了显著的成功。

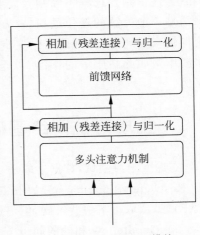

图 6-35　Transformer 模块

第 7 章

生成对抗网络

生成对抗网络(Generative Adversarial Network,GAN)是深度学习领域的一个革命性概念,为数据生成提供了一种全新的方式,其名称中的"对抗"体现了核心思想:通过两个神经网络之间的相互竞争来生成数据。这两个网络分别是:生成器（Generator）和判别器（Discriminator）。

想象一个例子,生成对抗网络如同一场精心编排的艺术创作。舞台上有两位主要的艺术家:生成器和判别器。生成器充满创意和魔法,从无中创造,挥动画笔,尝试创作最美的画作。它从一个随机的灵感(噪声向量)出发,试图创作令人信服的作品,而在舞台的另一侧,判别器则扮演着批评家的角色,目光锐利,不放过任何瑕疵。当它面前展示的作品来源于真实世界时,它欣然点头,但当作品出自生成器之手时,它便细细审查,决定这是真品还是赝品。这个判别过程不断地反馈给生成器,告诉它在哪里做得不够好,需要改进。这场舞蹈是一个持续的迭代过程,双方互相挑战,共同成长。随着时间的流逝,生成器的技巧变得越来越纯熟,而判别器的鉴赏能力也日益提高。最终,希望在这场舞蹈中,生成器能够创作出如此高质量的作品,以至于即使是最尖锐的批评家——判别器,也无法区分其真伪。

7.1 生成对抗网络基础

在深度学习领域,数据生成是一个长期存在的问题。传统的生成模型,如受限玻耳兹曼机（Restricted Boltzmann Machine,RBM）和变分自编码器（Variational Autoencoder,VAE）,虽然取得了一些进展,但仍然存在诸如训练困难、生成样本的质量不高等问题。

Ian Goodfellow 和他的同事于 2014 年首次提出生成对抗网络(GAN),初衷是寻找一种更直接、更稳定的方法来生成数据。他们在论文 *Generative Adversarial Nets* 中描述了这种新颖的模型结构。这种方法的基本思想是使用两个网络:一个生成器和一个判别器,在一个框架中进行对抗训练,通过模拟对抗的过程驱动生成器生成更高质量的数据。

GAN 的成功和受欢迎主要有以下几个原因。

（1）高质量的生成数据：与其他生成模型相比，GAN 可以生成质量更高、更真实的图像。

（2）直观的结构：GAN 的对抗结构十分直观，训练方式十分新颖巧妙。

（3）灵活性：GAN 可以与各种网络结构和数据类型相结合，应用范围非常广泛。

自 2014 年以来，GAN 经历了快速的发展。研究人员提出了许多 GAN 的变体，如 DCGAN、WGAN、CycleGAN 等，以解决原始 GAN 的问题，并扩展其应用范围。此外，GAN 还催生了一系列新技术和应用，如 BigGAN（用于生成高分辨率图像）、StyleGAN（可以控制生成图像的多种风格）等。GAN 是深度学习领域的一项重要创新。自其提出以来，已经吸引了大量的研究和商业关注。GAN 不仅推动了生成模型的发展，还为计算机视觉、自然语言处理等领域带来了新的可能性。

7.1.1 GAN 的模型结构

GAN 模型的结构如图 7-1 所示，继续舞台的那个例子。在生成对抗网络的舞台上，生成器扮演着一个充满创意的艺术家角色。这位"艺术家"从一个随机向量中汲取灵感，通过一系列神经网络层（如卷积或全连接层）将其转换为有形的作品。生成器也不断地调整自己的参数，以使其生成的作品更加逼真，其目标是创作出令人信服的数据，以至于判别器——这位严格的艺术评论家，难以区分其真伪，因此，生成器不仅是一个创作者，更是一个终身学习者，不断地通过判别器的反馈来完善自己的"艺术技巧"。

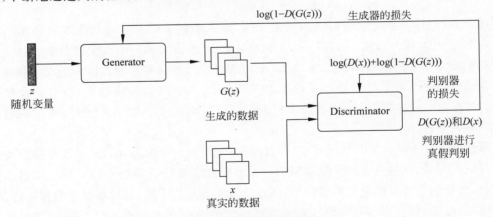

图 7-1 GAN 模型的结构

判别器对每件作品都进行严格审查，通过其内部由多个神经网络层（例如卷积层或全连接层）组成的复杂机制，判定这件作品是否为真实世界的佳作，还是生成器所创作的模仿品。判别器在接收到数据后，通过其网络结构输出一个评分，表示这份数据的真实性概率，其核心任务是正确地识别出真实数据和生成数据，并通过其判断为生成器提供宝贵的反馈，使其有机会更进一步地完善自己的创作技能，因此，判别器既是一名严苛的评审者，也是生成器成长道路上的关键引导者。

当谈论传统的 GAN 时,它的目标函数是一个两人零和博弈,其中生成器(G)和判别器(D)有对立的目标。博弈过程可以表示为

$$\min_{G}\max_{D}\mathcal{L}(D,G)=E_{x\sim p_{\text{data}}(x)}\big[\log D(x)\big]+E_{z\sim p_{z}(z)}\big[\log(1-D(G(z)))\big] \quad (7\text{-}1)$$

其中,外部的最小化(min)代表生成器 G 的目标。生成器希望最小化判别器对其生成的样本产生的正确分类概率。换句话说,生成器试图骗过判别器,让其认为生成的样本是真实的,而内部的最大化(max)代表判别器 D 的目标。判别器希望最大化其对真实和生成样本的分类能力。

生成对抗网络的核心思想是在生成器(Generator)和判别器(Discriminator)之间建立一个竞争关系。为了使这种竞争有效,需要为这两个网络定义适当的损失函数。在最基本的 GAN 中,生成器的任务是生成能够欺骗判别器的数据。具体来讲,生成器希望判别器认为其生成的数据尽可能地接近真实数据,因此,生成器的损失函数通常基于判别器对生成数据进行评估。

假设 G 是生成器,D 是判别器。当给定一个随机噪声向量 z 时,生成器 G 生成一个数据 $G(z)$。判别器 D 评估这个数据并给出一个概率 $D(G(z))$,表示它认为 $G(z)$ 是真实数据的概率。生成器希望 $D(G(z))$ 尽可能地接近 1,即判别器被欺骗并认为生成数据是真实的。如果只考虑从生成器产生的图片,而忽略真实数据的影响($E_{x\sim p_{\text{data}}(x)}\big[\log D(x)\big]=0$),原始的 GAN 损失式(7-1)将是:

$$L_{G}=E_{z\sim p_{z}(z)}\big[\log(1-D(G(z)))\big] \quad (7\text{-}2)$$

损失函数式(7-2)表示:当 $D(G(z))$ 接近 1 时,意味着判别器基本确信生成的数据是真实的。此时,$1-D(G(z))$ 接近 0,而 $\log(1-D(G(z)))$ 的值会是一个很大的负数。这正是我们所期望的最小化生成器损失。当 $D(G(z))$ 接近 0 时,意味着判别器认为生成的数据是假的。在这种情况下,$1-D(G(z))$ 接近 1,因此 $\log(1-D(G(z)))$ 接近 0。生成器会尽量避免这种情况,因为生成器的目标是最小化 $\log(1-D(G(z)))$,这实际上是鼓励生成器产生能够欺骗判别器的数据。

下面分析一下为什么损失式(7-2)中会存在一个 log。一方面,GAN 中涉及的损失函数常常与概率有关,这些概率因为层级结构的原因经常需要进行乘法操作。当处理很小的概率值时,它们的乘积可能会变得非常小,接近于机器的数值下限,这可能导致数值不稳定,即所谓的"下溢"问题。下溢会导致这些非常小的值被四舍五入为 0。通过采用对数,可以将乘法操作转换为加法操作,这有助于提高数值的稳定性。另一方面,log 有放大罚分的效应。具体来讲,当 $D(G(z))$ 很小(表示判别器几乎确定生成的样本是假的)时,$1-D(G(z))$ 仍然接近 1。此时,$\log(1-D(G(z)))$ 的值接近于 0,然而,随着 $D(G(z))$ 的增加,即生成的样本开始获得某种程度的逼真度,但仍然可以被判别器区分出来,$1-D(G(z))$ 开始迅速减小。对数函数对这些值的放大效应明显。例如,$\log(1-0.5)=-0.693$ 和 $\log(1-0.9)=-2.302$,可以看到,当由生成器生成的样本从被判别器评估为 50% 真实到 90% 真实时,损失值有了显著的下降。这种放大效应确保了,当生成器稍微提高其生成样本的逼真度时,它会受到一个

大的罚分,鼓励它更进一步地改进。这种放大罚分效应确保生成器不满足于仅仅产生稍好的样本;相反,它被激励要产生尽可能逼真的样本,以降低其损失。

如果只考虑判别器,则 GAN 的损失函数主要关注于判别器如何区分真实数据和生成的数据。对于判别器 D,损失函数为

$$L_D = E_{x \sim p_{data}(x)}\big[\log D(x)\big] + E_{z \sim p_z(z)}\big[\log(1 - D(G(z)))\big] \tag{7-3}$$

损失函数式(7-3)由两部分组成。

(1) $E_{x \sim p_{data}(x)}\big[\log D(x)\big]$:这部分是关于真实数据的。判别器 D 试图最大化对真实数据样本 x 的正确分类概率。换句话说,它希望对于来自真实数据分布的样本 x,输出尽可能接近 1。

(2) $E_{z \sim p_z(z)}\big[\log(1 - D(G(z)))\big]$:这部分是关于生成的数据的。判别器 D 试图最大化其对生成数据的正确分类概率,即将其分类为假的。这意味着,对于从先验噪声分布 p_z 中采样,然后通过生成器 G 生成的假样本,判别器的输出应该尽可能接近 0。

判别器 D 的目标是最大化损失函数式(7-3)。这意味着,为了达到最佳效果,判别器希望能够准确地区分真实数据和生成的数据。在最理想的情况下,对于真实数据,$D(x)=1$,而对于生成的数据,$D(G(z))=0$,但在实际训练中,这种理想情况很少达到,因为生成器也在尝试改进自己,以便生成更逼真的样本来欺骗判别器。

7.1.2 GAN 模型的训练

GAN 模型在开始训练之前,首先需要选择一个合适的神经网络结构。例如,对于图像生成,一般基于卷积的结构偏多。初始化生成器 G 和判别器 D 的权重,通常使用小的随机值。

GAN 包括两个网络:生成器和判别器,它们需要交替或同时训练。GAN 的循环训练大致如下:

(1) 开始一个新的训练周期,通常涉及处理一个批次的数据。

(2) 首先训练判别器,使用当前的生成器生成假数据和真实数据训练判别器,判别器的目标是正确地区分真实数据和假数据。具体来讲,一方面从真实数据分布中抽取一个批量的数据 x,计算判别器 D 在真实数据上的输出 $D(x)$,计算损失 $E_{x \sim p_{data}(x)}\big[\log D(x)\big]$。另一方面从随机噪声分布中抽取一个批量的噪声 z。使用生成器 G 生成一个批量的假数据 $G(z)$。计算判别器 D 在假数据上的输出 $D(G(z))$,计算损失 $E_{z \sim p_z(z)}\big[\log(1 - D(G(z)))\big]$。合并真实数据和生成数据的损失,使用这个总损失来更新判别器 D 的权重,通常使用优化器如 Adam 或 RMSProp,然后训练生成器,试图欺骗判别器,使其认为生成的数据是真实的,生成器的目标是生成能够被判别器误判为真实数据的数据。具体来讲,从随机噪声分布中再次抽取一个批量的噪声 z,通过判别器 D 评估生成器 G 产生的假数据,计算损失 $E_{z \sim p_z(z)}\big[\log(1 - D(G(z)))\big]$,使用该损失更新生成器 G 的权重。

每隔几个轮次,可以使用一些指标来评估生成器的输出。重复上述训练步骤直到满足终止条件,这可以是预定的训练轮数、模型性能达到某个阈值或其他条件。如果未满足条

件,则返回并开始新的训练循环。在循环训练过程中,生成器和判别器都会逐渐改进,争取更好地执行其任务。最终的目标是找到一个平衡点,生成器生成的数据与真实数据几乎无法区分。这种逐步的、反复的训练方法允许模型从数据中学习和适应,这是许多机器学习算法成功的关键。

7.2　改进的 GAN

Improved Techniques for Training GANs 是一篇由 Ian J. Goodfellow 和他的同事在 2016 年发表的论文,这篇论文对生成对抗网络(GAN)的训练过程做出了重要的改进和提议。这些改进主要集中在提高 GANs 的稳定性和性能上,解决了一些早期 GANs 训练中的常见问题,例如模式崩溃(Mode Collapse)。

7.2.1　模式崩溃

当训练 GAN 时,在理想情况下希望生成器能够学习到数据分布的各方面,以生成多样性且逼真的数据,然而,模式崩溃指的是生成器开始生成极其有限的样本种类,即便这些样本能够以很高的成功率欺骗判别器。换句话说,生成器找到了一种"捷径",只生成某些特定的样本(这些样本可能在判别器当前状态下难以被识别为假的),而忽视了数据的其他特征和多样性。这导致生成的数据虽然逼真,但多样性严重不足。

发生模式崩溃的主要原因是 GANs 模型的不稳定性。例如,如果判别器学习得太快,则生成器可能会找到并重复使用能够通过判别器的某些特定模式,而不是学习更多样化的数据生成策略,即,如果生成器和判别器之间的训练不够平衡,则可能会导致一方过于强大,从而促使另一方采取极端策略。

不稳定性的根源是由于 GAN 的训练本质上是两个网络(生成器和判别器)之间的博弈过程,这个过程可能会非常不稳定。在理想情况下,两者应该达到纳什均衡,但在实际操作中,往往很难实现。例如,过强的判别器:如果判别器太强,则它将过于容易地区分出生成器的输出,导致生成器收到的梯度信号过于强烈和尖锐。这可能会使生成器在训练过程中找不到提升其生成质量的方向,进而陷入困境,无法生成足够逼真的数据。相反,如果判别器太弱,则它不能提供足够的准确反馈给生成器。这样生成器即使产生低质量的输出也能"蒙混过关",使其没有足够的激励去改进和学习生成更高质量的数据。

想象一个场景,在这个场景中,学生的任务是学习如何绘制非常逼真的风景画来"欺骗"老师,而老师的任务是要分辨出这些画作是学生绘制的,还是由真正的艺术家创作的。如果老师非常有经验(判别器太强),则能够轻易地识别出所有学生的画作,不管他们的质量如何。这会导致以下几个问题:学生(生成器)感到灰心,并可能会因为自己的作品总是被轻易辨识出来而感到沮丧,逐渐失去改进作品的动力或方向,不知道应该如何进步,其次,缺乏有效反馈,老师可能仅仅告诉学生"这是错误的",而没有给出具体的改进建议,使学生难以从中学到如何改进他们的绘画技巧。相反,如果老师的判断能力较弱(判别器太弱),则会出现学生缺乏挑战,如果老师总是认为学生的作品是真正艺术家的作品,学生则可能会觉得自己已经"掌握"了绘画技巧,而实际上他们的作品质量并不高。由于缺乏适当的挑战和准确的反馈,学生可能在自满中停止进步,或不知道自己需要在哪些方面进行提升。

理想的学习情境是老师与学生之间的能力相对平衡。老师可以准确地指出学生作品的不足,同时给出具体有用的反馈,鼓励学生继续努力。学生因此能够逐渐提高技艺,绘制出越来越逼真的画作。最终,学生的绘画技术好到老师难以分辨他们的作品和真正艺术家的作品。在这种平衡状态下,学生(生成器)不断学习和改进,而老师(判别器)也在不断提升自己的鉴别能力。这个过程最终导致学生能创作出极其逼真的作品,而老师也只能依靠猜测来判断作品的真伪,这时可以认为达到了类似于 GAN 训练中的纳什均衡状态。

然而在实际操作中,很难确切地知道何时两者达到了平衡,或者哪一方占据了上风。这种不确定性和不稳定性导致 GAN 训练成为一个非常具有挑战性的任务。此外,由于生成器和判别器的学习能力、学习速率可能不同,可能导致整个系统的训练过程在不同时间点表现出极其不同的动态行为,增加了调整和优化的难度。

要达到理想中的纳什均衡,需要非常精细的调参,以及对生成器和判别器的性能有深入的理解。这是 GAN 领域的研究者和实践者持续探索和优化的方向。通过改进网络结构、损失函数、训练策略等方法,可以在一定程度上缓解这种不稳定性,使训练过程更加平稳,最终生成的数据质量更高。

7.2.2 模式崩溃的解决方法

针对这一问题,Ian J. Goodfellow 等提出了几种有效的解决策略。

1. 特征匹配

特征匹配(Feature Matching)旨在通过改变生成器的训练目标来提高生成样本的质量和多样性。在传统的生成对抗网络中,生成器的核心任务是制造出能够欺骗判别器的样本。简单来讲,生成器努力创建看起来足够真实,以至于判别器难以区分真伪的图像,然而,这种方法有一个弊端:生成器可能过分专注于那些当前能最容易欺骗判别器的特征,忽视了其他重要的特征,导致输出的样本多样性受限。

特征匹配技术应运而生,它调整了生成器的目标,使之不再仅仅是欺骗判别器,而是尽可能地缩小生成样本和真实样本在关键特征上的差异。这里所讲的"关键特征"是指在判别器网络的中间层所提取的特征。简单来讲,假设判别器在处理图像时,从图像中提取了一系列复杂的特征,例如边缘、颜色分布或某些纹理模式。在特征匹配中,生成器生成的图像不仅是为了看起来像真的,而是要在这些更深层次、更复杂的特征上与真实图像类似。

具体来讲,首先需要从判别器中提取出关键的特征。这通常意味着选择判别器网络中的一个或多个中间层,并使用这些层处理真实和生成的图像,以此来提取它们的特征。例如,如果选择了判别器中的第 3 层,则这层就会对输入的每个图像输出一组特征向量。接下来,对于一批真实图像,计算这批图像在上述选择的判别器层中的特征表达的统计量。最常用的统计量是特征的平均值,但也可以使用更复杂的统计数据,如方差或整体分布。对于生成器产生的图像,采取同样的步骤,计算相同层次上的特征表达的统计量。此时损失函数被定义为生成图像特征统计量和真实图像特征统计量之间的差异。这种差异通常用某种形式的距离来衡量,例如欧氏距离(两个特征向量间的直线距离)。损失函数的目标是最小化这种差异。在训练过程中,不断调整生成器的参数,以减少特征匹配损失。换句话说,生成器的训练过程是一个优化过程,其目的是调整生成器,使其生成的图像在所选层的特征上与真实图像越来越接近。

通过这种方式,特征匹配促使生成器生成在更多维度上与真实数据相似的样本。它不只是追求表面上的逼真度,而是深入数据的本质特征,从而增加了生成样本的真实性和多样性。这种综合性的训练目标有助于提升生成器的综合性能,避免了过度专注于某些特定特征的陷阱,同时也间接地减少了模式崩溃现象的发生。

2. 小批量判别器

小批量判别器(Mini-batch Discrimination)是解决生成对抗网络中模式崩溃问题的另一种有效技术。它的核心目标是增强模型对样本多样性的关注,特别是在生成器倾向于生成重复或高度相似样本的情形下。这种技术通过在判别器网络中添加一个特殊的层实现,这个层的功能是评估一个小批次(Mini-batch)中各个样本之间的差异性。

具体来讲,小批量判别器的工作原理为当一个批次的数据输入判别器中时,这个新增的层会计算并比较批次中各个样本的特征。这些特征包括但不限于样本间的相似度或差异度等统计量。如果生成器开始产生大量相同或相似的样本,这些样本之间的高度相似性就会在这个新层中被明显地捕捉到。换句话说,这个层可以识别出样本间的微妙差异或者它们的缺失。

由于这种高度的相似性通常不是真实数据集所表现出的特点,因此小批量判别器能够帮助判别器更容易地辨识出这些重复或相似的样本是由生成器生成的,而不是来自真实数据集。这种识别结果将反馈给生成器,使生成器在后续的训练中受到惩罚,因为它未能产生足够多样化的输出。

因此,小批量判别器实际上是在鼓励生成器创造出更多样化和独特的样本。它通过对样本间相似度的监控,迫使生成器不断地探索新的、多样化的生成路径,而不是停留在产生少数几种模式的安全区域。这样,不仅提高了生成样本的质量和多样性,还有效地缓解了模式崩溃的问题,使生成的图像更加丰富和多变。

3. 单侧标签平滑

单侧标签平滑(One-Sided Label Smoothing)是一种有效的正则化技术,特别应用于训练生成对抗网络(GAN)中的判别器。在传统的 GAN 训练框架中,判别器的任务是区分真实样本和生成器产生的假样本。为了实现这一目标,真实样本通常被标记为 1(代表"真实"),而假样本被标记为 0(代表"假"),然而,这种明确的、二元化的标记方式有时会导致一些问题,尤其是使判别器过度自信。

过度自信的判别器意味着它对于其分类的准确性过于确定,这可能会导致两个主要的问题:一是在面对稍有不同的或未见过的样本时,判别器的性能可能急剧下降,因为它未能学习到足够的泛化能力;二是判别器可能会过度强化生成器的某些特定缺陷,导致生成器在追求欺骗判别器的过程中偏离实际的数据分布,从而可能加剧模式崩溃的风险。

单侧标签平滑正是为了解决这一问题。在这种技术中,真实样本的标签不再是固定的1,而是被设置为略小于1的值,例如0.9或0.95。这样的做法减轻了判别器对每个样本的绝对分类(完全是真或完全是假),从而抑制了其过度自信的倾向。结果就是一个泛化能力更强的判别器,它对于真实样本的识别不再是完全肯定的,而是给予一定的容错空间,使判别器在判断新的或略有差异的真实样本时表现得更为稳健。

通过实施单侧标签平滑,判别器被"软化"了,它的决策边界不再那么尖锐和绝对。这不仅提高了GAN模型对新数据的适应能力和稳健性,也有助于生成器学习到更加丰富和多样化的数据特征,从而在整个生成对抗网络的训练过程中实现更好的平衡和性能。

4．虚拟批规范化

虚拟批归一化(Virtual Batch Normalization,VBN)是一种改进的规范化技术,它在传统批归一化(Batch Normalization,BN)的基础上进行了关键的优化,特别适用于生成对抗网络等复杂模型的训练。BN作为一种广泛应用的技术,通过规范化神经网络中各层的输入,有助于加快训练速度,减少模型对初始化权重的敏感度,并能在一定程度上抑制过拟合,然而,在训练高度复杂的网络时,尤其是在训练GAN中的生成器时,BN面临着一个挑战:不同批次间的协方差偏移。

协方差偏移是指当网络在不同批次的数据上训练时,即使是来自同一数据集的输入,在网络内部的表示可能会由于每个批次数据的统计属性(如均值、方差)的差异而产生变化。这种变化可能导致网络的训练过程变得不稳定,特别是在GAN中,生成器的输出极易受到输入数据批次差异的影响,从而影响整个网络的学习和生成质量。

为了解决这个问题,虚拟批规范化应运而生。与传统的BN不同,VBN引入了一个固定的参考批次(Reference Batch)。这个参考批次在训练开始时被选取,并在整个训练过程中保持不变。当进行批规范化时,VBN不仅考虑当前批次的样本统计特性(例如均值和方差),还同时参照这个固定批次的统计特性进行规范化。这种方法有效地减少了由于批次之间的统计属性差异而导致的内部协变量偏移,使生成器的训练过程更为稳定。

通过这种结合当前批次和固定参考批次的统计数据的规范化方法,VBN有助于提高模型在处理不同数据批次时的稳定性和一致性。对于GANs而言,这意味着生成器能够更加平稳地学习和适应,避免因为输入数据的微小变化而产生较大的输出波动,从而在整个网络的训练过程中实现更高的性能和更好的结果。虚拟批规范化因此成为了提高复杂网络稳定性和性能的一个重要工具,尤其在GAN的训练中显示出其独特的价值。

7.3　f-GAN

2016 年的论文 *f-GAN：Training Generative Neural Samplers using Variational Divergence Minimization* 引入了一种新的生成对抗网络框架,名为 f-GAN。这篇论文通过将传统的 GAN 训练框架扩展到一系列基于 f-散度的更广泛的距离或散度措施上,为训练生成模型提供了新的视角和方法。

f-GAN 利用了一类称为 f 散度的函数来衡量两个概率分布之间的差异。通过引入 f 散度,f-GAN 为训练生成模型提供了一个更加通用的框架。这意味着研究者可以根据具体任务的需求选择最合适的散度类型,以此来优化生成模型的学习和性能。

7.3.1　GAN 模型损失与散度

简单回忆一下 GAN 模型的目标函数,在标准 GAN 设置中,生成器 G 的目标是最大化判别器 D 做出错误判断的概率,而判别器 D 的目标是准确区分真实数据和假数据。这可以形式化为以下的极小极大问题:

$$\min_G \max_D V(D,G) = E_{x \sim p_{\text{data}}(x)}\big[\log D(x)\big] + E_{z \sim p_z(z)}\big[\log(1 - D(G(z)))\big] \quad (7\text{-}4)$$

其中,E 表示期望操作;p_{data} 是真实数据的分布;x 是从真实数据中抽样的样本;p_z 是生成器的输入噪声分布,通常假定为高斯或均匀分布;z 是从 p_z 中抽样的噪声向量;$G(z)$ 是生成器使用噪声 z 生成的数据样本。

当判别器和生成器都达到其各自的最优时,GAN 训练过程实际上在最小化生成数据分布 p_g 和真实数据分布 p_{data} 之间的 Jensen-Shannon 散度(JS 散度)。JS 散度是衡量两个概率分布差异的一种方法,定义为

$$\text{JS}(P \parallel Q) = \frac{1}{2}\text{KL}(P \parallel M) + \frac{1}{2}\text{KL}(Q \parallel M) \quad (7\text{-}5)$$

其中,$M = \frac{1}{2}(P+Q)$ 是 P 和 Q 的平均分布。$\text{KL}(P \parallel Q)$ 是两个概率分布 P 和 Q 之间的 Kullback-Leibler 散度,具体来讲 KL 散度定义为

$$\text{KL}(P \parallel Q) = \sum_x P(x) \log \frac{P(x)}{Q(x)} \quad (7\text{-}6)$$

对于连续变量,求和符号换成积分,下面来仔细推导一下上述结论。

判别器 D 的目标函数可以表示为

$$V(D,G) = E_{x \sim p_{\text{data}}}\big[\log D(x)\big] + E_{x \sim p_g}\big[\log(1 - D(x))\big] \quad (7\text{-}7)$$

我们要找到 D 的形式,使 $V(D,G)$ 最大化。为此,可以将期望转换成积分的形式,并分别针对 p_{data} 和 p_g 进行计算,公式如下:

$$V(D,G) = \int_x p_{\text{data}}(x) \log D(x) \mathrm{d}x + \int_x p_g(x) \log(1 - D(x)) \mathrm{d}x \quad (7\text{-}8)$$

为了最大化 $V(D,G)$，对 D 求导并令其为 0，公式如下：

$$\frac{\delta V}{\delta D} = \frac{p_{\text{data}}(x)}{D(x)} - \frac{p_g(x)}{1 - D(x)} = 0 \tag{7-9}$$

将式(7-9)的导数设置为 0，求解 D 得到：

$$\frac{p_{\text{data}}(x)}{D(x)} = \frac{p_g(x)}{1 - D(x)}$$

$$p_{\text{data}}(x)(1 - D(x)) = p_g(x)D(x)$$

$$p_{\text{data}}(x) - p_{\text{data}}(x)D(x) = p_g(x)D(x) \tag{7-10}$$

$$p_{\text{data}}(x) = D(x)(p_{\text{data}}(x) + p_g(x))$$

$$D(x) = \frac{p_{\text{data}}(x)}{p_{\text{data}}(x) + p_g(x)}$$

这就是最优判别器 D^* 的形式。直观地说，这个形式表示了 x 来自真实数据的概率，与 x 来自真实数据和生成数据的总概率之比。当生成器 G 完美地模仿了真实数据分布 p_{data} 时，即 $p_g(x) = p_{\text{data}}(x)$。此时，$D^*(x)$ 将输出 0.5，表示它无法区分真实数据和生成数据，这也是 GAN 训练的理想状态。

当判别器 D 是最优的，即 $D^*(x) = \dfrac{p_{\text{data}}(x)}{p_g(x) + p_{\text{data}}(x)}$ 时，考虑生成器 G 的最优情况。在这种情况下，可以重新审视 GAN 的值函数 $V(D,G)$，它在 D 最优的情况下转换为

$$V(G,D^*) = E_{x \sim p_{\text{data}}}[\log D^*(x)] + E_{x \sim p_g}[\log(1 - D^*(x))] \tag{7-11}$$

将 D^* 的最优形式代入上述等式中，可以得到：

$$V(G,D^*) = E_{x \sim p_{\text{data}}}\left[\log \frac{p_{\text{data}}(x)}{p_{\text{data}}(x) + p_g(x)}\right] + E_{x \sim p_g}\left[\log \frac{p_g(x)}{p_{\text{data}}(x) + p_g(x)}\right]$$
$$\tag{7-12}$$

理论上，求 G^* 等价于 $p_g(x)$ 可以准确地模仿 $p_{\text{data}}(x)$，即 $p_g(x) = p_{\text{data}}(x)$，此时，$\dfrac{p_{\text{data}}(x)}{p_g(x) + p_{\text{data}}(x)}$ 和 $\dfrac{p_g(x)}{p_g(x) + p_{\text{data}}(x)}$ 都趋近于 $\dfrac{1}{2}$。

在这种情况下，由于 $\log \dfrac{1}{2} = -\log 2$，当 $p_{\text{data}} = p_g$ 时，这两个期望值加在一起就是 $-\log 2 - \log 2 = -2\log 2$，即最优的生成器将趋向于其最小值 $-2\log 2$。

由此可知，生成器 G 的最优策略是调整其参数，使 $p_g(x)$ 趋向于 $p_{\text{data}}(x)$，在这种情况下，$V(G,D^*)$ 达到其理论最小值 $-2\log 2$，表明 G 成功地模仿了数据分布。

继续推导 GAN 损失函数与散度的关系。可以对代入最优 D^* 的损失函数进一步地进行推导，具体如下：

$$\text{Loss} = E_{x \sim p_{\text{data}}}\left[\log \frac{p_{\text{data}}(x)}{p_{\text{data}}(x) + p_g(x)}\right] + E_{x \sim p_g}\left[\log \frac{p_g(x)}{p_{\text{data}}(x) + p_g(x)}\right]$$

$$= E_{x \sim p_{\text{data}}} \left[\log \left(\frac{1}{2} \cdot \frac{2 p_{\text{data}}(x)}{p_{\text{data}}(x) + p_g(x)} \right) \right] + E_{x \sim p_g} \left[\log \left(\frac{1}{2} \cdot \frac{2 p_g(x)}{p_{\text{data}}(x) + p_g(x)} \right) \right]$$

$$= E_{x \sim p_{\text{data}}} \left[\log \frac{1}{2} \right] + E_{x \sim p_{\text{data}}} \left[\log \frac{2 p_{\text{data}}(x)}{p_{\text{data}}(x) + p_g(x)} \right] +$$

$$E_{x \sim p_g} \left[\log \frac{1}{2} \right] + E_{x \sim p_g} \left[\log \frac{2 p_g(x)}{p_{\text{data}}(x) + p_g(x)} \right]$$

$$= -\log 4 + E_{x \sim p_{\text{data}}} \left[\log \frac{2 p_{\text{data}}(x)}{p_{\text{data}}(x) + p_g(x)} \right] + E_{x \sim p_g} \left[\log \frac{2 p_g(x)}{p_{\text{data}}(x) + p_g(x)} \right] \quad (7\text{-}13)$$

下面,将 $V(G, D^*)$ 与 KL 和 JS 散度联系起来,先看 $V(G, D^*)$ 的后两项。首先,观察到 $\dfrac{2 p_{\text{data}}(x)}{p_{\text{data}}(x) + p_g(x)}$ 和 $\dfrac{2 p_g(x)}{p_{\text{data}}(x) + p_g(x)}$ 分别是以 p_{data} 和 p_g 为基础的两个概率分布,其中每个都与中间分布 $M = \dfrac{p_{\text{data}} + p_g}{2}$ 有关。这样可以重写 $V(G, D^*)$:

$$V(G, D^*) = -\log 4 + E_{x \sim p_{\text{data}}} \left[\log \frac{2 p_{\text{data}}(x)}{p_{\text{data}}(x) + p_g(x)} \right] + E_{x \sim p_g} \left[\log \frac{2 p_g(x)}{p_{\text{data}}(x) + p_g(x)} \right]$$

$$= -\log 4 + \text{KL} \left(p_{\text{data}} \parallel \frac{p_{\text{data}} + p_g}{2} \right) + \text{KL} \left(p_g \parallel \frac{p_{\text{data}} + p_g}{2} \right)$$

$$= -\log 4 + 2 \cdot \text{JS}(p_{\text{data}} \parallel p_g) \quad (7\text{-}14)$$

因此,可以得出结论:在最优判别器 D^* 的条件下,GAN 的价值函数 $V(G, D^*)$ 实际上等于 $-\log 4$ 加上 p_{data} 和 p_g 之间的两倍 JS 散度。这表明 GAN 的训练过程本质上是试图最小化 p_{data} 和 p_g 之间的 JS 散度,使生成的数据分布尽可能地接近真实数据分布。当 JS 散度最小时,意味着 p_{data} 和 p_g 不可区分,这是 GAN 训练的理想目标。

7.3.2　GAN 损失的通用框架 f 散度

f 散度是一类用于衡量两个概率分布差异的度量方法。对于任意凸函数 f,满足 $f(1) = 0$,两个概率分布 P 和 Q 之间的 f 散度定义为

$$D_f(P \parallel Q) = \int Q(x) f \left(\frac{P(x)}{Q(x)} \right) \mathrm{d}x \quad (7\text{-}15)$$

这个定义可以覆盖许多常见的散度,如 KL 散度、JS 散度和 Total Variation 距离等,只要选择适当的 f 函数即可。

1. KL 散度

对于 KL 散度,$f(u) = u \log u$,因此,KL 散度表示为

$$D_{\text{KL}}(P \parallel Q) = \int Q(x) \left(\frac{P(x)}{Q(x)} \log \frac{P(x)}{Q(x)} \right) \mathrm{d}x \quad (7\text{-}16)$$

这表示在给定 Q 的情况下,P 的相对熵。

2. JS 散度

JS 散度是 KL 散度的一个对称且平滑的版本。它可以表示为

$$D_{JS}(P \parallel Q) = \frac{1}{2} D_{KL}(P \parallel M) + \frac{1}{2} D_{KL}(Q \parallel M) \tag{7-17}$$

其中，$M = \frac{1}{2}(P+Q)$。不过，这不是一个直接由 $f(u)$ 定义的形式，但可以展示为两个 KL 散度的平均。

3. Total Variation（TV）距离

对于总变异距离，$f(u) = \frac{1}{2} |u-1|$，因此，总变异距离为

$$D_{TV}(P \parallel Q) = \frac{1}{2} \int | P(x) - Q(x) | \, \mathrm{d}x \tag{7-18}$$

在实践中，直接计算 $D_f(P \parallel Q)$ 往往是不切实际的，因为往往无法直接获取完整的分布 P 和 Q。这里可以引入变分下界来近似 $D_f(P \parallel Q)$。

首先，应用 Jensen 不等式。给定凸函数 f 和随机变量 X，Jensen 不等式表明：$f(E[X]) \leqslant E[f(X)]$。接着，考虑一个任意的可测函数 $T(x)$（在 GAN 的上下文中，这个函数通常由判别器模型实现），可以将 $T(x)$ 看作 $f\left(\frac{P(x)}{Q(x)}\right)$ 的一个估计。应用 Jensen 不等式，可以得到：

$$f\left(E_{x \sim Q}\left[\frac{T(x)}{Q(x)}\right]\right) \leqslant E_{x \sim Q}\left[f\left(\frac{T(x)}{Q(x)}\right)\right] \tag{7-19}$$

这里使用了 $T(x)$ 作为 $\frac{P(x)}{Q(x)}$ 的估计，但实际上需要找到 $T(x)$ 的一个函数来更接近地估计 $f\left(\frac{P(x)}{Q(x)}\right)$。为此，使用 f 的凸共轭 f^* 来构建这样的函数。凸共轭 f^* 定义为

$$f^*(t) = \sup_{u \in \mathrm{dom}_f} (ut - f(u)) \tag{7-20}$$

于是可以构建一个关于 $T(x)$ 的下界：

$$D_f(P \parallel Q) \geqslant \int Q(x) T(x) \mathrm{d}x - \int Q(x) f^*(T(x)) \mathrm{d}x \tag{7-21}$$

在 GAN 的框架中，目标是找到一个生成器 G 和一个鉴别器 T，使不等式（7-21）的右侧最大化（对于鉴别器）和最小化（对于生成器）。不等式（7-21）给出了一个使用 f 散度的通用框架，可以适应多种不同类型的 GAN，其中，

（1）$P(x)$ 是真实数据的分布。

（2）$Q(x)$ 是生成器 G 生成的数据分布。

（3）$T(x)$ 是鉴别器的输出。

（4）f^* 是函数 f 的凸共轭。

这个不等式的意义在于，它提供了一个通过优化鉴别器 T 来近似任意 f 散度的方法。

在这个框架中，可以选择不同的 f 函数来得到不同类型的 GAN，例如选择 $f(u)=u\log u$ 会得到类似传统 GAN 使用的 KL 散度。

在 GAN 的训练过程中：鉴别器 D 的训练目标是最大化 $\int P(x)T(x)\mathrm{d}x - \int Q(x)f^*(T(x))\mathrm{d}x$，这意味着鉴别器尝试找到最佳策略来区分真实样本和生成样本。生成器 G 的训练目标是最小化这个不等式的右侧或者使 $Q(x)$ 趋近于 $P(x)$，使鉴别器难以区分真实样本和生成样本。

通过选择不同的 f 函数和相应的凸共轭 f^*，可以构建不同种类的 GAN 模型，每种模型都对应着不同的训练目标和策略，见表 7-1。这种方法使 GAN 训练更加灵活和强大，因为不再局限于特定类型的散度或距离度量，而是可以根据特定问题和数据特性来选择最合适的 f 散度。

表 7-1　不同种类的 GAN 模型

Name	$D_f(P \parallel Q)$	Generator $f(u)$	$T^*(x)$
Kullback-Leibler	$\int p(x)\log\frac{p(x)}{q(x)}\mathrm{d}x$	$u\log u$	$1+\log\frac{p(x)}{q(x)}$
Reverse KL	$\int q(x)\log\frac{q(x)}{p(x)}\mathrm{d}x$	$-\log u$	$-\frac{q(x)}{p(x)}$
Pearson χ^2	$\int\frac{(q(x)-p(x))^2}{p(x)}\mathrm{d}x$	$(u-1)^2$	$2\left(\frac{p(x)}{q(x)}-1\right)$
Squared Hellinger	$\int(\sqrt{p(x)}-\sqrt{q(x)})^2\mathrm{d}x$	$(\sqrt{u}-1)^2$	$\left(\sqrt{\frac{p(x)}{q(x)}}-1\right)\cdot\sqrt{\frac{q(x)}{p(x)}}$
Jensen-Shannon	$\frac{1}{2}\int p(x)\log\frac{2p(x)}{p(x)+q(x)}+q(x)\log\frac{2q(x)}{p(x)+q(x)}\mathrm{d}x$	$-(u+1)\log\frac{1+u}{2}+u\log u$	$\log\frac{2p(x)}{p(x)+q(x)}$
GAN	$\int p(x)\log\frac{2p(x)}{p(x)+q(x)}+q(x)\log\frac{2q(x)}{p(x)+q(x)}\mathrm{d}x-\log(4)$	$u\log u-(u+1)\log(u+1)$	$\log\frac{p(x)}{p(x)+q(x)}$

7.4　WGAN

WGAN，即 Wasserstein GAN，旨在解决传统 GAN 训练中的一些问题，尤其是训练不稳定和梯度消失。WGAN 通过 Wasserstein 距离（Earth-Mover 距离或 EM 距离）来衡量真实数据分布和生成数据分布之间的距离，改进了 GAN 的训练过程。

7.4.1　传统的 GAN 模型梯度消失的分析

在传统的 GAN 中,通常使用 JS 散度或 KL 散度来衡量真实数据分布 P_{data} 和生成数据分布 P_g 之间的差异。当两个分布 P_{data} 和 P_g 没有重叠时,存在下列问题:

（1）在 KL 散度的情况下,如果存在任何 x 使 $P_{\text{data}}(x)>0$ 而 $P_g(x)=0$,则 $D_{\text{KL}}(P_{\text{data}} \parallel P_g)$ 会变为无穷大。这在数学上是因为 $\log(0)$ 未定义,并且在训练过程中这通常意味着无法计算梯度。

（2）对于 JS 散度,当 P_{data} 和 P_g 完全不重叠时,$D_{\text{JS}}(P_{\text{data}} \parallel P_g)$ 会是一个常数($\log 2$)。这意味着 GAN 的生成器在这种情况下将无法得到任何指导梯度来调整其参数,因为不论生成器如何改变,JS 散度都保持不变,这就是所谓的"梯度消失"问题。

简单来说,当 GAN 模型的生成器因为初始化等因素导致生成的数据分布与真实数据的分布相差很大时(没有重叠),GAN 模型的训练梯度无法得到更新。

7.4.2　Wasserstein 距离

Wasserstein 距离,也被称为 Earth Mover's Distance(EMD),是一种衡量两个概率分布差异的方法,具体用于度量将一个分布转换成另一个分布所需的"最小工作量"。在理解 Wasserstein 距离之前,首先需要理解几个关键概念。

（1）概率分布:将概率分布想象为一定量的"土堆",在这个比喻中,每个位置的土堆大小表示概率的值。

（2）移动土堆的"工作量":如果想把一个位置上的土堆移动到另一个位置,则所需的工作量与土堆的大小和移动距离成正比。

Wasserstein 距离的数学定义是:

$$W(P,Q) = \inf_{\gamma \in \Pi(P,Q)} E_{(x,y)\sim\gamma}\big[\|x-y\|\big] \tag{7-22}$$

其中,

（1）P 和 Q 是两个概率分布。

（2）$\Pi(P,Q)$ 表示所有可能的联合分布 γ,这些联合分布的边缘分布分别是 P 和 Q。

（3）inf 表示求取下确界,即所有可能方案中的最小值。

（4）$E_{(x,y)\sim\gamma}\big[\|x-y\|\big]$ 表示在联合分布 γ 下,从 P 到 Q 的点对 (x,y) 之间距离的期望值。

从直观上理解,将两个概率分布 P 和 Q 想象成两堆形状和体积不同的土堆,Wasserstein 距离相当于将一堆土堆的形状完全改变成另一堆土堆的形状所需的最小"工作量"。这里的"工作量"可以理解为土的移动距离和移动量的乘积之和,所以即使两个分布完全不重叠,Wasserstein 距离仍然能给出一个有意义的值,这个值反映了它们之间的"距离"。

从数学上推导:联合分布 γ 代表了从分布 P 到分布 Q 的一个"转移计划"。要计算移动总的"工作量",需要计算所有这些移动的"质量"乘以其移动的距离 $\|x-y\|$。这就是积分

$\int_{X \times X} \|x - y\| \mathrm{d}\gamma(x, y)$ 的含义。这个积分在所有可能的 x 和 y 对上进行,表示整个转移计划的总工作量。由于可能有许多种将 P 转换为 Q 的方式,需要寻找使总工作量最小的计划。这就是 $\inf_{\gamma \in \Pi(P,Q)}$ 所表达的含义。在所有可能的联合分布 γ 中寻找一个使总工作量最小的分布。

数学上,Wasserstein 距离考虑了分布间质量的几何分布,并试图找到在这些几何配置下将一种分布转换为另一种分布的最小"成本"或"工作量"。直观上,这可以视为在两个不同形状的土堆之间移动土壤,使一个土堆的形状完全变成另一个形状所需的最小工作。在 GAN 训练中,Wasserstein 距离的这种特性使其即使在概率分布不重叠的情况下,也能提供稳定有效的梯度,这解决了传统 GAN 使用 JS 散度或 KL 散度时面临的梯度消失问题。

7.4.3 由 Wasserstein 距离推导 WGAN 的损失

为了完整地推导从 Wasserstein 距离到 WGAN 中判别器的损失函数,应遵循以下步骤。

1. 定义 Wasserstein 距离

Wasserstein 距离,特别是 1-Wasserstein 距离 $W(\mathrm{P_{real}}, \mathrm{P_{gen}})$,定义为

$$W(\mathrm{P_{real}}, \mathrm{P_{gen}}) = \inf_{\gamma \in \Pi(\mathrm{P_{real}}, \mathrm{P_{gen}})} E_{(x,y) \sim \gamma} \big[\|x - y\| \big] \tag{7-23}$$

其中,$\Pi(\mathrm{P_{real}}, \mathrm{P_{gen}})$ 表示所有可能将 $\mathrm{P_{real}}$ 和 $\mathrm{P_{gen}}$ 联合起来的分布 γ 的集合。

2. 应用 Kantorovich-Rubinstein 对偶性

由于 Kantorovich-Rubinstein 对偶性,因此可以用另一种方式表达 Wasserstein 距离:

$$W(\mathrm{P_{real}}, \mathrm{P_{gen}}) = \sup_{\|f\|_L \leqslant 1} \big[E_{x \sim \mathrm{P_{real}}} [f(x)] - E_{x \sim \mathrm{P_{gen}}} [f(x)] \big] \tag{7-24}$$

其中,sup 表示上确界,确保函数 f 遍历所有 1-利普希茨连续的函数。关于对偶性推论具体的数学原理在这里不做详细推导,注意此推论必须求确保函数 f 遍历所有 1-利普希茨连续的函数。

1-利普希茨连续函数是一类在数学分析中非常重要的函数,它们满足特定的"稳定性"或"平滑性"条件。一个函数被称为 1-利普希茨连续,如果对于其定义域内的任意两点,则函数值的差的绝对值不超过这两点间距离的绝对值。

形式化地,一个函数 $f: \mathrm{R}^n \to \mathrm{R}$ 被称为 1-利普希茨连续,如果对于所有 $x, y \in \mathrm{R}^n$,有

$$| f(x) - f(y) | \leqslant \|x - y\| \tag{7-25}$$

其中,$\|x - y\|$ 表示 x 和 y 之间的欧几里得距离。1-利普希茨连续性质保证了函数的输出对输入的微小变化只有有限的响应。这意味着函数图形没有剧烈的波动,表现出一定的平滑性。

3. 判别器作为 1-利普希茨连续函数

在 WGAN 中,使用一个神经网络作为判别器 D,它尝试模拟上述对偶性中的最优 1-利

普希茨连续函数 f。这就意味着需要训练 D 来最大化 $E_{x\sim P_{\text{real}}}[D(x)]-E_{x\sim P_{\text{gen}}}[D(x)]$，因此，判别器 D 的损失函数在 WGAN 中可以表示为

$$L_D = -(E_{x\sim P_{\text{real}}}[D(x)]-E_{z\sim P_z}[D(G(z))]) \tag{7-26}$$

其中，$E_{x\sim P_{\text{real}}}[D(x)]$ 是对于真实数据样本 x 的判别器输出的期望值，而 $E_{z\sim P_z}[D(G(z))]$ 是对于生成器 G 生成的假数据样本的判别器输出的期望值。

对于生成器 $GL_G = -E_{z\sim P_z}[D(G(z))]$，生成器 G 的目标是最大化判别器 D 对其生成的假样本的评分。为了确保计算出的 Wasserstein 距离有效，WGAN 要求判别器 D 是一个 1-利普希茨函数。在 WGAN 的初始版本中，通常通过将判别器的权重剪裁到一个固定范围（例如 $[-0.01,0.01]$）实现。在后续的研究中，利用梯度惩罚来代替权重剪裁，以便更有效地实施 1-利普希茨约束并提高训练稳定性。

7.4.4　使用梯度惩罚

梯度惩罚的基本思想是直接约束判别器的梯度，而不是通过剪裁其权重。这样做的原理是基于 1-利普希茨函数的一个特性：对于 1-利普希茨函数 f，在其定义域中的任意一点 x，其梯度的范数不会超过 1，即 $\|\nabla f(x)\|\leqslant 1$。

在 WGAN-GP（Wasserstein GAN with Gradient Penalty）中，为了强制实现这一约束，研究者提出了在判别器的损失函数中加入一个梯度惩罚项。这个惩罚项基于随机采样的点上判别器梯度的二范数，其目的是使这个梯度的二范数尽可能地接近 1。

具体来讲，WGAN-GP 中判别器的损失函数 L_D 被修改为包含以下梯度惩罚项：

$$L_D = \underbrace{E_{\tilde{x}\sim P_g}[D(\tilde{x})]-E_{x\sim P_r}[D(x)]}_{\text{原WGAN判别器损失}} + \underbrace{\lambda E_{\hat{x}\sim P_{\hat{x}}}[(\|\nabla_{\hat{x}}D(\hat{x})\|_2-1)^2]}_{\text{梯度惩罚项}}$$

$$\tag{7-27}$$

其中，

（1）P_r 是真实数据分布。

（2）P_g 是生成器的数据分布。

（3）$\hat{x}$ 是从真实数据和生成数据之间的插值（例如，$\hat{x}=\varepsilon x+(1-\varepsilon)\tilde{x}$，其中 ε 是一个随机数，通常在 0～1 均匀采样）。

（4）λ 是梯度惩罚的权重，是一个超参数，需要根据具体应用进行调整。

通过添加这个梯度惩罚项，WGAN-GP 确保了在插值点 $\hat{x}$ 处判别器的梯度保持在合理范围内，从而使整个网络更容易训练，训练过程更加稳定。与权重裁剪相比，梯度惩罚具有以下优势。

（1）更加稳定：避免了梯度消失或爆炸的问题，有利于模型训练的稳定性和收敛速度。

（2）更好的性能：试验显示，使用梯度惩罚的 WGAN 在生成图像的质量和多样性上优于原始 WGAN。

（3）理论上更合理：直接对梯度施加约束是 1-利普希茨连续性条件的直接体现，而权

重裁剪只是一个间接且粗略的近似。

因此,梯度惩罚成为实现 WGAN 架构中 1-利普希茨约束的一种更优选择。

7.5 CycleGAN

CycleGAN 是一种革命性的技术,它在图像处理和计算机视觉领域开辟了新的可能性,尤其是在图像到图像的转换任务中。这项技术能够在没有成对示例的情况下,将一种风格的图像转换成另一种风格,这在以前的技术中是非常具有挑战性的。CycleGAN 的提出者,Jun-Yan Zhu 和他的同事在 2017 年的研究中展示了这种方法的强大能力,特别是在处理那些难以获取成对训练数据的场景。

在传统的图像到图像转换方法中,通常需要成对的图像作为训练数据,这意味着对于每个源域中的图像都需要一个目标域中相应的转换后的图像,如图 7-2 所示。这种需求极大地限制了图像转换技术的应用范围,因为对于许多转换任务来讲,获取精确对应的成对图像既困难又耗时。CycleGAN 通过引入一种创新的循环一致性损失,成功地解决了这一问题,使模型可以仅仅通过各自域中的未成对图像进行训练。

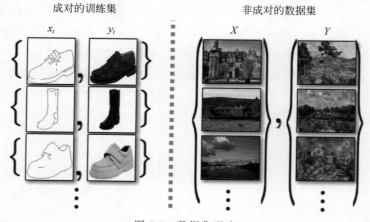

图 7-2　数据集形式

CycleGAN 的工作原理基于两个核心概念:循环一致性和对抗训练。循环一致性确保了一张图像可以从源域转换到目标域,然后通过另一个转换过程返回源域,期望这个回转的结果与原始图像尽可能相似。这种方法在直观上要求转换过程能够保留图像的核心内容和结构,即使在进行风格上的大幅度变化时也是如此。对抗训练则利用了生成对抗网络的框架,通过生成器和判别器的竞争来推动模型生成更加逼真的图像。

CycleGAN 的应用场景很多,例如近些年比较火热的人物头像和动漫风格头像的转换,就可以通过 CycleGAN 实现,如图 7-3 所示。CycleGAN 不需要成对的训练样本,这意味着只需分别收集大量的现实人物头像和动漫风格头像,CycleGAN 就能学习两个风格之间的转换。这种转换不仅包括颜色和纹理的变化,还能够在保持人物原有特征的同时,引入动漫特有的风格元素,如夸张的眼睛、独特的发型和色彩。

图 7-3 CycleGAN 动漫风格转换

通过这种方式,CycleGAN 为艺术创作、娱乐和设计等多个领域提供了强大的工具,使个性化的图像风格转换成为可能,而且操作简便。此外,CycleGAN 在其他图像转换任务中也显示出了广泛的应用潜力,例如季节变化模拟、照片增强和历史照片的颜色化等,证明了它在图像处理领域的多样性和灵活性。

7.5.1 循环一致性

循环一致性(Cycle Consistency)是 CycleGAN 框架中的一个关键概念,它解决了在没有成对训练数据的情况下进行图像到图像转换的问题。循环一致性的基本思想是,即使在缺少直接的成对样本作为训练数据时,转换过程也应该能够保持原始图像的核心内容和结构不变。循环一致性依赖于两个转换函数(两个生成器)和两个相应的判别器。假设我们有两个域:X 和 Y,如图 7-4(a)所示。转换函数 G 负责将域 X 中的图像转换为 Y 域的风格,而转换函数 F 则负责将 Y 域中的图像转换为 X 域的风格。对应地,判别器 D_X 和 D_Y 则分别负责鉴别生成的 X 域图像和 Y 域图像是否足够真实。

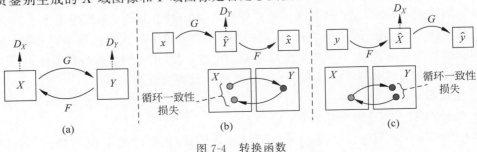

图 7-4 转换函数

为了实现循环一致性，CycleGAN 引入了循环一致性损失（Cycle Consistency Loss），这是一个度量，用于评估经过两次转换后的图像与原始图像之间的差异。循环一致性损失的目标是最小化这种差异，确保转换过程能够保留图像的核心内容和结构。循环一致性损失由两部分组成：正向循环一致性损失和反向循环一致性损失。数学上，这可以表示为

（1）正向循环一致性损失：$L_{cycle}(G,F) = E_{x \sim p_{data}(x)} [\| F(G(x)) - x \|_1]$。

（2）反向循环一致性损失：$L_{cycle}(F,G) = E_{y \sim p_{data}(y)} [\| G(F(y)) - y \|_1]$。

其实，E 是期望值，$\| \cdot \|_1$ 是 L 范数，用于计算两个图像之间的绝对差值和。

正向循环如图 7-4（b）所示。首先，一张图像从 X 域通过生成器 G 转换到 Y 域，得到 $\hat{Y}$，然后 $\hat{Y}$ 通过另一个生成器 F 转换回 X 域，得到 $\hat{x}$。在理想情况下，$\hat{x}$ 应与原始图像 x 相似，我们比较它们之间的相似度称为循环一致性损失。

反向循环如图 7-4（c）所示。同样，一张图像从 Y 域通过生成器 F 转换到 X 域，得到 $\hat{X}$，然后 $\hat{X}$ 通过另一个生成器 G 转换回 Y 域，得到 $\hat{y}$。在理想情况下，$\hat{y}$ 应与原始图像 y 相似，我们比较它们之间的相似度作为反向循环中的循环一致性损失。

这个过程之所以能够实现风格转换过程基本保持原始图像的核心内容和结构不变这一目标，归根到底是基于几个关键原理和假设。首先，循环一致性的基本假设之一是图像可以被视为由"内容"和"风格"两部分构成。在这里，"内容"指的是图像的基本结构和组成要素，如物体的形状和位置，"风格"则指的是这些内容的表现形式，如颜色、纹理和光影。循环一致性的目标是改变图像的风格（从 X 域转换到 Y 域的风格），同时保持其内容不变。

当一张图像从 X 域转换到 Y 域，再从 Y 域转换回 X 域时，如果转换后的图像能够接近原始图像，这意味着在从 X 到 Y 的转换过程中保留了足够的原始内容信息，以便能够通过反向转换（从 Y 到 X）重建原始图像。这个过程实际上为转换过程施加了一个隐式约束：转换不仅需要捕捉到目标域的风格特征，还必须保留足够的原始域的内容信息，以使这个信息在经过一次转换后仍然可以被识别和恢复。

此外，循环一致性不仅关注单向的转换（X 到 Y），而且还涉及反向的转换（Y 到 X）。这种双向循环确保了模型在两个方向上都能够有效地保持内容的一致性，从而增强了模型学习到的转换在内容保持方面的稳健性。

7.5.2 对抗训练

对抗训练是 CycleGAN 中实现高质量图像转换的核心机制，涉及两组生成器和判别器，分别针对两个不同的域：X 域和 Y 域。这种方法模仿了生成对抗网络的框架，通过生成器和判别器之间的竞争，不断提升生成图像的质量，同时增强判别器的辨识能力。下面详细介绍 CycleGAN 的对抗训练过程，并以 X 域和 Y 域为例说明。

1. 生成器

在 CycleGAN 中，有两个生成器：G 和 F。

（1）生成器 G 的目的是学习 X 域到 Y 域的转换，即它尝试把 X 域中的图像转换成看

起来像是来自 Y 域的图像。

（2）生成器 F 的目的执行相反的任务，学习 Y 域到 X 域的转换，即它试图将 Y 域中的图像转换成看起来像是来自 X 域的图像。

这两个生成器的关键任务是产生高质量的转换图像，这些图像不仅在视觉上与目标域的真实图像相似，而且还能够通过相应判别器的检验，即使判别器无法轻易地区分出这些图像是真实的还是生成的。

2．判别器

对应于每个生成器，CycleGAN 配置了两个判别器：D_X 和 D_Y。

（1）判别器 D_X 的职责是区分 X 域中的真实图像和由生成器 F 生成的图像。

（2）判别器 D_Y 的职责是区分 Y 域中的真实图像和由生成器 G 生成的图像。

判别器的目标是提升自己的辨识能力，能够更准确地分辨出哪些图像是真实的，哪些图像是由相对应的生成器生成的。

3．对抗训练思想

对抗训练涉及生成器和判别器之间的一种"博弈"：

生成器的目标是生成足够好的图像，以至于判别器无法区分这些图像是否是从目标域中真实采集的。简而言之，G 希望生成的图像在 D_Y 看来像是真正来自 Y 域的，F 则希望其生成的图像在 D_X 看来像是真正来自 X 域的。

判别器的目标是准确地识别出生成的图像与真实图像。D_X 试图区分 X 域中真实图像与 F 生成的图像，D_Y 则试图区分 Y 域中真实图像与 G 生成的图像。

假设 X 域是现实人物照片，Y 域是动漫风格的图，如图 7-5 所示。生成器 G 的任务是将现实人物照片转换为动漫风格，而 F 则将动漫风格的图像转换为看起来像现实人物的照片。在这个过程中，D_X 和 D_Y 分别尝试辨识出各自域中的真实图像与生成图像。

通过这种对抗过程，CycleGAN 训练出的生成器能够生成视觉上令人信服的图像，这些图像与目标域的风格高度一致，同时保留了原始域图像的核心内容。这个过程可以概括为以下几点：

（1）生成器的学习目标：生成器 G 和 F 通过接收判别器 D_X 和 D_Y 的反馈来优化自己的生成策略。如果 D_X 能够轻易地识别出 F 生成的图像不是真正来自 X 域，则 F 需要调整其生成策略来生成更逼真的 X 域图像。同理，G 也在 D_Y 的指导下优化，以生成更符合 Y 域特征的图像。

（2）判别器的优化目标：D_X 和 D_Y 不断地接收来自真实世界和生成器的图像，通过这个过程，它们的目标是准确地分类这些图像是真实的还是生成的。随着生成器生成图像质量的提升，判别器也需要不断地提高自己的辨识能力，这形成了一个持续的优化循环。

（3）对抗训练的动态平衡：在理想的情况下，生成器会生成无法被判别器区分的图像，而判别器则尽可能准确地识别出所有图像的真伪。这种动态平衡推动了模型在生成质量和辨识能力上的持续进步。

（4）循环一致性的融合：对抗训练与循环一致性的结合确保了图像在风格转换过程

中,不仅风格看起来自然,而且内容上的一致性得以保持。例如,G 将 X 域的人物照片转换成 Y 域的动漫风格后,F 应能将这些动漫风格的图像转换回原始人物照片的样子,这保证了内容的一致性和转换的可逆性。

通过这种精心设计的对抗训练机制,CycleGAN 能够在没有成对样本的情况下,实现复杂的域间图像风格转换,使 CycleGAN 在图像编辑、艺术创作、数据增强等多个领域有着广泛的应用前景。

7.5.3　损失函数

在 CycleGAN 中,除了使用对抗损失确保生成的图像质量,让生成的图像看起来像是来自目标域,及使用循环一致性损失保证图像在经过域转换后,仍然保持原始的主要内容以外,还使用了身份损失(Identity Loss),它的设计初衷是进一步提升模型在进行域转换时的性能和稳定性。身份损失的核心思想是,当输入图像本身就属于目标域时,经过模型的转换,图像应该保持不变或者变化非常小。这个损失项有助于模型在学习域转换的同时,保持图像的核心特征和属性,避免在不必要的情况下引入变化。

具体地,身份损失的计算方式如下:

$$L_{id}(G,F) = E_{y \sim p_{data}(y)}\big[\, \|G(y) - y\|_1 \,\big] + E_{x \sim p_{data}(x)}\big[\, \|F(x) - x\|_1 \,\big] \tag{7-28}$$

其中,G 和 F 分别是从 X 域到 Y 域和从 Y 域到 X 域的生成器;x 和 y 分别是来自 X 域和 Y 域的真实样本。这个损失项通过最小化生成器 G 在输入 y 时的输出与 y 本身的差异,以及生成器 F 在输入 x 时的输出与 x 本身的差异,以此来鼓励生成器保持输入图像的身份不变。

身份损失的加入有以下几个好处。

(1)增强一致性:它帮助模型在不改变图像主要内容和风格的前提下进行域转换,这对于风格转换、着色等任务特别有价值。

(2)提高模型的泛化能力:通过学习在适当的情况下保持输入不变,模型可以更好地处理在实际应用中可能遇到的与训练数据分布略有不同的数据。

(3)减少不必要的变化:身份损失减少了模型在处理目标域图像时引入的不必要变化,有助于生成的图像保持自然和真实感。

小结一下,CycleGAN 的总损失公式是由 3 部分组成的:对抗损失(Adversarial Loss)、循环一致性损失(Cycle Consistency Loss)和身份损失(Identity Loss,可选)。总损失是这些损失项的加权和,具体表达式如下:

$$L_{total} = \lambda_{adv} L_{adv} + \lambda_{cyc} L_{cyc} + \lambda_{id} L_{id} \tag{7-29}$$

其中,L_{adv} 是对抗损失,确保生成的图像尽可能地接近目标域的分布。这通过训练两个对抗网络(一个生成器和一个判别器)实现,生成器尝试生成看起来属于目标域的图像,而判别器尝试区分生成的图像和真实的目标域图像。L_{cyc} 是循环一致性损失,用于确保图像在经过一次域转换后再转换回原始域时仍然保持原始内容不变。这个损失项帮助模型学习在不改变图像核心内容的情况下进行域转换。L_{id} 是身份损失,这是一个可选损失项,用于保持输入图像在经过与其相同域的生成器时不变。这有助于进一步提升模型转换的质量和一致性。λ_{adv}、λ_{cyc}、λ_{id} 是用于控制不同损失项重要性的权重参数。

7.5.4 训练流程

以下是 CycleGAN 训练流程的概述。

1. 初始化

开始之前,初始化所有的生成器(G_X 和 G_Y)和判别器(D_X 和 D_Y)的网络参数。

2. 迭代训练过程

(1)选择一批图像:从 X 域和 Y 域各自随机选择一批图像。

(2)训练判别器 D_X:使用 X 域的真实图像和 F 生成的"假" X 域图像来训练 D_X。目标是使 D_X 能够区分真实的 X 域图像和通过 F 从 Y 到 X 转换的图像。

(3)训练判别器 D_Y:使用 Y 域的真实图像和 G 生成的"假" Y 域图像来训练 D_Y。目标是使 D_Y 能够区分真实的 Y 域图像和通过 G 从 X 到 Y 转换的图像。

(4)训练生成器 G(X 到 Y 的转换):使用 X 域的图像,通过 G 生成 Y 域的图像,并使用 D_Y 来评估这些生成的图像。G 的训练目标包括使生成的图像看起来足够真实,以欺骗 D_Y,以及满足循环一致性($G_Y(G_X(X))$接近原始的 X)。

(5)训练生成器 F(Y 到 X 的转换):使用 Y 域的图像,通过 F 生成 X 域的图像,并使用 D_X 来评估这些生成的图像。F 的训练目标同样包括使生成的图像看起来足够真实,以欺骗 D_X,以及满足循环一致性($G_X(G_Y(Y))$接近原始的 Y)。

3. 反复迭代

上述步骤会在多个训练周期(epoch)中反复进行,直到生成器和判别器的性能不再有显著提升为止。

7.5.5 小结

CycleGAN 是一种无监督(无须为数据进行标签标注)的图像到图像的转换模型,它的核心是通过引入循环一致性损失来允许在没有成对训练数据的情况下进行域间的转换。该模型包括两对生成器和判别器,分别负责两个域之间的转换和鉴别。对抗损失确保生成的图像质量,使其看起来更像目标域的图像;循环一致性损失保证图像在两个域之间转换后能够尽可能地恢复到原始图像,以保持内容的一致性;可选的身份损失则进一步提高转换过程的稳定性和准确性。CycleGAN 的这种设计使其特别适合于风格迁移、季节转换、动物品种转换等应用场景,能够在缺乏成对比较的情况下实现复杂且多样的图像转换任务。

第 8 章

扩 散 模 型

8.1 扩散模型基础

8.1.1 扩散模型的基本原理

去噪扩散概率模型(Denoising Diffusion Probabilistic Models,DDPM)是一种利用扩散过程来生成样本的深度学习模型,其主要的灵感来源于扩散过程,通过逐渐增加噪声来模糊一个初始的图像,并通过学习一个去噪模型来逆向回到原始图像。这种方法为高质量的样本生成和变换提供了一种新颖的视角。

扩散模型的主要概念和步骤如下。

(1)添加噪声:模型从一张真实的图像开始,然后逐步增加噪声。在这个过程中,图像的细节和结构逐渐被噪声所覆盖,最终转变成随机噪声。

(2)逆向过程:在生成过程中,模型执行与添加噪声相反的操作。它从噪声图像开始,逐步去除噪声并恢复图像的结构和细节。这个过程是通过训练模型来学习如何从噪声图像中逐步恢复出原始图像实现的。

(3)训练过程:模型通过大量的真实图像及其噪声版本进行训练。它学习如何预测在添加噪声的过程中丢失的图像信息,从而能够在生成过程中逐步重建图像。

(4)控制生成:在模型训练完成后,可以利用它来生成新的图像。这通常是通过提供一个含有噪声的起始图像和一些指导条件(如文本描述)实现的。模型根据这些条件去除噪声,生成与条件匹配的图像。

这种方法的关键在于,模型学习如何从噪声中重建图像,并且可以通过指导条件来控制重建过程,从而创造出多样的符合特定要求的图像。这使扩散模型在图像生成和艺术创作等领域非常有用。

整体的流程如图 8-1 所示。

在扩散模型中,逆扩散过程通常并不能直接计算,因为它需要对噪声注入过程进行逆操作,这是一个从简单分布到复杂数据分布的映射。为了解决这个问题,扩散模型通常使用一

前向计算：加噪

反向计算：去噪

图 8-1　DDPM 流程图

个神经网络来参数化逆扩散过程，并通过最大化似然来学习网络的参数。一旦模型训练完成，我们便可以从一个简单的随机变量中采样，让它进行反向计算，从而得到新的图片。

扩散模型的一个关键优点是其理论上的强大表达能力。在理论上，给定足够的扩散步骤和足够大的网络，扩散模型可以精确地学习和生成任何数据分布。在实践中，扩散模型在图像、文本和音频生成等任务上表现出了强大的性能。

值得注意的是，尽管扩散模型与变分自编码器（VAE）和生成对抗网络（GAN）在形式上有所不同，但是它们都是试图学习数据分布的生成模型，并且都可以使用神经网络来参数化生成过程。不过，扩散模型的训练过程通常更加稳定。

8.1.2　DDPM 扩散模型与变分自编码器的比较

扩散模型是一种特别的生成模型，与典型的变分自编码器相比，它主要侧重于解码器的训练，其核心思想是通过一系列固定的噪声注入步骤将数据转换为简单的随机变量，然后通过一个训练有素的解码器将这些简单的随机变量转换回原始的复杂数据。在某种程度上可以理解为，扩散模型采用一个固定的数学过程来模拟 VAE 中的编码器的功能，只需训练解码器。

在扩散模型中，我们逐步添加噪声，使数据在多个步骤中逐渐"扩散"到一个简单的随机变量，这个过程可以视为一种向潜在空间的映射。常见的做法是将这个潜在空间的分布设定为简单的高斯分布。

然而，与 VAE 等其他潜在变量模型不同，扩散模型的潜在空间并不会降低数据的维度。添加噪声不会改变图像的尺寸（像素数量），因此，可以将扩散模型的潜在空间视为与原始数据维度相同的空间，只是通过加噪让数据在这个空间中遵循了一个简单的分布（如高斯分布）。

在生成数据时，我们会逐步移除添加的噪声，从潜在空间将数据恢复到原始数据空间。这个过程是通过训练一个神经网络实现的，该网络的目标是最大化去噪过程中数据的似然。在去噪过程中，数据的维度保持不变，但数据的分布会从简单的高斯分布逐渐转变为复杂的实际数据分布。

8.2 去噪扩散概率模型（DDPM）

8.2.1 DDPM 前向扩散简明指导

在扩散模型中，噪声注入的基本思想是通过加入随机噪声，使数据的分布进行变化，使模型在训练时需要适应这些变化，从而可以提高模型的泛化能力。

扩散模型中噪声注入的具体过程通常如下：

假设有一个图片数据集的概率分布 $P(x)$，我们想要模型学习这个分布。在扩散模型中，我们不直接对 $P(x)$ 建模，而是对一个由 $P(x)$ 通过扩散过程得到的分布 $q(x')$ 建模。这个扩散过程可以看作向 $P(x)$ 中注入噪声。

对于每个数据点 x，可以通过以下方式进行噪声注入：

选取一个噪声分布，例如高斯噪声分布 $N(0, \sigma^2)$。

从这个噪声分布中采样出噪声 ε，并将其加入数据点 x 中，得到新的数据点 x'。这个过程可以用以下公式表示：

$$x' = x + \varepsilon，其中 \varepsilon \sim N(0, \sigma^2) \tag{8-1}$$

这就是扩散模型中噪声注入的基本过程。在这个过程中，σ 控制了噪声的强度。σ 越大，噪声越强，数据点 x' 与原始数据点 x 的差距越大。

在实际应用中，这个过程通常会被重复多次，每次注入的噪声可以相同，也可以不同。例如，可以在每步中逐渐增大 σ，使噪声逐渐增强。

当加上时间概念对加噪过程进行数学描述时，公式如下：

$$q(x_{1:T} \mid x_0) = \prod_{t \geq 0} q(x_t \mid x_{t-1}), \quad q(x_t \mid x_{t-1}) = N(x_t; \sqrt{1-\beta_t}\, x_{t-1}, \beta_t I) \tag{8-2}$$

解释一下上述公式，我们考虑一个随时间变化的数据序列 $x_0, x_1, \cdots, x_T$，其中 x_0 是原始数据，$x_{1:T}$ 是在一系列噪声扩散过程后得到的数据。对于任意的 t，$q(x_t \mid x_{t-1})$ 表示在给定 x_{t-1} 的情况下 x_t 的条件概率分布。在这里，这个分布被定义为一个高斯分布，其均值是 $\sqrt{1-\beta_t}\, x_{t-1}$，方差是 $\beta_t I$，其中 I 是单位矩阵，表示的是每个维度上的噪声是独立的。这个高斯分布就代表了在时间 t 所注入的噪声，其中，β_t 是一个介于 $0 \sim 1$ 的参数，用于控制噪声注入的强度。具体来讲，$1-\beta_t$ 是噪声注入前的数据所占的比重，而 β_t 是噪声的方差，因此，当 β_t 接近 0 时，噪声的影响较小，x_t 主要由 x_{t-1} 决定；当 β_t 接近 1 时，噪声的影响较大，x_t 更多地由噪声决定。总体来讲，$N(x_t; \sqrt{1-\beta_t}\, x_{t-1}, \beta_t I)$ 表示当前步骤的图像状态 x_t 是从一个以 $\sqrt{1-\beta_t}\, x_{t-1}$ 为均值、以 $\beta_t I$ 为方差的正态分布中采样得到的。这里，β_t 是一个预先定义的噪声级别参数，用于控制每步添加的噪声量。

最后，$q(x_{1:T} \mid x_0) = \prod_{t \geq 0} q(x_t \mid x_{t-1})$ 描述的是整个噪声扩散过程的概率分布。由于每步的噪声注入都是独立的，所以整个过程的概率分布就是每步噪声注入的概率分布的乘积。

实际上，这个加噪的过程就是一个马尔可夫链算法，在马尔可夫链中，一种状态的下一状态只依赖于当前状态，而与过去的状态无关，这就是所谓的"无记忆性"。

对于给定的公式：

$$q(x_{1:T} \mid x_0) = \prod_{t \geqslant 0} q(x_t \mid x_{t-1}) \tag{8-3}$$

其中，x_{t-1} 是前一种状态，x_t 是下一种状态，式(8-3)表明下一种状态 x_t 只依赖于前一种状态 x_{t-1}，所以整个序列 $x_0, x_1, \cdots, x_T$ 实际上构成了一个马尔可夫链。

此外，

$$q(x_t \mid x_{t-1}) = N(x_t; \sqrt{1-\beta_t}\, x_{t-1}, \beta_t I) \tag{8-4}$$

式(8-4)表示在给定前一种状态 x_{t-1} 的情况下，下一种状态 x_t 的概率分布。这实际上是马尔可夫链中的状态转移概率，所以从这个角度看，这个公式实际上描述了一个马尔可夫链，并且这个马尔可夫链的状态转移概率是高斯分布。这样的马尔可夫链也被称为高斯马尔可夫链。值得注意的是，我们每次进行噪声加入的时候都是很有规矩地加入一定的高斯噪声，那么我们是否可以打破这种循规蹈矩，不用多次加入而是一步到位呢？

实际上，在原论文已经给出了相关的推导，论文中给出的公式是 $x_t = \sqrt{\bar{\alpha}_t}\, x_0 + \sqrt{1-\bar{\alpha}_t}\, \varepsilon$，这个公式与上文推导的公式 $q(x_t \mid x_{t-1}) = N(x_t; \sqrt{1-\beta_t}\, x_{t-1}, \beta_t I)$ 最大的不同在于 x_t 的生成不依赖于 x_{t-1}，而是根据初始图片 x_0 和扩散次数 t 即可生成的，换句话说，原论文中给出的公式允许一步到位生成噪声图片，而不需要多次迭代叠加噪声，这大大地简化了生成噪声图片的流程。这个公式的推导要依赖于重参数化技巧，下面进行详细的数学推导。

重参数化是一种用于训练深度概率模型的策略，在变分自编码器(VAE)和扩散模型中经常使用。考虑一个基本的噪声注入过程：有一个数据点 x，我们想要向其注入服从正态分布 $N(0, \sigma^2)$ 的噪声。如果直接从这个分布中采样噪声 ε，并将其加到 x 上，则这个过程就涉及随机性，无法直接进行反向传播。

为了解决这个问题，可以使用重参数化技巧。具体来讲，我们不是直接从 $N(0, \sigma^2)$ 中采样噪声，而是先从标准正态分布 $N(0, I)$ 中采样，然后通过适当的变换得到我们想要的噪声。这样，这个噪声注入过程就可以分解为两步：

（1）从标准正态分布 $N(0, I)$ 中采样噪声 ε'。

（2）对噪声 ε' 进行变换，得到我们想要的噪声 $\varepsilon = \sigma\varepsilon'$。

这样就可以将这个噪声 ε 加到数据点 x 上，得到新的数据点 $x' = x + \varepsilon$。

通过这种方式，我们就将噪声注入过程中的随机性移到了第1步，这一步是可以进行反向传播的。因为标准正态分布 $N(0, I)$ 是固定的，不涉及模型的参数，所以从中采样的过程是可以进行反向传播的，然后第2步中的变换也是可以进行反向传播的，因为这个变换只涉及乘法和加法，所以这两种操作都是可导的。这样，整个噪声的注入过程就可以进行反向传播，可以被优化。这就是重参数化技巧。

在扩散模型中，这种技巧也被广泛使用。例如，上面提到的公式 $q(x_t; \sqrt{1-\beta_t}\, x_{t-1}, \beta_t I)$ 描述的噪声注入过程就可以用重参数化技巧实现。具体来讲，可以先从

标准正态分布 $N(0,I)$ 中采样噪声 ε'，然后将这个噪声通过变换 $\varepsilon=\sqrt{\beta_t}\,\varepsilon'_{t-1}$ 得到我们想要的噪声，然后将这个噪声加到 x_{t-1} 上，从而得到新的数据点，这样，整个噪声注入过程就可以进行反向传播，可以被优化。借助重参数化技巧计算 x_t 的公式如下：

$$x_t=\sqrt{1-\beta_t}\,x_{t-1}+\sqrt{\beta_t}\,\varepsilon_{t-1} \tag{8-5}$$

在上述公式中：x_t 是在时间步 t 的状态；β_t 是一个介于 $0\sim1$ 的参数，控制着前一种状态 x_{t-1} 和新引入的噪声 ε_{t-1} 对当前状态 x_t 的贡献。ε_t 是噪声项，通常假定服从标准正态分布，表示在时间 t 引入的随机噪声。

在实践中，β_t 通常是预先定义的，可以根据特定的扩散过程进行设定。

这个公式可以继续推导下去，令 $\alpha_t=1-\beta_t$，$\bar{\alpha}_i=\prod\limits_{s=0}^{t}\alpha_s$，$\varepsilon_0,\varepsilon_1,\cdots,\varepsilon_{t-2},\varepsilon_{t-1}\sim\mathcal{N}(0,I)$，对于 x_t，可以将其写为 $x_t=\sqrt{\alpha_i}\,x_{t-1}+\sqrt{1-\alpha_t}\,\varepsilon_{t-1}$。

然后将 x_{t-1} 进一步展开：

$$x_{t-1}=\sqrt{\alpha_{t-1}}\,x_{t-2}+\sqrt{1-\alpha_{t-1}}\,\varepsilon_{t-2} \tag{8-6}$$

现在，将这个表达式代入 x_t 的公式中：

$$x_t=\sqrt{\alpha_t}\,(\sqrt{\alpha_{t-1}}\,x_{t-2}+\sqrt{1-\alpha_{t-1}}\,\varepsilon_{t-1})+\sqrt{1-\alpha_t}\,\varepsilon_{t-1} \tag{8-7}$$

可以整理为

$$x_t=\sqrt{\alpha_t\alpha_{t-1}}\,x_{t-2}+\sqrt{\alpha_t(1-\alpha_{t-1})}\,\varepsilon_{t-2}+\sqrt{1-\alpha_t}\,\varepsilon_{t-1} \tag{8-8}$$

由于 ε_{t-2} 和 ε_{t-1} 都是独立的高斯随机变量，所以可以将这两项合并，得到：

$$\begin{aligned}
&\sqrt{\alpha_t\alpha_{t-1}}\,x_{t-2}+\sqrt{\alpha_t(1-\alpha_{t-1})}\,\varepsilon+\sqrt{1-\alpha_t}\,\varepsilon\\
&=\sqrt{\alpha_t\alpha_{t-1}}\,x_{t-2}+\mathcal{N}(0,\alpha_t(1-\alpha_{t-1}))+\mathcal{N}(0,1-\alpha_t)\\
&=\sqrt{\alpha_t\alpha_{t-1}}\,x_{t-2}+\mathcal{N}(0,1-\alpha_t\alpha_{t-1})\\
&=\sqrt{\alpha_t\alpha_{t-1}}\,x_{t-2}+\sqrt{1-\alpha_t\alpha_{t-1}}\,\varepsilon'
\end{aligned} \tag{8-9}$$

其中，ε' 是新的随机噪声，其分布为 $\mathcal{N}(0,I)$，然后可以继续这个过程，将 x_{t-2} 继续展开，直到 x_0，最后我们会得到：

$$x_t=\sqrt{\bar{\alpha}_t}\,x_0+\sqrt{1-\bar{\alpha}_t}\,\varepsilon'' \tag{8-10}$$

其中，ε'' 也是随机噪声，分布为 $\mathcal{N}(0,I)$。

最后，由于 x_t 是 x_0 和随机噪声 ε'' 的线性组合，因此 x_t 的分布为正态分布 $N(\sqrt{\bar{\alpha}_t}\,x_0,(1-\bar{\alpha}_t)I)$。

重参数化不仅是简单的数学推导，还是一种在保持概率分布特性的同时改变其形式的方法。在当前的例子中，重参数化的主要目的是简化从原始图像 x_0 到任意噪声级别 x_t 的转换过程。通过这种方法，可以直接计算出任意时间点的噪声图像，而无须逐步通过每个噪声级别。这在理论上简化了加噪过程，并使在生成和处理数据时更加高效。

8.2.2 DDPM 反向去噪过程

扩散模型是一种生成模型,它通过逐步向数据添加噪声来模拟数据生成过程。反向去噪的过程则是其逆过程,也就是从被噪声污染的数据中恢复出原始数据。

在去噪过程中,神经网络致力于在每个步骤中去除部分噪声。这主要通过预测给定噪声图像在下一步的去噪版本实现。为了训练网络达到这一目标,使用特定的训练标签是至关重要的。这些训练标签通常是从原始图像通过一定的前向扩散过程生成的,它们代表了在各个噪声级别下理想的去噪结果。在训练过程中,网络学习如何从一个噪声级别 x_t 恢复到一个更低噪声级别的状态 x_{t-1}。这意味着,对于每个噪声图像 x_t,其相应的训练目标是一个在噪声级别稍低一些的图像 x_{t-1},或者最终的原始图像 x_0。

这个过程是迭代的,意味着在每步中生成的去噪图像会被用作下一步的输入,因此,随着每次迭代,图像的噪声水平逐渐降低,图像逐渐接近其原始形态。整个迭代过程中使用的是同一个神经网络,而非每次迭代都训练一个新的网络。使用单一神经网络进行多次迭代的做法有几个关键优势。首先,它允许网络学习如何在各个噪声级别下处理图像,而不是仅限于单一的噪声水平,其次,这种方法减少了对计算资源的需求,因为不需要为每个噪声级别单独训练和维护一个网络。此外,参数共享(相同的网络权重用于处理不同噪声级别的图像)有助于网络更好地泛化到新的未见过的数据。

神经网络的训练基于一系列具有不同噪声水平的图像及其相应的噪声版本,如图 8-2(a)所示,这是一个前向扩散的示例,在这个例子中,$t=3$ 时刻对应的训练信息如图 8-2(b)所

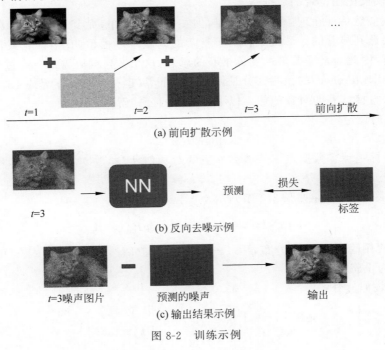

(a) 前向扩散示例

(b) 反向去噪示例

(c) 输出结果示例

图 8-2 训练示例

示,输入信息是 $t=3$ 及 $t=3$ 时刻的噪声图片,输出结果是对 $t=3$ 时刻噪声的预测,而真实标签就是前向扩散过程中 $t=3$ 时刻的噪声。预测完成之后,通过将 $t=3$ 时刻的噪声图片与预测的噪声相减得到去噪版本的输出结果,如图 8-2(c)所示。通过这种方式,网络学习如何在不同的噪声水平下有效地去除噪声。这样的训练策略使网络能够适应各种级别的噪声,并在迭代过程中逐步恢复图像的清晰度。

经过多个迭代步骤后,最终的输出是一个去除了所有噪声的图像,这张图像应非常接近于原始的无噪声图像。在有条件的扩散模型中,这个过程也可以受到额外条件的影响,如文本描述。这些条件可以用来引导图像生成过程,使最终生成的图像满足特定的要求或特征。

8.2.3 DDPM 扩散模型的损失函数

想要真正理解 DDPM 扩散模型的损失函数要从图片生成模型共同的目标讲起——最大似然估计。最大似然估计是一种统计方法,用于在给定一些观测数据时,估计模型参数以使观测数据出现的概率(似然性)最大。在图片生成模型的上下文中,这意味着希望找到模型参数,使模型生成观测到的真实图片数据的概率最大化。

图片生成模型,如生成对抗网络、变分自编码器和扩散模型等,旨在学习真实世界图片数据的概率分布。一旦模型学会了这个分布,它就可以生成新的以前未见过的图片,这些图片与真实数据在统计上是不可区分的。

最大似然估计之所以在图像生成模型中得到广泛应用,是因为它在提高模型泛化能力和确保学习过程的稳定性方面有独特优势。它鼓励模型学习一个能够覆盖数据集多样性的分布,而不是仅仅记住特定的数据样本。

虽然最大似然估计在理论上非常优雅,但在实际应用中,尤其是在处理高维数据(如图像)时,可能会遇到显著的计算挑战。对于复杂的深度学习模型,直接计算或最大化似然函数可能不可行,因此通常需要借助变分推断的思想,这个在自编码器章节有过介绍。变分推断(Variational Inference)的核心部分是使用变分下界(也称为证据下界或 ELBO)来近似概率模型中难以直接计算的对数似然。以下是逐步的公式解释。

(1)目标的设定:

$$\log P_\theta(x) \tag{8-11}$$

这里的目标是计算数据点 x 在参数 θ 下的对数似然,参数 θ 实际上是神经网络模型中的待训练参数。

(2)引入隐变量 z(详见 5.2.4 节):

$$\log P_\theta(x) = \int_z q(z \mid x) \log P_\theta(x) \mathrm{d}z \tag{8-12}$$

在这里,使用隐变量 z 的分布 $q(z|x)$ 来重写对数似然。注意,$q(z|x)$ 可以是任何分布,一般假设为正态分布。

(3)将对数似然分解:

$$\log P_\theta(x) = \int_z q(z \mid x) \log\left(\frac{P_\theta(z,x)}{P_\theta(z \mid x)}\right) \mathrm{d}z \tag{8-13}$$

这一步骤是将对数似然 $\log P_\theta(x)$ 重写为联合分布 $P_\theta(z,x)$ 与条件分布 $P_\theta(z|x)$ 的比率。这是基于概率论中的乘法规则 $P_\theta(x)=\dfrac{P_\theta(z,x)}{P_\theta(z|x)}$。

（4）引入变分分布：

$$\log P_\theta(x) = \int_z q(z\mid x)\log\left(\frac{P_\theta(z,x)}{q(z\mid x)}\frac{q(z\mid x)}{P_\theta(z\mid x)}\right)\mathrm{d}z \tag{8-14}$$

这里，在分式的分子和分母上同时引入了变分分布 $q(z|x)$ 并将其与条件分布 $P_\theta(z|x)$ 相比较。该步骤是为了创建一个项，该项后续可以转换为 KL 散度，这是一个衡量两个概率分布相似度的度量。

（5）分解对数：

$$\log P_\theta(x) = \int_z q(z\mid x)\log\left(\frac{P_\theta(z,x)}{q(z\mid x)}\right)\mathrm{d}z + \int_z q(z\mid x)\log\left(\frac{q(z\mid x)}{P_\theta(z\mid x)}\right)\mathrm{d}z \tag{8-15}$$

对数的性质允许将比率的对数分解为差的对数。

（6）应用 Jensen 不等式：

$$\log P_\theta(x) \geqslant \int_z q(z\mid x)\log\left(\frac{P_\theta(z,x)}{q(z\mid x)}\right)\mathrm{d}z \tag{8-16}$$

在这里，通过应用 Jensen 不等式，我们删除了等式（8-15）右侧的第 2 项，这是 KL 散度，它总是非负的，即大于或等于 0，这样就可以在删除 KL 散度的同时得到一个大于或等于的不等式，即对数似然的一个下界。

（7）变分下界：

$$\log P_\theta(x) \geqslant E_{q(z\mid x)}\left[\log\left(\frac{P_\theta(x,z)}{q(z\mid x)}\right)\right] \tag{8-17}$$

最终，将积分重写为期望值的形式，这表明对数似然的下界是隐变量 z 下变分分布 $q(z|x)$ 的期望。

总结来讲，这段推导展示了如何将复杂的对数似然问题转换为一个可以通过优化变分分布 $q(z|x)$ 来解决的下界问题。这种方法在复杂的概率模型中，如图像生成模型，是非常有用的，因为它使我们能够近似学习难以直接处理的分布。

式（8-17）中的 $E_{q(z\mid x)}$ 在 VAE 中是编码器，在扩散模型中是前向扩散过程，即下式：

$$\log p(x) \geqslant E_{q(x_{1:T}\mid x_0)}\left[\log\frac{p(x_{0:T})}{q(x_{1:T}\mid x_0)}\right] \tag{8-18}$$

其中，x 是观测到的数据点（例如一张图片）。$\log p(x)$ 是数据点 x 的对数似然，即我们想要最大化的目标，以便模型能够学习生成真实数据的概率分布。p 可以理解成神经网络模型。$x_{1:T}$ 表示数据 x 经过一系列噪声增加步骤后的扩散序列，直到时间 T 的状态。这是一个扩散过程，其中每步我们向数据添加噪声。$q(x_{1:T}\mid x_0)$ 是在给定原始数据 x_0 的情况下，数据经过扩散过程达到 $x_{1:T}$ 的条件概率分布。$p(x_{0:T})$ 表示从噪声状态 x_T 逆向恢复到原始数据 x_0 的整个扩散过程的联合概率分布。在扩散模型中，这个逆向过程是通过逐步

去除噪声实现的。$E_{q(x_{1:T}|x_0)}$ 是期望操作,表示在 q 分布下对所有可能的扩散路径 $x_{1:T}$ 进行平均。

不等式(8-18)的意义在于,它提供了对数似然 $\log p(x)$ 的一个可计算的下界。由于直接计算 $\log p(x)$ 在技术上通常是不可行的,所以这个下界成为一个实用的替代目标。通过优化模型参数以最大化这个下界,扩散模型可以被训练来逆向模拟扩散过程,最终生成与观测数据 x_0 类似的样本。

式(8-18)可以继续进行下述的推导整理。

$$\log p(x) \geqslant E_{q(x_{1:T}|x_0)} \left[\log \frac{p(x_{0:T})}{q(x_{1:T} \mid x_0)} \right]$$

$$= E_{q(x_{1:T}|x_0)} \left[\log \frac{p(x_T) \prod_{t=1}^{T} p_\theta(x_{t-1} \mid x_t)}{\prod_{t=1}^{T} q(x_t \mid x_{t-1})} \right]$$

$$= E_{q(x_{1:T}|x_0)} \left[\log \frac{p(x_T) p_\theta(x_0 \mid x_1) \prod_{t=2}^{T} p_\theta(x_{t-1} \mid x_t)}{q(x_1 \mid x_0) \prod_{t=2}^{T} q(x_t \mid x_{t-1})} \right]$$

$$= E_{q(x_{1:T}|x_0)} \left[\log \frac{p(x_T) p_\theta(x_0 \mid x_1) \prod_{t=2}^{T} p_\theta(x_{t-1} \mid x_t)}{q(x_1 \mid x_0) \prod_{t=2}^{T} q(x_t \mid x_{t-1}, x_0)} \right]$$

$$= E_{q(x_{1:T}|x_0)} \left[\log \frac{p(x_T) p_\theta(x_0 \mid x_1)}{q(x_1 \mid x_0)} + \log \prod_{t=2}^{T} \frac{p_\theta(x_{t-1} \mid x_t)}{q(x_t \mid x_{t-1}, x_0)} \right]$$

$$= E_{q(x_{1:T}|x_0)} \left[\log \frac{p(x_T) p_\theta(x_0 \mid x_1)}{q(x_1 \mid x_0)} + \log \prod_{t=2}^{T} \frac{p_\theta(x_{t-1} \mid x_t)}{\frac{q(x_{t-1} \mid x_t, x_0) q(x_t \mid x_0)}{q(x_{t-1} \mid x_0)}} \right]$$

$$= E_{q(x_{1:T}|x_0)} \left[\log \frac{p(x_T) p_\theta(x_0 \mid x_1)}{q(x_1 \mid x_0)} + \log \prod_{t=2}^{T} \frac{p_\theta(x_{t-1} \mid x_t)}{\frac{q(x_{t-1} \mid x_t, x_0) q(x_t \mid x_0)}{q(x_{t=1} \mid x_0)}} \right]$$

$$= E_{q(x_{1:T}|x_0)} \left[\log \frac{p(x_T) p_\theta(x_0 \mid x_1)}{q(x_1 \mid x_0)} + \log \frac{q(x_1 \mid x_0)}{q(x_T \mid x_0)} + \log \prod_{t=2}^{T} \frac{p_\theta(x_{t-1} \mid x_t)}{q(x_{t-1} \mid x_t, x_0)} \right]$$

$$= E_{q(x_{1:T}|x_0)} \left[\log \frac{p(x_T) p_\theta(x_0 \mid x_1)}{q(x_T \mid x_0)} + \sum_{t=2}^{T} \log \frac{p_\theta(x_{t-1} \mid x_t)}{q(x_{t-1} \mid x_t, x_0)} \right]$$

$$= E_{q(x_{1:T}|x_0)} \left[\log p_\theta(x_0 \mid x_1) \right] + E_{q(x_{1:T}|x_0)} \left[\log \frac{p(x_T)}{q(x_T \mid x_0)} \right] +$$

$$\sum_{t=2}^{T} E_{q(x_{1,T}|x_0)} \left[\log \frac{p_\theta(x_{t-1} \mid x_t)}{q(x_{t-1} \mid x_t, x_0)} \right]$$

$$= E_{q(x_1|x_0)} \left[\log p_\theta(x_0 \mid x_1) \right] + E_{q(x_T|x_0)} \left[\log \frac{p(x_T)}{q(x_T \mid x_0)} \right] +$$

$$\sum_{t=2}^{T} E_{q(x_t, x_{t-1}|x_0)} \left[\log \frac{p_\theta(x_{t-1} \mid x_t)}{q(x_{t-1} \mid x_t, x_0)} \right]$$

$$= \underbrace{E_{q(x_1|x_0)} \left[\log p_\theta(x_0 \mid x_1) \right]}_{\text{重建项}} - \underbrace{D_{\mathrm{KL}}(q(x_T \mid x_0) \| p(x_T))}_{\text{先验项}} -$$

$$\underbrace{\sum_{t=2}^{T} E_{q(x_t|x_0)} \left[D_{\mathrm{KL}}(q(x_{t-1} \mid x_t, x_0) \| p_\theta(x_{t-1} \mid x_t)) \right]}_{\text{去噪项}} \tag{8-19}$$

此时,得到了扩散模型中最大似然函数的推导结果,即

$$\log p(x) = E_{q(x_1|x_0)} \left[\log P(x_0 \mid x_1) \right] - \mathrm{KL}(q(x_T \mid x_0) \| P(x_T)) -$$

$$\sum_{t=2}^{T} E_{q(x_t|x_0)} \left[\mathrm{KL}(q(x_{t-1} \mid x_t, x_0) \| P(x_{t-1} \mid x_t)) \right] \tag{8-20}$$

式(8-20)是对扩散模型中对数似然的分解,其中 x 表示数据点(如一张图片),而 x_0 是原始数据,x_1 到 x_T 表示数据在不同时间步的扩散状态。这个分解涉及以下几个关键部分。

(1) $\log p(x)$:想要最大化的目标,即数据点 x 的对数似然。它衡量的是模型生成数据点的概率。

(2) $E_{q(x_1|x_0)} \left[\log P(x_0 | x_1) \right]$:在给定 x_1 的情况下,x_0 的对数条件概率的期望值。它表示模型从扩散状态 x_1 逆向恢复到原始状态 x_0 的能力,因此被称为重建场。

(3) $\mathrm{KL}(q(x_T | x_0) \| P(x_T))$:在给定原始数据 x_0 的情况下,数据点在最终扩散状态 x_T 的变分分布 q 与模型假设的最终扩散状态的概率分布 P 之间的 KL 散度。它衡量了模型假设的扩散过程如何匹配实际的扩散过程,由于已知 $P(x_T)$ 为高斯分布,因此该项被称为先验项。

(4) $\sum_{t=2}^{T} E_{q(x_t|x_0)} \left[\mathrm{KL}(q(x_{t-1} | x_t, x_0) \| P(x_{t-1} | x_t)) \right]$:对所有时间步的累加,它计算了在每步扩散过程中,给定 x_t 和 x_0 时的变分分布 q 与模型的条件概率分布 P 之间的 KL 散度的期望值。这个累加项量化了逐步恢复过程中的误差,被称为去噪场。

整体来看,式(8-20)通过期望值和 KL 散度的项,将对数似然分解成了模型在整个扩散过程中的性能度量。每项都与模型在不同阶段如何准确地模拟数据的扩散和恢复过程有关。在训练扩散模型时,希望最大化对数似然 $\log p(x)$,这通常是通过最小化各个 KL 散度项实现的,因为 $\log p(x)$ 的最大化等同于整个右侧表达式的最大化,这包括最大化第 1 项(逆向恢复的期望对数似然)及最小化所有的 KL 散度项(因为负号)。

接下来，进一步解释 $q(x_{t-1}\mid x_t,x_0)$ 的求解。实际上，我们已知的是 $q(x_t\mid x_{t-1})$，$q(x_{t-1}\mid x_0)$ 和 $q(x_t\mid x_0)$，这些都可以通过 8.2.1 节推导的式（8-10）得出，因此，关键是使用这 3 个公式去表示 $q(x_{t-1}\mid x_t,x_0)$。推导过程也很简单，利用条件概率的定义和联合概率的分解即可实现，具体如下：

$$
\begin{aligned}
q(x_{t-1}\mid x_t,x_0) &= \frac{q(x_{t-1},x_t,x_0)}{q(x_t,x_0)}\\
&= \frac{q(x_t\mid x_{t-1})q(x_{t-1}\mid x_0)q(x_0)}{q(x_t\mid x_0)q(x_0)}\\
&= \frac{q(x_t\mid x_{i-1})q(x_{t-1}\mid x_0)}{q(x_t\mid x_0)}
\end{aligned}
\tag{8-21}
$$

接下来，可以对式（8-21）进行进一步的推导。

$$
\begin{aligned}
q(x_{t-1}\mid x_t,x_0) &= \frac{q(x_t\mid x_{t-1},x_0)q(x_{t-1}\mid x_0)}{q(x_t\mid x_0)}\\
&= \frac{\mathcal{N}(x_t;\sqrt{\alpha_t}\,x_{t-1},(1-\alpha_t)\boldsymbol{I})\,\mathcal{N}(x_{t-1};\sqrt{\bar\alpha_{t-1}}\,x_0,(1-\bar\alpha_{t-1})\boldsymbol{I})}{\mathcal{N}(x_t;\sqrt{\bar\alpha_t}\,x_0,(1-\bar\alpha_t)\boldsymbol{I})}\\
&\propto \exp\left\{-\left[\frac{(x_t-\sqrt{\alpha_t}\,x_{t-1})^2}{2(1-\alpha_t)}+\frac{(x_{t-1}-\sqrt{\bar\alpha_{t-1}}\,x_0)^2}{2(1-\bar\alpha_{t-1})}-\frac{(x_t-\sqrt{\bar\alpha_t}\,x_0)^2}{2(1-\bar\alpha_t)}\right]\right\}\\
&= \exp\left\{-\frac{1}{2}\left[\frac{(x_t-\sqrt{\alpha_t}\,x_{t-1})^2}{1-\alpha_t}+\frac{(x_{t-1}-\sqrt{\bar\alpha_{t-1}}\,x_0)^2}{1-\bar\alpha_{t-1}}-\frac{(x_t-\sqrt{\bar\alpha_t}\,x_0)^2}{1-\bar\alpha_t}\right]\right\}\\
&= \exp\left\{-\frac{1}{2}\left[\frac{(-2\sqrt{\alpha_t}\,x_t x_{t-1}+\alpha_t x_{t-1}^2)}{1-\alpha_t}+\frac{(x_{t-1}^2-2\sqrt{\bar\alpha_{t-1}}\,x_{t-1}x_0)}{1-\bar\alpha_{t-1}}+C(x_t,x_0)\right]\right\}\\
&\propto \exp\left\{-\frac{1}{2}\left[-\frac{2\sqrt{\alpha_t}\,x_t x_{t-1}}{1-\alpha_t}+\frac{\alpha_t x_{t-1}^2}{1-\alpha_t}+\frac{x_{t-1}^2}{1-\bar\alpha_{t-1}}-\frac{2\sqrt{\bar\alpha_{t-1}}\,x_{t-1}x_0}{1-\bar\alpha_{t-1}}\right]\right\}\\
&= \exp\left\{-\frac{1}{2}\left[\left(\frac{\alpha_t}{1-\alpha_t}+\frac{1}{1-\bar\alpha_{t-1}}\right)x_{t-1}^2-2\left(\frac{\sqrt{\alpha_t}\,x_t}{1-\alpha_t}+\frac{\sqrt{\bar\alpha_{t-1}}\,x_0}{1-\bar\alpha_{t-1}}\right)x_{t-1}\right]\right\}\\
&= \exp\left\{-\frac{1}{2}\left[\frac{\alpha_t(1-\bar\alpha_{t-1})+1-\alpha_t}{(1-\alpha_t)(1-\bar\alpha_{t-1})}x_{t-1}^2-2\left(\frac{\sqrt{\alpha_t}\,x_t}{1-\alpha_t}+\frac{\sqrt{\bar\alpha_{t-1}}\,x_0}{1-\bar\alpha_{t-1}}\right)x_{t-1}\right]\right\}\\
&= \exp\left\{-\frac{1}{2}\left[\frac{\alpha_t-\bar\alpha_t+1-\alpha_t}{(1-\alpha_t)(1-\bar\alpha_{t-1})}x_{t-1}^2-2\left(\frac{\sqrt{\alpha_t}\,x_t}{1-\alpha_t}+\frac{\sqrt{\bar\alpha_{t-1}}\,x_0}{1-\bar\alpha_{t-1}}\right)x_{t-1}\right]\right\}\\
&= \exp\left\{-\frac{1}{2}\left[\frac{1-\bar\alpha_t}{(1-\alpha_t)(1-\bar\alpha_{t-1})}x_{t-1}^2-2\left(\frac{\sqrt{\alpha_t}\,x_t}{1-\alpha_t}+\frac{\sqrt{\bar\alpha_{t-1}}\,x_0}{1-\bar\alpha_{t-1}}\right)x_{t-1}\right]\right\}
\end{aligned}
$$

$$
= \exp\left\{-\frac{1}{2}\left(\frac{1-\bar{\alpha}_t}{(1-\alpha_t)(1-\bar{\alpha}_{t-1})}\right)\left[x_{t-1}^2 - 2\frac{\left(\frac{\sqrt{\alpha_t}\,x_t}{1-\alpha_t}+\frac{\sqrt{\bar{\alpha}_{t-1}}\,x_0}{1-\bar{\alpha}_{t-1}}\right)}{\frac{1-\bar{\alpha}_t}{(1-\alpha_t)(1-\bar{\alpha}_{t-1})}}x_{t-1}\right]\right\}
$$

$$
= \exp\left\{-\frac{1}{2}\left(\frac{1-\bar{\alpha}_t}{(1-\alpha_t)(1-\bar{\alpha}_{t-1})}\right)\left[x_{t-1}^2 - 2\frac{\left(\frac{\sqrt{\alpha_t}\,x_t}{1-\alpha_t}+\frac{\sqrt{\bar{\alpha}_{t-1}}\,x_0}{1-\bar{\alpha}_{t-1}}\right)(1-\alpha_t)(1-\bar{\alpha}_{t-1})}{1-\bar{\alpha}_t}x_{t-1}\right]\right\}
$$

$$
= \exp\left\{-\frac{1}{2}\left(\frac{1}{\frac{(1-\alpha_t)(1-\bar{\alpha}_{t-1})}{1-\bar{\alpha}_t}}\right)\left[x_{t-1}^2 - 2\frac{\sqrt{\alpha_t}(1-\bar{\alpha}_{t-1})x_t+\sqrt{\bar{\alpha}_{t-1}}(1-\alpha_t)x_0}{1-\bar{\alpha}_t}x_{t-1}\right]\right\}
$$

$$
\propto \mathcal{N}\left(x_{t-1};\underbrace{\frac{\sqrt{\alpha_t}(1-\bar{\alpha}_{t-1})x_t+\sqrt{\bar{\alpha}_{t-1}}(1-\alpha_t)x_0}{1-\bar{\alpha}_t}}_{\mu_q(x_t,x_0)},\underbrace{\frac{(1-\alpha_t)(1-\bar{\alpha}_{t-1})}{1-\bar{\alpha}_t}I}_{\Sigma_q(t)}\right) \tag{8-22}
$$

式(8-22)推导的结果显示,$q(x_{t-1}|x_t,x_0)$服从一个高斯分布,它的均值和方差分别是

$$
\text{mean} = \frac{\sqrt{\bar{\alpha}_{t-1}}\beta_t x_0+\sqrt{\alpha_t}(1-\bar{\alpha}_{t-1})x_t}{1-\bar{\alpha}_t}, \quad \text{variance} = \frac{1-\bar{\alpha}_{t-1}}{1-\bar{\alpha}_t}\beta_t I \tag{8-23}
$$

由于均值和方差中的组成因子 $\bar{\alpha}_t$、α_t、β_t、x_0 和 x_t 都是已知的,因此 $q(x_{t-1}|x_t,x_0)$ 实际上是一个已知的高斯分布。此时,$\mathrm{KL}(q(x_{t-1}|x_t,x_0)\parallel P(x_{t-1}|x_t))$ 表示的含义就是计算在每步扩散过程中,给定 x_t 和 x_0 时 x_{t-1} 的变分分布 q(根据上述推导,这是一个已知的高斯分布)与模型的条件概率分布 P(知道某时刻 t 的噪声图片预测去噪结果的分布)之间的 KL 散度的期望值。在训练过程中,我们是求损失函数的极小值,也就是说,希望这个 KL 散度的期望值越小越好,这就要求 $q(x_{t-1}|x_t,x_0)$ 和 $P(x_{t-1}|x_t)$ 的均值越接近越好。在刚刚的推导中,$q(x_{t-1}|x_t,x_0)$ 的均值是已知的,即

$$
\text{mean} = \frac{\sqrt{\bar{\alpha}_{t-1}}\beta_t x_0+\sqrt{\alpha_t}(1-\bar{\alpha}_{t-1})x_t}{1-\bar{\alpha}_t} \tag{8-24}
$$

而 $P(x_{t-1}|x_t)$ 的均值实际上来自训练的神经网络的输出结果。也就是说上述 $q(x_{t-1}|x_t,x_0)$ 的已知均值实际上是神经网络训练的标签。针对上述 $q(x_{t-1}|x_t,x_0)$ 的均值可以进一步地进行推导。根据 8.2.1 节已知推导结果 $x_t=\sqrt{\bar{\alpha}_t}x_0+\sqrt{1-\bar{\alpha}_t}\varepsilon$,可以整理得到 $x_0=\frac{x_t-\sqrt{1-\bar{\alpha}_t}\varepsilon}{\sqrt{\bar{\alpha}_t}}$,再代入上述均值整理一下得到:

$$
= \frac{\sqrt{\bar{\alpha}_{t-1}}\beta_t\frac{x_t-\sqrt{1-\bar{\alpha}_t}\varepsilon}{\sqrt{\bar{\alpha}_t}}+\sqrt{\alpha_t}(1-\bar{\alpha}_{t-1})x_t}{1-\bar{\alpha}_t}
$$

$$= \frac{1}{\sqrt{\alpha_t}} \left(x_t - \frac{1-\alpha_t}{\sqrt{1-\overline{\alpha}_t}} \varepsilon \right) \tag{8-25}$$

在这个整理结果中,唯一的变量实际上是噪声 ε,其他的因子要么是已知的,要么是手动设置的。也就是说,ε 才是神经网络模型需要预测的值。因此,在实际的网络训练中,扩散模型的损失函数被定义为 $\text{loss} = \varepsilon - \varepsilon_\theta(\sqrt{\overline{\alpha}_t} x_0 + \sqrt{1-\overline{\alpha}_t} \varepsilon, t)$。其中,$\varepsilon$ 是标签,即真实噪声;ε_θ 表示扩散模型,其接收噪声图片 $x_0\sqrt{\overline{\alpha}_t} + \sqrt{1-\overline{\alpha}_t}\varepsilon$ 和时间步 t 作为输入,预测输出该时间步下加入的真实噪声。

最后,回顾一下 DDPM 的损失函数的推导:

$$\log p(x) = E_{q(x_1|x_0)}[\log P(x_0 \mid x_1)] - \text{KL}(q(x_T \mid x_0) \parallel P(x_T)) -$$

$$\sum_{t=2}^{T} E_{q(x_t|x_0)}[\text{KL}(q(x_{t-1} \mid x_t, x_0) \parallel P(x_{t-1} \mid x_t))] \tag{8-26}$$

其中,$\sum_{t=2}^{T} E_{q(x_t|x_0)}[\text{KL}(q(x_{t-1} \mid x_t, x_0) \parallel P(x_{t-1} \mid x_t))]$ 在上述已经详细地进行了推导。$\text{KL}(q(x_T \mid x_0) \parallel P(x_T))$ 不需要管它,因为其中的因子都是已知的,换句话说,采样得到 x_t 和 x_0 这个值是可计算的。最后 $E_{q(x_1|x_0)}[\log P(x_0 \mid x_1)]$ 的计算与 $\sum_{t=2}^{T} E_{q(x_t|x_0)}$ $[\text{KL}(q(x_{t-1}|x_t, x_0) \parallel P(x_{t-1}|x_t))]$ 十分类似,这里就不再详细地进行推导解释了。

大家可能会好奇为什么损失函数的推导如此复杂? 不可以使用一些距离度量损失直接约束模型每次迭代的预测值和真实值之间的距离吗? 主要原因在于扩散模型的特殊性质和目标。以下是几个关键原因。

1. 扩散过程的本质

扩散模型的核心在于模拟数据逐步被噪声覆盖的过程,并在逆过程中去除这些噪声。这个过程不仅涉及在特定时刻的数据状态,而且涉及整个数据分布的演变,因此,损失函数需要捕捉这个分布的变化,而不仅是在特定时刻的数据点。

2. 数据分布的重要性

在扩散模型中,重要的是学习数据如何随时间变化而逐步转变为噪声,以及如何从噪声状态恢复到原始状态。这种变化更多地体现在数据分布的变化上,而不只是单个数据点的预测准确性。

3. 高噪声水平下的挑战

在扩散过程的后期,数据点会被高水平的噪声覆盖,使它们几乎或完全是随机的。在这种情况下,使用 MSE 等简单的距离损失衡量预测值和高度随机的真实值之间的差异变得不那么有意义,其值将会非常大。

4. 特定的统计特性

扩散模型中的数据点在加入噪声后会遵循特定的统计分布(通常是正态分布),因此,损失函数需要专门设计以适应这些统计特性,而不是简单地对预测值和真实值进行点对点的比较。

5. 优化目标的不同

扩散模型的最终目标是能够从高度噪声的数据中恢复出清晰的原始数据。为此,需要优化模型对整个数据分布的理解,而不仅是单个数据点的预测。

最后强调一点,虽然 DDPM 损失函数的推导非常烦琐,但推导的结果却非常简单。即模型只需要预测每个时间步下加入的噪声 ε,损失函数被定义为 $loss = \varepsilon - \varepsilon_\theta(\sqrt{\bar{\alpha}_t}x_0 + \sqrt{1-\bar{\alpha}_t}\varepsilon, t)$。

8.2.4 DDPM 扩散模型的使用

使用训练好的扩散模型来生成或重构图像是一个详尽而精细的过程,涉及多次计算以逐步达到最终结果。具体来讲,使用过程从一个高噪声水平的图像开始。与训练过程类似,这个噪声图像通常是随机生成的,类似于白噪声,而不是从特定清晰图像通过加噪得到的。训练好的模型随后用于逐步减少噪声并逐渐恢复图像细节。在每次迭代中,模型接收当前的噪声图像和时间步 t,基于其进行去噪处理,生成一个噪声水平降低的新图像。迭代的次数取决于模型在训练时设置的时间步 t。

如果是有条件的扩散模型,这个过程则可以受到额外条件的影响,例如文本描述。这些条件信息被用来引导图像的生成过程,确保最终生成的图像符合这些指定的条件。经过足够次数的迭代后,最终的输出是一个去除了大部分或所有噪声的图像,这张图像应非常接近于原始图像或满足特定的生成要求。在每次迭代中,可能会引入一定的随机性,这有助于在生成图像时引入多样性,特别是在生成新的未见过的图像时。

扩散模型不采用像自编码器那样一步到位的方法生成图像的原因主要是由于它们的工作原理和设计哲学不同。扩散模型和自编码器在处理图像生成问题时采取了不同的方法。

首先是工作原理的差异,对于自编码器而言,通常包括一个编码器和一个解码器。编码器将输入数据(如图像)转换为一个较低维度的表示(潜在空间),然后解码器从这个潜在空间重构出原始数据。这种一步到位的过程适用于许多情况,但可能在处理高度复杂或细节丰富的图像时遇到限制,而通过逐步引入和逐步去除噪声来生成图像。在这个过程中,模型学习如何逐渐恢复图像的细节,这可以捕捉更细微的数据分布特征。这种逐步的方法允许模型生成极为复杂和高质量的图像,这在一步生成方法中可能难以实现。

其次考虑图像质量和复杂性,扩散模型特别适合生成高质量和视觉上复杂的图像。逐步去除噪声的过程可以更精细地控制图像的细节,从而生成质量更高、细节更丰富的图像。

另外从灵活性和控制角度理解,扩散模型在图像生成过程中提供了更多的控制点,因为它可以在多个步骤中调整生成的过程。这种逐步生成方法可以更好地应对复杂的生成任务,如条件图像生成或风格迁移。

最后,对复杂数据分布的建模,扩散模型通过逐步的方法能够更好地建模复杂的数据分布。在逐步去噪的每步,模型都在学习数据的不同方面,这有助于捕获数据的复杂性和多样性。总之,扩散模型之所以不采用像自编码器那样一步到位的方法,是因为其逐步去噪的方法在处理高度复杂的图像生成任务时提供更高的质量、更细致的控制及对复杂数据分布更好的建模能力。

第 9 章

图神经网络

9.1 图神经网络算法基础

图在我们身边随处可见,现实世界中的物体通常是以它们与其他事物的联系来定义的。一组物体及它们之间的联系都可以自然地表达为一张图。十多年来,研究人员已经开发了在图数据上操作的神经网络(称为图神经网络,或 GNN)。最近,深度学习的发展提高了图神经网络的表达能力。我们开始看到它在医学领域、药物设计、物理学模拟、流量预测和推荐系统等领域的实际应用。

相比于卷积神经网络、循环神经网络等深度学习模型,图神经网络的发展是落后的。原因是因为图神经网络所处理的图数据,本身就比图像和文本数据更加难以处理。具体来讲,图数据不像一维的文本数据那样拥有左右的语义相关性,也不像二维的图片数据那样拥有上下左右元素的相关性,其本身是一个不规则的可变结构的三维数据,因此对它的建模要更难。

本章将探讨并解释现代图神经网络。首先补充一些图的基本知识,其次分析什么样的数据最自然地被表述为图,以及一些常见的例子。最后探讨基于图的数据结构都可以处理哪些问题。

9.1.1 图的表示

1. 图的节点、边和全局

首先让我们确定什么是图,图代表了一组实体(节点)之间的关系(边)。用于表示图的主要属性有 3 个:

(1) Vertex/Node 顶点(或节点)属性。例如,节点的身份、邻居的数量等。

(2) Edge/Link 边(或链接)属性。例如,边的身份、节点的关系等。

(3) Global 全局(或主节点)属性。例如,节点的数量、最长的路径等,表示整张图的主要特征。

为了进一步描述每个节点、边或整个图,可以用向量的形式来存储信息,即把点、边和全局都用向量进行表示,如图 9-1 所示。

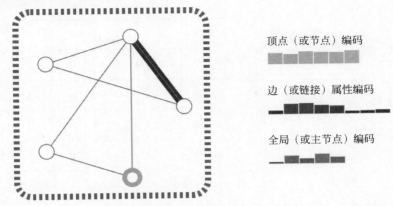

图 9-1　图的表示

2．有向图和无向图（Directed/Undirected）

为了更清晰地解释图数据的各个属性,以三国时期的人物关系为例子进行说明。根据图结构中的边是否有方向,可以把图数据分成两类。边没有方向的图称为无向图,如图 9-2(a)所示;反之则为有向图,如图 9-2(b)所示。

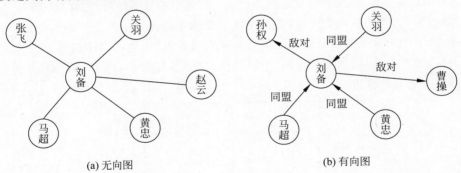

(a) 无向图　　　　　　　　　　(b) 有向图

图 9-2　有向图和无向图

3．节点的度（Node Degree）

(1) 无向图节点的度为与该节点相关联的边的数目。

(2) 有向图节点的出度为由该节点发出的边的数目。

(3) 有向图的节点的入度为以该节点为终点的边的数目。

如图 9-2(a)所示,节点"刘备"的度等于 5;如图 9-2(b)所示,节点"刘备"的出度等于 2,入度等于 3。

4．邻接矩阵（Adjacency Matrix/List）

邻接矩阵（Adjacency Matrix）是表示顶点之间相邻关系的矩阵,如图 9-3 所示。设 $G = (V, E)$ 是一张图,其中 $V = \{v_1, v_2, \cdots, v_n\}$。$G$ 的邻接矩阵是一个 n 阶方阵且具有以下性质。

	曹操	于禁	孙权	周瑜	小乔
曹操		1			
于禁	1				
孙权				1	1
周瑜			1		1
小乔			1	1	

```
0 1 0 0 0
1 0 0 0 0        ←邻接矩阵
0 0 0 1 1
0 0 1 0 1
0 0 1 1 0
```

图 9-3　邻接矩阵

（1）对无向图而言，邻接矩阵一定是对称的，而且主对角线一定为 0，副对角线不一定为 0，有向图则不一定如此。

（2）在无向图中，任一顶点 i 的度为第 i 列（或第 i 行）所有非零元素的个数，在有向图中顶点 i 的出度为第 i 行所有非零元素的个数，而入度为第 i 列所有非零元素的个数。

（3）用邻接矩阵法表示图共需要 n^2 个空间，由于无向图的邻接矩阵一定具有对称关系，所以扣除对角线为 0 外，仅需要存储上三角形或下三角形的数据即可，因此仅需要 $n(n-1)/2$ 个空间，即便如此，当图结构太大时，邻接矩阵存储的资源占用依然是一个问题。

此外，除了使用 0、1 来表示节点之间是否存在关系以外，也可以用权重的方法表示节点之间的关系，如果关系强，则赋予更高的数值，反之亦然，如图 9-4 所示，周瑜和小乔是夫妻，所以可以拥有更高的权重。

	曹操	于禁	孙权	周瑜	小乔
曹操		0.7			
于禁	0.7				
孙权				0.8	0.4
周瑜			0.8		1.6
小乔			0.4	1.6	

图 9-4　带权重的邻接矩阵

但是，一个值得注意的问题是，有许多邻接矩阵可以表示相同的连接，如图 9-5 所示，同一个社交网络，将邻接矩阵中人物的排列顺便变一下，便可以得到两个完全不一样的邻接矩阵。英语的专业说法是 they are not permutation invariant。神经网络模型不能保证学习到这种 permutation invariant。

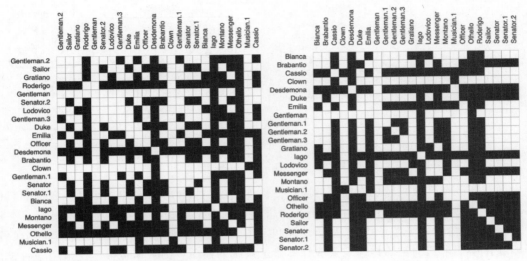

Two adjacency matrices representing the same graph.

图 9-5　permutation invariant

表示稀疏矩阵的一种优雅而有效的记忆方式是邻接列表（Adjacency List）。例如，如果节点 n_i 和 n_j 之间的边 e_k 存在连通性，则把元组 (i, j) 作为邻接列表的第 k 个条目。这样可以避免在图的不连接部分进行计算和存储无效信息。为了使这一概念具体化，读者可观察邻接列表的表示示例，如图 9-6 所示。

理解上述图数据的属性对于理解图数据至关重要。此外，图数据还有一些其他常见的属性，例如图的连通性、直径和最短路径、度中心性、特征向量中心性、中介中心性、接近中心性等，这里就不展开叙述了。

[1, 2], [2, 3], [3, 7], [4, 5], [4, 6], [4, 8], [5, 6]

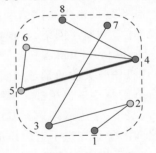

图 9-6　邻接列表

9.1.2　图数据的任务类型

图数据的任务类型主要有 4 种：全图级别的预测、节点级别的预测、边缘级别的预测和生成类任务。在全图层面的任务中，主要对整个图的单一属性进行预测。对于节点层面的任务，主要预测图中每个节点的一些属性。对于边缘层面的任务，要预测图中边缘的属性或存在，而生成类的任务，主要根据已有的图数据生成一些类似的图结构，进行数据的探索和发现，下面进行介绍。

1. Graph-level task

在全图层面的任务中，目标是预测整个图的属性，例如，如图 9-7 所示是生物化学领域的常见应用。对于一个以图表示的分子，可能想预测该分子的气味，或者预测它是否具有某些特殊的药理性质，以及是否可以用来治疗某些疾病。

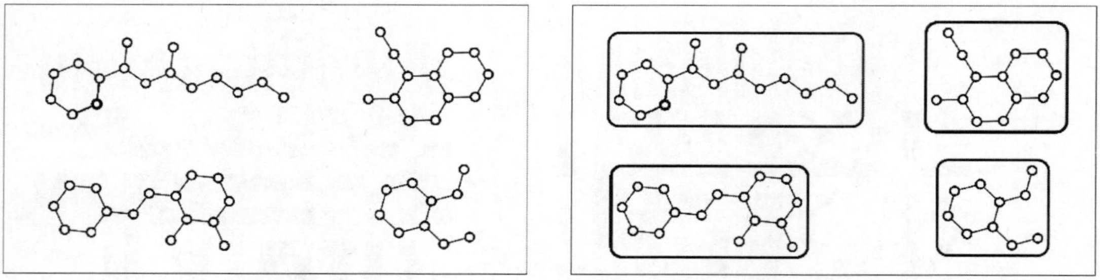

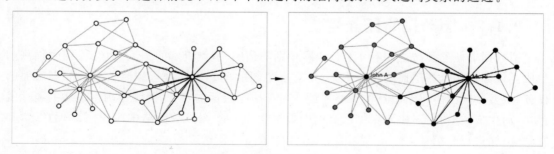

(a) 输入　　　　　　　　　　　　　　(b) 输出

图 9-7　Graph-level task

　　图级任务在其他领域也有广泛的应用。例如,在材料科学中,利用图级任务来预测新材料的性质或发现新材料,通过分析原子或分子间的联系来寻找具有特定特性的材料。在物理领域中,图模型用于粒子物理、量子计算和宇宙学的研究,例如通过粒子碰撞事件中的粒子相互作用图来识别新的物理现象或计算量子系统的性质。图数据也被广泛地用于研究社交网络、经济系统、交通领域等。通过分析社交网络图的结构,研究者可以识别社群结构、意见领袖,或预测信息传播模式和社会行为趋势。在经济领域,图模型可用于分析金融网络的稳定性,预测市场风险,或探究企业间的合作与竞争关系。在交通领域中,图级任务对于优化交通流、规划城市交通网络和提高物流效率至关重要。利用交通图,可以分析和优化道路、铁路、航空和航海网络,实现更有效的路径规划、拥堵管理和事故响应等。

2. Node-level task

　　节点级任务关注的是预测图中每个节点的身份或角色。节点级预测问题的一个典型例子是 Zach 的空手道俱乐部,如图 9-8 所示。该数据集是一个单一的社会网络图,问题是两名教员决裂了,学生必须选择其中一人效忠。正如故事所言,Hi 先生(教练)和 John H(管理员)之间的争执在空手道俱乐部中造成了分裂。节点代表空手道练习者个人,边则代表这些成员在空手道之外的互动关系。预测问题是对一个给定的成员是否会效忠于 Hi 先生或 John H 进行分类。在这种情况下,两个节点之间的距离表示两人之间关系的远近。

图 9-8　Node-level task

　　另一个例子是近期非常火热的蛋白质三维结构预测模型:AlphaFold,如图 9-9 所示。在这个例子里,我们把蛋白质中的每个氨基酸看作节点,如果两个氨基酸相连,则连一条边线。由于蛋白质是会折叠的,所以模型 AlphaFold 的目的是预测每个节点在三维空间中的位置,解决了人类在这个领域 50 年没有解决的问题:蛋白质三维结构预测。

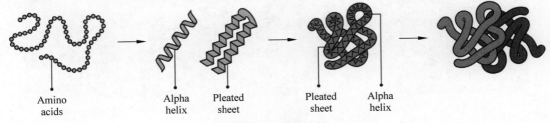

Amino acids　　Alpha helix　　Pleated sheet　　Pleated sheet　　Alpha helix

图 9-9　AlphaFold

在生物化学中,节点级任务还可用于预测蛋白质功能,通过分析蛋白质相互作用网络中的节点(蛋白质)来预测其功能分类或疾病关联性。这对于理解生物过程和开发新药具有重要意义。在材料科学中,节点级分析可以帮助预测材料中原子或分子的特性,如电荷、磁性或化学活性,这对于设计新材料和改善现有材料性能至关重要。在物理领域,特别是在粒子物理和凝聚态物理中,节点级任务可以用于识别和分类粒子类型,或预测原子在特定物理环境下的行为等。

3. Edge-level task

边缘级别任务的一个例子是在图像场景理解中。除了可以识别图像中的物体,深度学习模型还可以用来预测它们之间的关系。可以将其表述为边缘级分类:给定代表图像中物体的节点,希望预测这些节点中哪些节点共享一条边缘,或者该边缘的价值是什么,如图 9-10 所示,原始图像(左上角)已经被分割成 5 个实体:两个拳手、裁判、观众和垫子。

从先前的视觉场景中建立的初始图如图 9-11(a)所示,此图的一个可能的边缘标签如图 9-11(b)所示。

另一个例子是蛋白质互作网络的边预测问题。例如,将药物分子和人体蛋白质作为图的节点,如果药物分子和蛋白质直接存在反应,则连一条边线,如图 9-12 所示。根据已有的图结构,可以预测药物辛伐他汀和环丙沙星一起服用时,分解肌肉组织的可能性有多大。

此外,在材料科学领域,通过分析原子或分子间的相互作用,边级任务可以帮助预测材料中的化学键的类型或强度,这对于设计具有特定性质的新材料非常重要。在物理中,边级任务可以应用于预测粒子间的相互作用,如量子纠缠或力的作用,这对于理解基本物理规律和发展新的物理理论有重要意义。在社会科学中,边级分析可用于探索人际关系的性质,如友谊、合作或信任关系。在网络分析中,这有助于揭示社会网络的结构和演化,以及信息、影响力和资源的流动路径。在交通领域,边级任务通常用于预测路段的交通流量或拥堵情况,以及分析运输网络中的关键连接路径。这对于交通规划、拥堵管理和提高交通系统的效率具有重要意义。

4. Generation tasks

除了上述的预测类任务以外,图神经网络也可以用于生成类的任务。例如,在生物化学中,在药物发现和生物学研究中,图生成模型可以用于设计新的分子结构。通过学习现有分

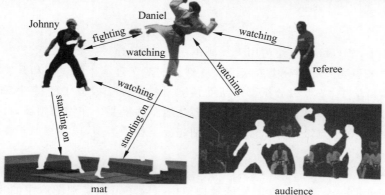

图 9-10　Edge-level task

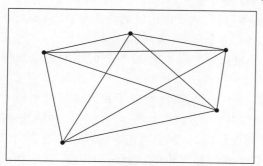

(a) 初始图

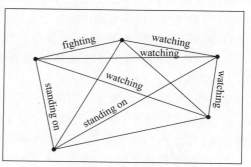

(b) 边缘标签

图 9-11　Edge-level task

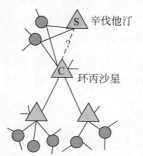

图 9-12　Edge-level task

子的图表示,这些模型能够生成具有预期属性(如药效、稳定性)的新分子结构,加速新药的开发。在材料科学中,利用图生成技术,研究人员可以设计出具有特定特性(如超高强度、导电性)的新材料。通过模拟原子或分子间的连接方式,可以探索未知材料的可能结构。在社会科学中,通过生成社会网络的图结构,研究人员可以模拟社会群体的形成、信息传播路径及观点动态,这对于理解社会现象和行为模式有重要意义。在交通规划中,图生成模型可以用于设计和优化城市交通网络,通过生成不同的路网结构来评估交通流、拥堵情况和事故风险,从而指导城市规划和交通管理。

图生成任务通过算法自动构造图结构,不仅能帮助我们模拟和理解现有的网络系统,还能够创造出全新的结构和模式,促进创新和发现。这些任务依赖于复杂的算法和模型,如图神经网络(GNN)和生成对抗网络(GAN),它们通过学习现实世界数据中的规律和关系,生成具有特定特性和功能的图。

9.1.3 图数据的嵌入

图数据的嵌入(Embedding)是将图结构中的节点、边或整个图转换为低维、连续、密集的向量表示的过程,这个过程也被称为向量化。这些向量表示(也称为嵌入向量)捕捉了图中的实体及其关系的本质特征,使图数据可以被用于各种机器学习和数据分析任务。图嵌入技术的目的是保留原始图结构的信息,如节点间的邻接关系、路径长度和网络拓扑特性,同时将这些信息压缩到一个低维空间中。

1. 节点的向量化

独热(One-Hot)编码是节点向量化的一个基础方法。简单来说就是用一个长度为节点数量的向量来表示节点信息,这个向量的绝大部分元素是零,只有一个位置是1,所以称为独热编码,如图9-13所示。

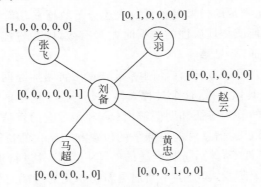

图 9-13 One-Hot Embedding

这种表示方式虽然可以保证每个节点对应不同的向量,但是有两个致命的缺点。

(1)稀疏性,向量中绝大部分元素是0,而且随着图大小的增加,稀疏性会跟着增加。

(2)独热编码的形式不能抓取节点中的相关性,例如节点刘备跟其他5个节点都相连,但这个关系在独热编码的形式上是体现不出来的。实际上,这六位猛将都是有内在联系的。

例如刘备、关羽、张飞在桃园结义过；张飞、关羽、马超、赵云和黄忠同为五虎上将；黄忠比较年迈，而赵云、马超比较年轻；五虎上将的武力值都是顶配；马超和黄忠的出身较好等，所以可以构建如下矩阵：

	结义	五虎	年龄	武力	出身
刘备	[1	0	0.60	0.70	0.3]
关羽	[1	1	0.55	0.99	0.3]
张飞	[1	1	0.50	0.89	0.3]
赵云	[0	1	0.40	0.92	0.4]
马超	[0	1	0.46	0.87	0.6]
黄忠	[0	1	0.72	0.81	0.7]

通过上述形式，我们把 One-Hot 编码从稀疏态变成了密集态，并且让相互独立的向量变成了有内在联系的关系向量。上述这种将数据点转换为数值向量并使用矩阵表示的方法被称为查找表（Lookup Table）。这种方法通过为每个唯一的类别（如单词、标签或符号）分配一个固定长度的向量来工作，使模型可以处理和分析这些数据，其中每行代表一个类别的向量表示。这个矩阵的大小由两个因素决定：一是唯一类别的数量，二是向量的维度。每个类别被分配一个唯一的索引，通过这个索引，可以在查找表中检索对应的向量。

Lookup Table 经常被应用于一些预测或分类任务。具体来讲，不同的任务一般对应不同的样本，通过 Lookup Table 可以将当前任务数据中的每个样本转化成向量的形式，再送入一些机器学习模型中（例如神经网络，SVM 等）执行分类或预测任务。其中的重点其实是如何得到合理的 Lookup Table。一般来讲可以有 3 种方式：自定义方法、有监督训练和无监督训练。

自定义方法最简单，可以根据特定的数据特征和任务需求设计自定义嵌入方法。例如图 9-13 的表述形式就是一种自定义嵌入的方法。在后续的几何图卷积神经网络模型中，一种常见的自定义嵌入的方法是将笛卡儿坐标系下的空间表示经过径向模型和球谐函数处理得到新的向量表示，以此来帮助模型具备可以表述分子数据在几何空间对称性的能力，这种方法在处理具有明确几何或物理属性的数据时尤为有效，因为它能够精确地捕捉数据点之间的空间关系和结构特征，详见第 4 章。

在几何深度学习中，可以使用图神经网络算法或几何图神经网络通过有监督训练生成合理的 Lookup Table。具体来讲，这个过程大体上分为几个简单的步骤：首先准备数据，确保每个数据点都有明确的输入特征和期望输出（输入和对应的真值）。例如，如果你的数据是分子数据，每个输入节点的信息可能是原子的位置和初始化的特征向量，输出则是你想预测的属性，例如分子的活性等，然后选择合适的 GNN 模型，并进行训练，这些模型将在后续章节被详细介绍。在这个阶段，模型会不断地更新初始化的特征向量，尝试使用更新后的特征向量来预测正确的输出结果。训练完成后，用模型对所有可能的输入进行计算，模型计算得到的节点特征向量会被用来填充 Lookup Table。值得注意的是，关于送入 GNN 的输入信息中的初始化特征向量，初始化的方式有多种，可以是 One-Hot 形式，也可以是上述的自定义方式。换句话说，可以先使用自定义方式初始化 Lookup Table 表格，再通过 GNN 模型在特定任务上以有监督训练的方式来优化 Lookup Table，让其更适配该任务。

最后无监督建模是生成 Lookup Table 的常用方法,按数据类型可以分为序列和图两类,针对序列数据,即自然语言处理领域,生成 Embedding 常采用 Word2Vec 或类似算法(Item2Vec、Doc2Vec 等)。针对图数据,也就是本书讲解的几何深度学习领域,生成 Embedding 的算法称为 Graph Embedding,这类算法包括 Deepwalk、Node2Vec、Struc2Vec 等,它们大多采用随机游走方式生成序列,下面以随机游走(Random Walk)为例进行介绍。

在介绍随机游走算法之前,首先考虑,一个合理的向量化应该考虑相似性,即在图中相互临近的节点经过向量化后得到的向量也应该是相似的。也就是说,希望向量化之后的节点向量点乘之后的值接近于原图中的节点相似度。

$$similarity(u,v) = z_v^{\mathrm{T}} z_u \tag{9-1}$$

在随机游走算法中,首先给定一张图和一个起始节点 u,然后按照一定概率随机选择一个邻居节点,走到该处后再随机选择一个邻居,重复 length 次,到最终的终止节点 v。length 是一个超参数,是指随机游走的长度,如图 9-14 所示。

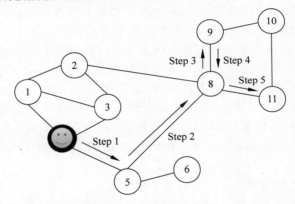

图 9-14　Random Walk

在多次进行随机游走后,随机游走从起始节点 u 到终止节点 v 的次数,除以随机游走的总次数得到概率值,这个概率值实际上就可以用来表示相似度。也就是说,从 u 节点到 v 节点的概率值,应该正比于 u 节点与 v 节点向量化之后的点乘结果,即如果从节点 u 开始的随机游走以高概率访问 v,则 u 和 v 相似。公式如下:

$$similarity(u,v) = z_v^{\mathrm{T}} z_u \tag{9-2}$$

$$similarity(u,v) \propto P(v \mid u) \tag{9-3}$$

这种方法有两个优点:

(1) 相似度的定义结合了图的局部信息。

(2) 只需考虑随机游走的节点,不需要考虑全局信息,节省计算复杂度,效率高。

接下来,进行随机游走模型的参数优化,给定图 $G=(V,E)$,定义 $N_R(u)$,表示在随机游走过程中,从节点 u 出发,在一定步数内能够到达的所有节点集合。通过调整随机游走的转移概率,从而让节点间的相似度计算更加符合网络的实际连接情况。这一过程涉及最大化下述目标函数:

$$\max_{\theta} \sum_{u' \in V} \log P(N_R(u) \mid u', \theta) \tag{9-4}$$

式(9-4)是一个优化问题,其目的是最大化关于模型参数 θ 的一个函数。这个函数涉及图中所有节点 u' 的累积对数概率,其中 $P(N_R(u) \mid u', \theta)$ 是条件概率,表示在给定模型参数 θ 的情况下,从节点 u' 开始进行随机游走到达节点集合 $N_R(u)$ 的概率。这个优化问题可以看作寻找参数 θ,使随机游走的结果(访问不同节点的概率分布)尽可能地与数据中观察到的结构相匹配。

为了将上述优化问题表述为一个损失函数,我们通常会寻找最小化损失而不是最大化收益。这意味着,可以将最大化对数概率的问题转换为最小化负对数概率的问题,即最小化损失函数。这样做是因为在优化过程中,我们常常是最小化而不是最大化一个目标函数,因此,损失函数可以定义为

$$L(\theta) = -\sum_{u' \in V} \log P(N_R(u) \mid u', \theta) \tag{9-5}$$

其中,$L(\theta)$ 是损失函数,我们的目标是找到参数 θ,以最小化损失函数。在机器学习中,这通常通过梯度下降或其他优化算法实现。在图数据和随机游走的上下文中,这个损失函数可以帮助我们调整参数 θ,从而学习到能够反映节点之间真实关系的随机游走策略。

在图嵌入模型的随机游走中,参数 θ 是初始化的节点向量本身。在学习过程中,这些初始化的向量会不断地调整以最优化上述目标,最小化式(9-5)中的损失函数。值得注意的是,随机游走的每步都是无偏游走,也就是说走到下一个邻居节点的概率都相同,那么游走的结果可能会只关注局部信息,类似宽度优先搜索(甚至是两个节点来回跳);或者只关注全局信息,类似深度优先搜索。那么有没有什么方法能控制其游走的策略呢?一种策略是新增两个参数。

(1) p 参数:用来控制返回上一个节点的概率。

(2) q 参数:用来控制远离上一个节点的概率。该参数也可以理解为采用宽度优先搜索还是深度优先搜索的一个比例值。q 值大,更偏向深度优先搜索;q 值小,更偏向广度优先搜索。剩下的操作与随机游走类似,定义损失函数,并采用 SGD 进行参数优化即可。

2. 图全局信息的向量化

图全局信息的向量化就是考虑怎么把整个图的信息映射成一张图向量。聚合是最简单的得到图向量的方法。也就是简单地对图中所有的节点向量求和或求平均,并将这个结果作为图向量,即

$$z_G = \sum_{v \in G} z_v \tag{9-6}$$

这种方法虽然简单,但实际操作时,效果还是很好的。另一种方法是在整个图的基础上,创造一个虚拟节点(Virtual Node),如图 9-15 所示。这个虚拟节点与全图所有节点相连。在图模型的训练阶段,这个虚拟节点会与全图的节点进行信息交互,因此,它可以在一定程度上表征全图信息。当训练结束

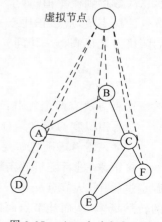

图 9-15　virtual global node

后,可以取该虚拟节点的节点向量作为图向量。

3. 边的向量化

至于边的向量化,也比较简单。可以简单地将与该边相连的两个节点向量做聚合。除此之外,边的向量化也可以具体问题具体对待,即以自定义的方式。举例:如果图结构表示的是一个分子,则其中边表示两个原子是否相连。此时边的性质包括是否是双键、是否是环结构、是否是共价键、相连的原子是否是碳原子等。那么可以用一个长度是四维的相连结构来表示这个边。例如 $[1,0,0,1]$ 可以表示这个边是一个连接碳原子的双键。

9.2 图神经网络模型

考虑 9.1.3 节讲解的图数据的 Embedding,其目的在于将节点映射成 d 维特征向量,使在图中相似的节点在向量域中也相似。本节介绍的图神经网络(Graph Neural Networks,GNN),就是从深度学习的角度对图的所有属性(节点、边、全局信息)的一种可优化的转换。优化后的特征向量便可以通过神经网络等模型继续进行一系列的预测或分类任务。

GNN 是一种专为图数据设计的深度学习模型。它们能够直接在图结构上操作,捕捉节点间的复杂关系和图的全局结构特征。图神经网络在多种任务中表现出色,包括节点分类、图分类、链接预测和图生成等。在图神经网络中,图被定义为一组节点和连接节点的边。每个节点和边都可以拥有它们的属性。GNN 的目标是学习图中节点的低维向量表示(嵌入),这些向量捕获了节点的特征信息及它们在图结构中的位置。

GNN 的工作原理基于邻域聚合(也被称为消息传递)策略,其中每个节点通过聚合和转换其邻居节点的信息来更新自己的表示。这个过程通常包括以下几个步骤。

(1)消息聚合:对于给定的节点,从其邻居收集信息。这涉及对邻居节点的特征向量进行聚合操作,如求和、平均或最大化。

(2)更新:结合当前节点的特征和聚合来自邻居的信息来更新节点的表示。这个更新过程通常通过一个神经网络(如全连接层)实现。

(3)重复:上述过程可以重复多次,每次迭代允许信息传递更远的距离,从而捕获更宽范围内的图结构特征。

(4)输出:最终,对节点的嵌入可以通过各种方式被利用,如直接用于节点级任务,或者通过汇总所有节点的表示来用于图级任务。

9.2.1 消息传递神经网络

Gilmer 等提出的消息传递神经网络(Message Passing Neural Network,MPNN)框架是 GNN 中最基础也是最简单的框架。下面介绍如何使用 MPNN 来解决图预测问题。

消息传递神经网络采用"图进图出"的架构,意味着消息传递神经网络接受一张图作为输入,将信息加载到其节点、边和全局上下文中,并逐步优化这些节点向量、边向量和全局信息,让其向量表示更具意义,并且不改变输入图的结构。

如图 9-16 所示，MPNN 在图的每个图属性（节点 U、边 V、全局信息 E）上使用一个单独的多层感知器（MLP）对特征向量进行优化。MPNN 不更新输入图的连接性，即图的结构，因此可以用与输入图相同的邻接列表和相同数量的特征向量来描述 MPNN 的输出图，但是，输出图的每个节点、边缘和全局背景的向量表示实际上经过了 MLP 的多次映射学习而变得更有意义。至此，一个简单的 GNN 建立完成，接着我们讨论如何用 GNN 的输出结果进行预测。

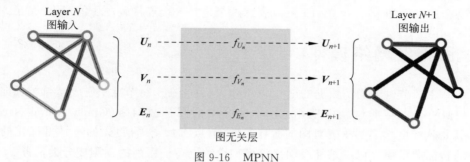

图 9-16　MPNN

以二元分类的问题进行举例。如果任务是对节点进行二元预测，而图中已经包含了节点信息，则这些节点信息是经过 MPNN 网络优化以后的节点特征表示，对于每个节点的向量，应用一个线性分类器进行二元分类即可，如图 9-17 所示。

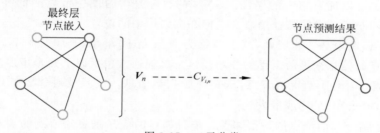

图 9-17　二元分类

然而，实际上没有那么简单。例如节点间的关系信息可能存储在边向量中，而不是存储在节点向量中。这时，仅仅依靠节点向量进行分类预测就显得有些单薄了。此时，可以通过池化操作实现。池化分两步进行：首先对于每个要汇聚的属性，收集它们的向量表示，并将它们串联成一个矩阵，然后对这个矩阵进行某种池化操作，通常是通过一个求和操作，可以把两条边向量的信息和当前节点向量的信息汇聚在一起而映射成一个新的汇聚向量，如图 9-18 所示。

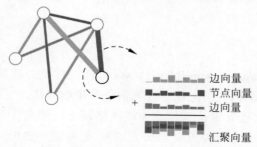

图 9-18　将边向量的信息汇聚到节点向量中

同样的思想也可以运用在边向量和全局向量上，通过池化解决关于边属性的预测问题，以及关于全局属性的预测问题，如图 9-19 所示,其中 ρ 表示池化操作,例如图 9-19(a)$\rho_{E_n \to V_n}$ 表示把边向量的信息汇聚到节点向量中。

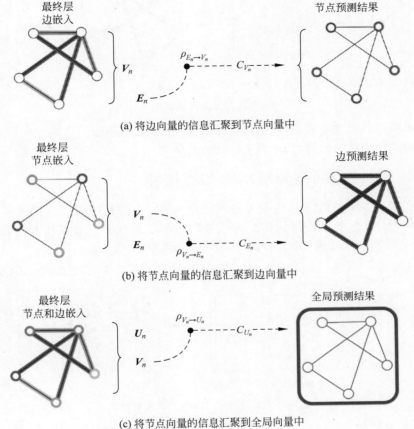

(a) 将边向量的信息汇聚到节点向量中

(b) 将节点向量的信息汇聚到边向量中

(c) 将节点向量的信息汇聚到全局向量中

图 9-19　信息汇聚

上述讲解便是关于 MPNN 来解决图预测任务的网络结构。整体的计算流程如图 9-20 所示,GNN 首先接受图数据作为网络的输入,这些图数据是经过 Embedding 生成的节点向量或边向量,可以看作数据的预处理。众所周知,预处理的质量可以直接影响模型最终结果,因此 Embedding 是 GNN 模型设计中很重要的一个组成部分。接下来,GNN Block 针对初始化的特征向量,例如节点向量进一步地进行训练学习,其中包含不同节点间信息的交互与融合,映射处理得到新的向量表示(Transformed Graph)。GNN Block 一般是一些基于神经网络的模块,可以是简单的 MLP,也可以是 Transformer 或其他算法组成的网络结构,这部分往往作为一个模型的创新点,在不同模型中的具体表现是不同的。最后,更新得到的图信息可以用于后续的分类或预测任务,通过一些简单的分类器即可实现,一般采用几层神经网络计算得到最后的预测结果。

需要注意,在这个 MPNN 中,GNN Block 内根本没有使用图的连接性(邻接矩阵/列

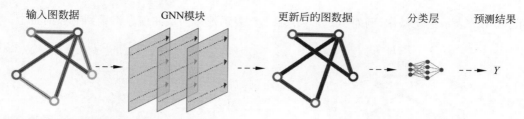

使用端到端的GNN模型解决预测问题的数据流程

图 9-20　解决二分类问题的图神经网络

表)。每个节点都是独立处理的,每条边也是如此,还有全局环境。只在汇集信息进行预测时,即池化得到预测结果的阶段,才涉及连接性的使用。

9.2.2　图神经网络的层结构与连接性

9.2.1 节 MPNN 是最简单的图神经网络的实现,并没有把图的连接性考虑在 GNN Block 的网络设计中。那么应该如何融入邻接矩阵的信息呢?一个很朴素的方法,将邻接矩阵和特征合并在一起作为 GNN Block 的输入,如图 9-21 所示。

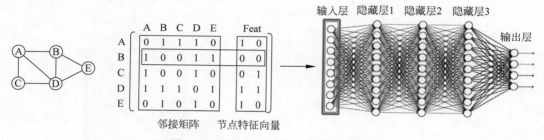

图 9-21　邻接矩阵＋特征的图神经网络

但这种方式存在几个问题。首先,参数复杂度增加:这种方法要求网络同时处理图的结构和特征信息,导致模型需要更多的参数来学习如何有效地整合这些信息,增加了模型的训练难度和计算成本,其次,不适用于不同大小的图:直接使用邻接矩阵意味着输入的维度依赖于图的大小,这使模型难以处理不同大小的图,限制了其应用的灵活性。最后,对节点顺序敏感:邻接矩阵的表示依赖于节点的顺序,不同的节点排列会导致矩阵不同,因此模型可能对输入的节点顺序高度敏感,影响了模型的泛化能力。这些问题表明,简单地合并邻接矩阵和特征可能不是处理图数据的最佳方法。

一个更好的解决方法是将卷积神经网络的思想(局部相关性和层级结构)泛化到图神经网络的 GNN Block 的结构设计上。先从宏观上来观察一下,CNN 的结构如图 9-22(a)所示,将卷积思想泛化到 GNN 中的网络结构如图 9-22(b)所示。

需要注意的是,处理图片数据的卷积核适用于规则的数据结构,通过设定卷积核大小来定义局部相关性的范围,然而,图数据的结构本质上是不规则的,这使传统的卷积核方法不适用于图数据。在图神经网络(GNN)中,我们通常通过聚合邻居节点的信息实现局部相关性的处理,这种方法基于邻接矩阵的信息进行操作。例如,如图 9-22 所示,在 GNN 的第 0

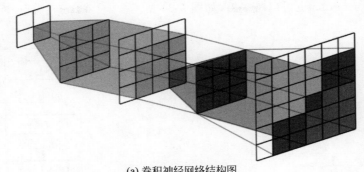

(a) 卷积神经网络结构图

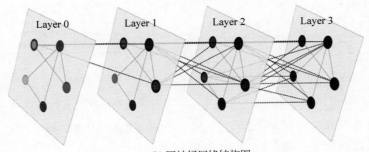

(b) 图神经网络结构图

图 9-22　CNN 和 GNN

层,一个节点仅与其直接相邻的节点(1-hop 邻居)进行信息聚合。到了第 1 层,这个节点可以进一步聚合由其 1-hop 邻居连接的那些节点的信息(2-hop 邻居),这样逐层扩展,层次越高,能够汇聚的邻居范围越广,最终可能涉及全图的节点。这个过程类似于卷积神经网络(CNN)中"感受野"的扩展。通过在 GNN 中堆叠多层,可以逐渐增加感受野的大小,实现从局部到几乎全局的信息交互。

从本质上讲,GNN 中的消息传递和 CNN 中的卷积核操作都是处理一个元素的邻居的信息,以便更新该元素的值。在图中,元素是一个节点,而在图像中,元素是一像素。不同的是,图中相邻节点的数量可以是可变的,不像图像中,每个像素都有固定数量的相邻元素(8 个)。

如果实际任务还是需要很多层 GNN 网络,则可以在 GNN 模型中增加 Skip Connections。这个想法来源于 CNN 算法中的 ResNet 模型。通过 Skip Connections 可以解决因网络层结构加深而带来的网络退化问题,如图 9-23 所示。

用数学公式的方法表达,一个朴素的 GNN 为

$$\boldsymbol{h}_v^{(l)} = \sigma\left(\sum_{u \in N(v)} \boldsymbol{W}^{(l)}\frac{\boldsymbol{h}_u^{(l-1)}}{\mid N(v)\mid}\right) \tag{9-7}$$

一个带有 Skip Connections 的 GNN 为

$$\boldsymbol{h}_v^{(l)} = \sigma\left(\sum_{u \in N(v)} \boldsymbol{W}^{(l)}\frac{\boldsymbol{h}_u^{(l-1)}}{\mid N(v)\mid} + \boldsymbol{h}_v^{(l-1)}\right) \tag{9-8}$$

Skip Connections 也可以跨多层,如图 9-24 所示。

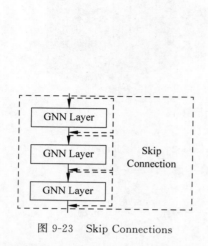

图 9-23　Skip Connections

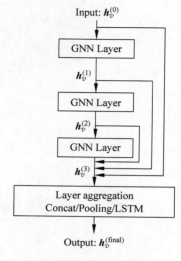

图 9-24　跨多层 Skip Connections

上述是类比卷积算法的解释,实际上从另一个角度来讲,汇聚节点邻居信息这一思想与神经网络的分层结构是非常相似的,如图 9-25 所示。

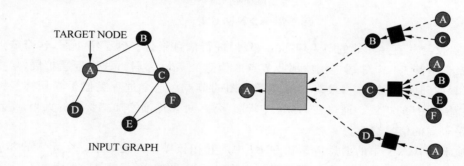

下图表示:每个节点都可以根据邻接矩阵中存储的边连接信息,进行节点向量的信息汇聚。

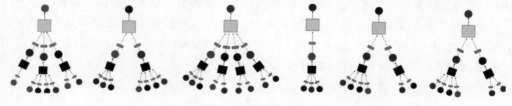

图 9-25　图神经网络

当根据邻接矩阵对节点的邻居信息进行汇聚之后,接下来的问题是什么? 如图 9-26 所示。

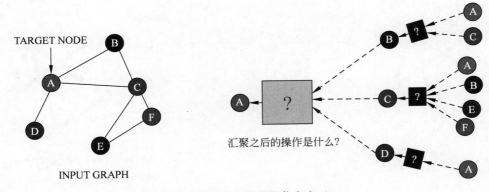

图 9-26　节点向量的信息交互

　　这个问题的答案是"神经网络"，GNN 在图的每个组成部分上（节点、边、全局）都分别使用一个单独的多层感知器（MLP）进行映射，如图 9-27 所示。

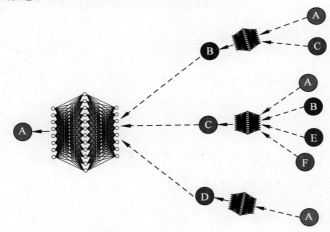

图 9-27　节点向量的信息交互

　　值得注意的是，这个 MLP 是应用在单独的节点、边或全局向量上的，这意味着节点和边之间不能通过这个 MLP 进行信息交互，这肯定是不合理的，其实解决办法也很简单，就是在向量输入 MLP 之前，先在节点和边之间进行汇聚操作。

　　如图 9-28 所示，在向量信息送入神经网络 f 之前，先进行边到节点（$\rho_{E_n \to V_n}$）和节点到边（$\rho_{E_n \to V_n}$）的信息汇聚，以此来完成边和节点之间的信息交互。同理，边、节点和全局向量三者之间也可以相互之间进行信息交互，如图 9-29 所示。

　　值得注意的是，GNN 的层数往往不会太深，这与图数据的性质有关，读者还记得那个地球村有趣的说法吗？只需通过 6 个人，就可以找到世界上任何一个你不认识的人。如果把全球人的关系绘制成一个巨大的社交图，则意味着在一个只有 6 层的 GNN 中，一个节点最终就可以纳入整个图的信息。

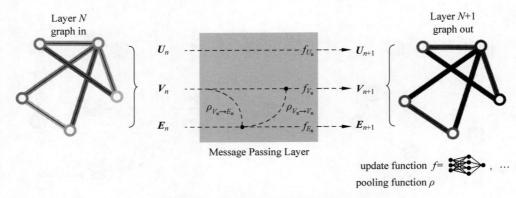

图 9-28　边和节点之间的信息交互

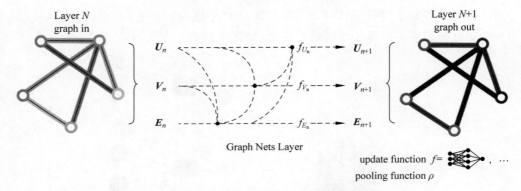

图 9-29　边、节点和全局向量之间的信息交互

9.2.3　图神经网络模型的训练

GNN 的训练流程如下，流程图如图 9-30 所示。

（1）输入数据。

（2）用 GNN 训练数据。

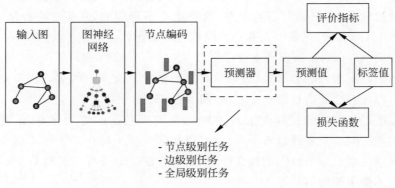

图 9-30　GNN 训练流程

（3）得到节点向量。

（4）送入 Predictor（本质上是一个 MLP，将节点向量转换为最终需要的预测向量）。

（5）得到预测向量。

（6）选取损失函数和标签计算损失。

（7）根据损失更新模型参数直到收敛。

（8）选取评估指标测试模型。

（9）使用模型解决实际问题。

Predictor 其实就算一个 MLP，用来改变向量维度，其目的是变化成想要的预测向量的形状。这里解释一些不同粒度任务下的 Predictor。假设 GNN 得到的节点是 d 维的，如果是节点级别的预测任务，例如在 k 个类别之间做分类，则可以直接用节点向量做 Predictor 的输入，Predictor 将 d 维的节点向量映射到 k 维输出即可。如果是边级别的预测任务，如图 9-31 所示，则预测节点 u 和 v 之间是否有边。

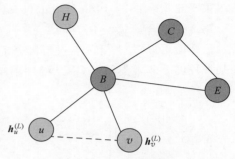

图 9-31　边级别预测

这时可以将节点向量 $\boldsymbol{u}$ 和 $\boldsymbol{v}$ 进行拼接，拼接后的向量送入 Predictor 进行维度变化即可，即 $\hat{y}_{uv}=\mathrm{MLP}(\mathrm{Concat}(h_u^{(L)},h_v^{(L)}))$。此外，在边级别的任务上，Predictor 除了可以是 MLP 之外，还可以替换成没有任何可训练参数的点积操作（Dot Product）。因为两个向量的点积结果意味着两个向量的相关程度，是一个常数。当两个向量的点积结果较大时，意味着这两个节点之间有很大可能存在边，即 $\hat{y}_{uv}=(h_u^{(L)})^{\wedge}\mathrm{T},h_v^{(L)})$。如果是图级别的任务，则可以聚合图中所有节点（Global Pooling）的节点向量来做预测，即 $\hat{y}_G=\mathrm{Head}_{\mathrm{graph}}(h_v^{(L)}\in R^d,\forall v\in G)$。

其中 Head Graph 有很多可选方式，常见的聚合方式如下。

（1）Global Mean Pooling：$\hat{y}_G=\mathrm{Mean}(h_v^{(L)}\in R^d,\forall v\in G)$。

（2）Global Max Pooling：$\hat{y}_G=\mathrm{Max}(h_v^{(L)}\in R^d,\forall v\in G)$。

（3）Global Sum Pooling：$\hat{y}_G=\mathrm{Sum}(h_v^{(L)}\in R^d,\forall v\in G)$。

这些聚合方式其实有一定的选择技巧，例如，如果想比较不同大小的图，则 mean 方法可能比较好，因为结果不受节点数量的影响；如果关心图的大小等信息，则 sum 方法可能比较好，因为可以体现图的节点数量。如果关心图的某些重要特征，则 max 方法会好一些，因为可以体现图中最重要的节点信息。这些方法都在小图上表现很好，但是在大图上的 Global Pooling 方法可能会面临丢失信息的问题。举例：G_1 的节点嵌入为 $\{-1,-20,0,1,20\}$；G_2 的节点嵌入为 $\{-10,-20,0,10,20\}$，显然两个图的节点嵌入差别很大，图结构很不相同，但是经过 Global Sum Pooling 后：不管是求平均，求最大，还是求和。这两个图的表示向量一样了，无法进行区分，这是不行的。

　　为了解决这一问题,解决方法是分层聚合节点向量(Hierarchical Global Pooling)。具体来讲,可以使用 ReLU(Sum(·)) 做聚合,先分别聚合前两个节点和后 3 个节点的嵌入,然后聚合这两个嵌入,举例如下。

$G1$：

第 1 轮聚合：$\hat{y}_a = \text{ReLU}(\text{Sum}(\{-1, -20\})) = 0, \hat{y}_b = \text{ReLU}(\text{Sum}(\{0, 1, 20\})) = 21$

第 2 轮聚合：$\hat{y}_G = \text{ReLU}(\text{Sum}(\{y_a, y_b\})) = 21$

$G2$：

第 1 轮聚合：$\hat{y}_a = \text{ReLU}(\text{Sum}(\{-10, -20\})) = 0, \hat{y}_b = \text{ReLU}(\text{Sum}(\{0, 10, 20\})) = 30$

第 2 轮聚合：$\hat{y}_G = \text{ReLU}(\text{Sum}(\{y_a, y_b\})) = 30$

　　这样就可以对 $G1$ 和 $G2$ 进行区分了,其实,这种分层聚合得到图级别预测结果的方式,在某种程度上非常类似于 CNN 处理图像识别问题的层级结构,如图 9-32 所示。

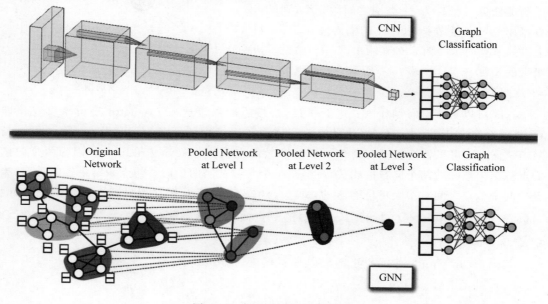

图 9-32　CNN 与 GNN 流程图

　　两种方法的区别在于图 9-32 中 CNN 处理图像识别问题的模型架构是用来训练的,是一个模型,而 GNN 的层次聚合是一个操作,不是一个模型。具体来讲,是对 GNN 模型的计算结果进行池化操作,其中没有任何可学习参数。将池化后的结果送入 Predictor 中进行结果向量的预测,只有在 Predictor 中才存在可学习参数。

　　以上解释的是不同粒度的预测任务,接下来解释一些不同的训练方法,GNN 的训练方式分为以下两种。

　　(1) 有监督学习(Supervise Learning)：直接给出标签(如一个分子图的药理活性)。

　　(2) 无监督学习(Unsupervised Learning/Self-Supervised Learning)：使用图自身的信号(例如预测两节点间是否有边)。

有监督学习:按照实际情况而来,在不同任务下,标签是不同的,以下是具体的应用例子。

(1)节点级别预测——引用网络中,节点(论文)属于哪一学科。

(2)边级别预测——交易网络中,边(交易)是否有欺诈行为。

(3)图级别预测——分子图的药理活性。

无监督学习:在没有外部标签时,可以使用图自身的信号作为有监督学习的标签。举例来讲,GNN 可以进行以下预测。

(1)节点级别:节点统计量(如 Clustering Coefficient、PageRank 等)。

(2)边级别:链接预测(隐藏两节点间的边,预测此处是否存在链接)。

(3)图级别:图统计量(如预测两个图是否同构)。

9.3 图神经网络算法基础的变体

图神经网络(GNN)中的任务通常可以分为两种类型:Transductive 任务和 Inductive 任务。这两种任务的主要区别在于训练阶段使用的数据与测试阶段使用的数据是否相同。

Transductive 任务是指:训练阶段与测试阶段都基于同样的图结构,如图 9-33 所示。

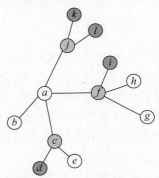

在整个图数据中,假设 k、i、l、d 节点是带有真实标签的节点而其他节点不带标签,现在的任务是预测不带标签的节点属性,也就是说,要学习不带标签节点向量的合理表示。通过 GCN 的处理,每个节点的向量信息都可以通过 GCN 的方式进行交流和更新,在进行损失函数计算时,只需计算带有标签的节点损失。因为一个合理的直觉是,想要 k、i、l、d 节点学习得到一个正确的向量表示,那么它们邻居节点的向量表示必须也要学好,想要邻居节点的向量表示学好,邻居的邻居

图 9-33 Transductive 任务

节点也要学到一个好的向量表示,进而推广到全图,所以基于图数据的这个特点,即使只训练了 k、i、l、d 节点的损失,整个图中所有的节点都会得到学习。简单来说,Transductive 任务在训练阶段的目标是根据有限的带标签的节点信息,对全图信息进行 Embedding 向量的优化,优化后的向量可进一步完成一些预测或分类任务。

Inductive 任务是指:训练阶段与测试阶段需要处理的图结构不同。例如训练阶段处理的是一些已知标签的药物分子活性,测试阶段要预测其他不带标签的药物分子活性。下面将介绍 3 种经典的 GNN Blocks 的变体:Graph Convolutional Network(GCN)、Graph Sample and Aggregate Network(GraphSAGE)和 Graph Attention Network(GAT),其中,GCN 更适合完成 Transductive 任务,而 GraphSAGE 和 GAT 在对两种任务都可以进行处理。

9.3.1　GCN

这里先回顾一下之前讲解的朴素图神经网络，如图 9-34 所示。

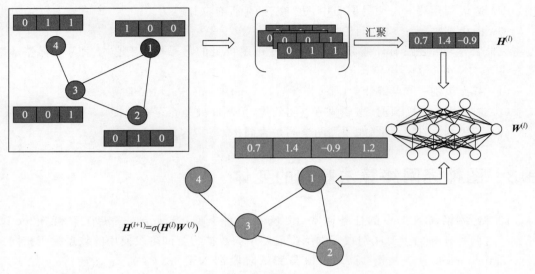

图 9-34　朴素图神经网络

图 9-34 左上角方框部分可以看作图神经网络的初始状态。以 1 号节点为例，在图神经网络中，信息的传递是先汇聚一号节点的邻居节点信息，得到汇聚后的新向量，这个向量可以看作图神经网络第 1 层的输入信息 $H^{(l)}$，然后 $H^{(l)}$ 经过一个 MLP 的映射，得到一个新的输出向量 $H^{(l+1)}$，这个向量则作为第 2 层图神经网络的输入信息，以此类推，可以定义出一个多层的图神经网络。层与层之间的信息传递公式可以写作：

$$H^{(l+1)} = \sigma(H^{(l)}W^{(l)}) \tag{9-9}$$

而图卷积神经网络的计算公式则为

$$H^{l+1} = \sigma(\widetilde{D}^{-\frac{1}{2}}\widetilde{A}\widetilde{D}^{-\frac{1}{2}}H(l)W(l)) \tag{9-10}$$

两者最主要的区别就是图卷积神经网络比图神经网络多了一个 $\widetilde{D}^{-\frac{1}{2}}\widetilde{A}\widetilde{D}^{-\frac{1}{2}}$，其中，$\widetilde{A} = A + I_N$，$A$ 就是图的邻接矩阵，I_N 是一个全一的对角矩阵，即

$$A = \begin{bmatrix} 0 & 1 & 1 & 0 \\ 1 & 0 & 1 & 0 \\ 1 & 1 & 0 & 1 \\ 0 & 0 & 1 & 0 \end{bmatrix} \quad I_N = \begin{bmatrix} 1 & 0 & 0 & 0 \\ 0 & 1 & 0 & 0 \\ 0 & 0 & 1 & 0 \\ 0 & 0 & 0 & 1 \end{bmatrix}$$

$$\widetilde{A} = A + I_N = \begin{bmatrix} 1 & 1 & 1 & 0 \\ 1 & 1 & 1 & 0 \\ 1 & 1 & 1 & 1 \\ 0 & 0 & 1 & 1 \end{bmatrix} \tag{9-11}$$

邻接矩阵 A 表示的是节点与节点之间的关系,全一的对角矩阵 I_N 表示的是节点自身,所以 $\widetilde{A}=A+I_N$ 表示考虑了节点自身信息的邻接矩阵。

先将 A 矩阵加入图卷积神经网络的计算公式中,得到:

$$H^{(l+1)}=\sigma(\widetilde{A}H^{(l)}W^{(l)}) \tag{9-12}$$

其中,$H^{(l)}$ 的值是图 9-34 中的节点初始化向量:

$$\widetilde{A}H^{(l)}=\begin{bmatrix}1&1&1&0\\1&1&1&0\\1&1&1&1\\0&0&1&1\end{bmatrix}*\begin{bmatrix}1&0&0\\0&1&0\\0&0&1\\0&1&1\end{bmatrix}=\begin{bmatrix}1&1+1&1\\1&1&1\\1&1+1&1+1\\0&1&1+1\end{bmatrix} \tag{9-13}$$

表示每个节点向量要同时考虑自身节点和它相邻节点的信息。$\widetilde{D}$ 是度矩阵,表示的是每个节点的度数。例如,图 9-34 中的一号和二号节点,如果考虑其自连接,则度数等于 3;同理,三号节点的度数为 4,而四号节点的度数为 2,因此得到下述度矩阵。

$$\widetilde{D}=\begin{bmatrix}3&0&0&0\\0&3&0&0\\0&0&4&0\\0&0&0&2\end{bmatrix} \tag{9-14}$$

$\widetilde{D}^{-1}$ 表示将度矩阵中的元素取倒数,得到:

$$\widetilde{D}^{-1}=\begin{bmatrix}1/3&0&0&0\\0&1/3&0&0\\0&0&1/4&0\\0&0&0&1/2\end{bmatrix} \tag{9-15}$$

$\widetilde{D}^{-1}(\widetilde{A}H^{(l)})$ 相当于对 $\widetilde{A}H^{(l)}$ 结果行进行归一化操作,它有助于避免由于图中节点度的不均匀分布引起的梯度爆炸或消失问题,确保了所有节点的特征贡献在聚合时被适当地缩放,从而提高了学习的稳定性和效果。公式计算如下:

$$\begin{aligned}\widetilde{D}^{-1}(\widetilde{A}H^{(l)})&=\begin{bmatrix}1/3&0&0&0\\0&1/3&0&0\\0&0&1/4&0\\0&0&0&1/2\end{bmatrix}*\begin{bmatrix}1&1+1&1\\1&1&1\\1&1+1&1+1\\0&1&1+1\end{bmatrix}\\&=\begin{bmatrix}1/3*1&1/3*(1+1)&1/3*1\\1/3*1&1/3*1&1/3*1\\1/4*1&1/4*(1+1)&1/4*(1+1)\\1/2*0&1/2*1&1/4*(1+1)\end{bmatrix}\end{aligned} \tag{9-16}$$

同理,$(\widetilde{A}H^{(l)})\widetilde{D}^{-1}$ 相当于对 $\widetilde{A}H^{(l)}$ 结果的列做归一化。最后,式(9-4)中左乘和右乘的矩阵使用的是 $\widetilde{D}^{-\frac{1}{2}}$ 而不是 $\widetilde{D}^{-1}$ 的原因是:当对行列元素各做一次归一化后,相当于对

节点向量的每个元素都做了两次归一化,也就是多做了一次,因此这里使用的作归一化的矩阵是 $\widetilde{D}^{-\frac{1}{2}}$。最终,图卷积神经网络的计算公式则为

$$H^{l+1} = \sigma(\widetilde{D}^{-\frac{1}{2}} \widetilde{A} \widetilde{D}^{-\frac{1}{2}} H(l) W(l)) \tag{9-17}$$

尽管图卷积网络(GCN)和卷积神经网络(CNN)都是"卷积"概念的扩展,但它们在处理数据的方式和结构上有很大不同。在 CNN 中,卷积是定义在规则的网格数据(如图像)上的。这种卷积操作通常涉及固定大小的滤波器(卷积核)在输入数据上滑动,提取局部特征。在 GCN 中,卷积操作是在图结构上定义的,这意味着它需要考虑图的拓扑结构。GCN 中的"卷积"是通过聚合一个节点及其邻居的特征实现的,这种聚合考虑了图的连接性而非空间的临近性。更重要的是在聚合邻居节点信息时,引入了自身节点的信息,并通过节点的度对聚合的特征进行归一化。这种归一化处理有助于避免节点度的大小对特征聚合造成过大的影响,使特征表示更加平滑和稳定。总结来讲,尽管 GCN 中的"卷积"与传统的 CNN 在技术细节上有所不同,但其核心思想都是利用局部连接结构信息进行特征学习和聚合,这也是为什么将这种操作称为"卷积"的原因。

9.3.2 GraphSAGE

GCN 更适用于 Transductive 任务,因为 GCN 在更新节点向量时,利用到了基于整个邻接矩阵信息的拉普拉斯矩阵($\widetilde{D}^{-\frac{1}{2}} \widetilde{A} \widetilde{D}^{-\frac{1}{2}}$),从这种意义上讲它聚合邻居特征的时候,训练出来的权重 W 考虑了整个图结构,如果图结构改变,就不再适用了,因此 GCN 在处理 Inductive 任务时表现不佳。Inductive 任务的关键在于设计能够良好泛化到未见过的图或节点上的模型,其挑战在于模型需要能够处理图的结构和特征在训练集和测试集之间可能有显著差异的情况,因此,适用于 Inductive 任务的 GNN 模型在设计时,应该侧重于学习能够代表单个节点的通用表示,而不是依赖于整个图的结构。这意味着模型应该能够从节点的局部邻域信息中学习其表示,而不是从整个图的全局结构中学习,GCN 利用整个邻接矩阵这一做法就违反了这一点。

GraphSAGE 更新节点信息的方式就不依赖于图的全局结构,更新过程主要分 3 步:

(1) 聚合邻居节点的信息,这类聚合函数有 3 种,将在下文展开解释。

(2) 将聚合后的信息与自身的节点信息进行拼接,对特征进行融合。

(3) 送入神经网络模型中进行映射,得到更新后的节点信息。

例如,图数据如图 9-35 所示,现在使用 GraphSAGE 对节点 1 进行更新。

节点 1 特征向量的更新步骤如下。

(1) 聚合邻居节点: $h_{\mathcal{N}(1)}^1 \leftarrow \text{AGGREGATE}(h_3^0,$

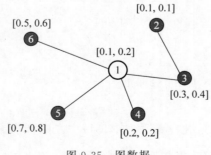

图 9-35　图数据

h_4^0, h_5^0, h_6^0）。

（2）拼接自身信息：$h_1^1 \leftarrow \text{CONCAT}(h_1^0, h_{N(1)}^0)$。

（3）经过神经网络映射：$h_1^1 \leftarrow \sigma(W^1 \cdot \text{CONCAT}(h_1^0, h_{N(1)}^0))$。

假设步骤 1 中聚合函数 AGGREGATE 是 Mean 函数，则代数得

$$h_{N(1)}^1 \leftarrow \text{AGGREGATE}(h_3^0, h_4^0, h_5^0, h_6^0)$$
$$= \text{Mean}([0.3, 0.4], [0.2, 0.2], [0.7, 0.8], [0.5, 0.6]) \tag{9-18}$$

另外，在这个计算流程中有两个地方需要特别注意。第 1 个需要注意的是 GraphSAGE 在聚合某节点邻居信息时，并不是聚合全部的邻居，而是聚合 K 个邻居，K 是一个超参数。举例，在图 9-35 中，若 K 等于 3，则在聚合节点 1 的周围邻居时，随机从节点 3、4、5、6 中选择 3 个进行聚合。若 K 等于 5，则除了选择节点 1 的周围 4 个邻居以外，再重复从这 4 个邻居中抽样一个节点。这样做的好处是，当图数据非常庞大时，选取某节点的全部邻居做聚合是非常耗时耗力的，若只选择其中的 K 个邻居，则可以更快地进行计算。超参数 K 本质上是计算精度和计算速度之间的一种权衡。

第 2 个需要注意的是 GraphSAGE 定义了 3 种不同的聚合函数。

（1）Mean：$\text{AGG} = \sum_{u \in N(v)} \dfrac{h_u^{(l)}}{|N(v)|}$。

（2）Pool：$\text{AGG} = \gamma(\{\text{MLP}(h_u^{(l)}), \forall u \in N(v)\})$。

（3）LSTM：$\text{AGG} = \text{LSTM}([h_u^{(l)}, \forall u \in \pi(N(v))])$。

Mean 操作就是简单地对节点的邻居信息做平均，上文也做过举例说明。Pool 操作就是先把节点的邻居节点向量送入一个 MLP 中，对 MLP 的输出结果做 γ 操作得到聚合后的节点向量，这个 γ 就是池化的算子，可以是 Mean，也可以是 Max，分别对应平均池化和最大池化，它们的实际使用效果差不多。至于第 3 种 LSTM 的聚合方式与第 2 种 Pool 聚合类似，区别在于把 MLP 换成了 LSTM 模型。LSTM 模型的特征是能够对序列信息更好地进行建模，通过维护一个内部状态（记忆单元）来捕捉序列中的顺序依赖性。在图结构中，这意味着如果节点的连接具有某种逻辑或时间顺序，LSTM 则可能能更好地利用这种信息，而且，LSTM 能够根据序列中每个元素的重要性动态地调整其内部状态，这允许它在聚合邻居特征时给予不同邻居不同的重视程度。最后，LSTM 可以灵活地处理任何长度的输入序列，它在处理具有不同数量邻居的节点时不需要额外的填充或截断操作，这是处理不规则图数据的一个优势。

总结一下，GraphSAGE 的重要性体现在灵活的节点聚合框架上，展示了在图神经网络（GNN）中节点信息聚合的多种可能性。GraphSAGE 不仅局限于使用简单的平均（Mean）操作来聚合节点特征，还提出了使用带参数的网络结构，如 MLP（多层感知器）和 LSTM（长短期记忆网络），以增强聚合过程的表达能力和灵活性。这开启了使用更复杂的模型来处理图中节点的可能性。当然也可以尝试换成其他的网络结构，可以根据具体任务的需求和数据的特点进行定制，以实现最佳性能。例如，对于那些节点间交互非常复杂或图结构快速变

化的应用场景,使用高级的聚合策略(如 Transformer)可能更加有效,9.3.3 节讲解的 GAT 模型便是由此得到启发而被提出的模型。

9.3.3 GAT

最后来学习一下图注意力网络 GAT。GAT 可以有两种运算方式,一种被称为全局注意力(Global Graph Attention),顾名思义,就是每个顶点都对于图上任意顶点进行 Attention 运算。这样做的优点是完全不依赖于图的结构,即不依赖图的邻接矩阵,对于 Inductive 任务无压力。缺点也很明显:首先,丢掉了图结构的这个特征,其次,当图数据规模很大时,运算面临着高昂的成本。第 2 种被称为掩码图注意力机制(Mask Graph Attention),每个节点的 Attention 计算仅限于其邻接节点(邻接矩阵所定义的直接连接)。这样做保留了图的结构特性,并利用了局部邻域信息。与全局注意力相比,掩码图注意力机制大大降低了计算成本,因为每个节点只与其直接邻居进行交互,而不是图中的所有节点。这种方式有效地利用了图的拓扑结构,可以捕捉到节点之间的局部关系,这对于许多图数据分析任务是非常有价值的。值得注意的是,虽然在掩码图注意力机制的 GAT 中用到了邻接矩阵,但是并不像 GCN 一样是利用全部的邻接矩阵信息,而是仅利用邻接矩阵查询某节点的邻居是谁,因此可以来处理 Inductive 任务。换句话说,GAT 中的节点可以通过注意力权重动态地选择其信息的重要来源,即它的邻居。这些权重是由模型通过学习自动确定的,并不依赖于预先定义的结构。这一点区别于 GCN,后者使用的是固定的邻接矩阵加自环的归一化形式来确定节点之间信息传递的权重。

接下来主要讲解 GAT 中的 Attention 机制。类似于 Transformer 中的注意力机制,GAT 的计算也分为两步:计算注意力系数(Attention Coefficient)和加权求和(Aggregate)进行特征重要程度的重分配。对于顶点 i,逐个计算它的邻居($j \in N_i$)和它的相似系数 $e_{ij} = a([Wh_i \parallel Wh_j]), j \in \mathcal{N}_i$,其中,$W$ 是一个共享参数,通过一个单层的神经网络层实现。$[\cdot \parallel \cdot]$ 代表对节点 i,j 经过神经网络层 W 变换后的特征进行拼接操作(Concat)。最后通过 a 把拼接后的高维特征映射到一个实数上,也是通过一个单层的神经网络层实现的。显然学习节点 i,j 之间的相关性系数,就是通过可学习的神经网络层的参数 W 和 a 映射完成的。有了相关系数,再对其进行 Softmax 归一化操作即可得到注意力系数 α_{ij}。至于加权求和的实现也很简单,根据计算好的注意力系数,把特征加权求和聚合(Aggregate)一下,即

$$h'_i = \sigma(\sum_{j \in \mathcal{N}_i} \alpha_{ij} Wh_j) \tag{9-19}$$

h'_i 就是 GAT 输出的对于每个节点 i 的新特征,这个新特征的向量表示融合了邻域信息,$\sigma(\cdot)$ 是激活函数。最后,与 Transformer 一样,GAT 也可以用多头注意力机制来增强:

$$h'_i(K) = \parallel_{k=1}^{K} \sigma(\sum_{j \in \mathcal{N}_i} \alpha_{ij}^k W^k h_j) \tag{9-20}$$

其中,K 是注意力机制的头数,每个头都会维护更新自己的参数,计算得到自己的结果,$\parallel K_{k-1}$ 表示将所有头的计算结果进行拼接(Concat),从而得到最后更新好的新节点向量。

多头注意力机制也可以理解成用了集成学习的方法，就像卷积中，也要靠大量的卷积核才能有比较好的特征提取效果一样。最后通过一个示例来复习一下 GAT 的计算过程，图数据如图 9-36 所示。

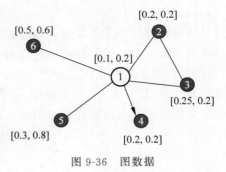

图 9-36　图数据

计算注意力系数的两个神经网络层的参数分别是 W 和 α，假设其初始化的值为 $W=[1,1]$，$\alpha=[1,1,1,1]$。注意，这些参数都是可学习的，随着网络的训练而更新。首先，计算注意力系数 $e_{ij}=\alpha(Wh_i,Wh_j)$，以节点 1 为例，与其他节点的相关性系数为

$$e_{12}=\alpha \cdot [0.1,0.2,0.2,0.2]=0.7$$
$$e_{13}=\alpha \cdot [0.1,0.2,0.25,0.2]=0.75$$
$$e_{14}=0$$
$$e_{15}=\alpha \cdot [0.1,0.2,0.3,0.8]=1.4$$
$$e_{16}=\alpha \cdot [0.1,0.2,0.5,0.6]=1.4 \tag{9-21}$$

e_{14} 由于具有单向性，即节点 1 指向 4，因此在计算更新节点 1 的信息时，节点 4 的信息不会传递给节点 1，因此其相关性 e_{14} 为 0，然后通过 Softmax 公式计算得到相关性系数

$$\alpha_{ij}=\frac{\exp(\text{LeakyReLU}(a^{\text{T}}[Wh_i \parallel Wh_j]))}{\sum\limits_{k \in \mathcal{N}_i} \exp(\text{LeakyReLU}(a^{\text{T}}[Wh_i \parallel Wh_k]))}，例如 \alpha_{12}：$$

$$\alpha_{12}=\frac{\exp(\text{LeakyReLU}(e_{12}))}{\exp(\text{LeakyReLU}(e_{12}))+\exp(\text{LeakyReLU}(e_{13}))+\cdots+\exp(\text{LeakyReLU}(e_{16}))} \tag{9-22}$$

然后通过加权求和对某节点的邻居做重要程度的重分配，即

$$h'_i=\sigma\Big(\sum_{j \in \mathcal{N}_i} \alpha_{ij} Wh_j\Big) \tag{9-23}$$

以节点 1 为例：

$$h'^Y_1=\sigma(\alpha_{12} \cdot W \cdot h_2)+\sigma(\alpha_{13} \cdot W \cdot h_3)+\sigma(\alpha_{15} \cdot W \cdot h_5)+\sigma(\alpha_{16} \cdot W \cdot h_6) \tag{9-24}$$

本质上而言：GCN 与 GAT 都是将邻居节点的特征聚合到中心节点上，利用图数据上的局部连接性学习新的节点特征表达。不同的是 GCN 利用了拉普拉斯矩阵（$\widetilde{D}^{-\frac{1}{2}}\widetilde{A}\widetilde{D}^{-\frac{1}{2}}$）计算得到聚合过程中每个节点的权重，这个过程是一个预定义的数学方法，不涉及可学习参数，而 GAT 利用 Attention 系数（α_{ij}），这其中涉及两个神经网络层的可学习参数 W 和 α。

最后探讨了为什么 GAT 适用于 Inductive 任务，因为 GAT 聚合邻居特征的时候仅需考虑邻居特征，训练出来的参数 W 和 a 是对邻居特征的线性变换参数矩阵，这个参数矩阵针对每个节点的每个邻居都是一样的，也就是所谓的共享权重参数。这些仅与节点特征相关，没有直接用到邻接矩阵进行计算，所以测试任务中改变图的结构，对于 GAT 影响并不

大,只需更新节点的邻居集合 N_i,然后用 GAT 模型重新计算注意力系数和节点的表示。这里的重新计算并不是指重新训练模型,只需用训练好的权重参数对更新后的邻居集合进行前向传播。这是因为在前向传播过程中,注意力系数是基于节点和邻居的特征动态地进行计算的,而不是静态地依赖于原始图的结构,因此,即使图的结构发生了变化,这些计算仍然是有效的,且在 GAT 的训练中,由于权重参数是在不同节点间共享的,并且在聚合过程中主要依赖于节点的特征而非图的全局结构,所以这些权重能够根据节点间的特征对某些属性进行预测,并不强依赖于图的结构,使模型能够很好地泛化到新的未见过的图结构上。

第 10 章

强 化 学 习

10.1 强化学习基础概念

10.1.1 概述

在这个不断进步的技术世界中,强化学习作为机器学习的一个重要分支,正迅速发展成为理解人工智能和机器学习领域的关键。与传统的机器学习方法相比,强化学习独特地专注于学习如何基于环境的反馈做出最优决策。这种方法在多种复杂的需要连续决策的问题中显示出巨大潜力,从而在近年来获得了显著的关注。强化学习不仅为机器提供了学习如何在复杂环境中做出决策的能力,而且它的应用正在改变我们的世界。它在许多领域中发挥着重要作用。

(1)机器人技术:让机器人学习如何执行复杂任务,如行走或抓取。

(2)游戏:AI玩家学习如何在复杂游戏中击败人类对手。

(3)自动驾驶汽车:自动驾驶技术的核心之一,使汽车能够在复杂的道路环境中做出快速反应。

(4)个性化推荐系统:基于用户行为和偏好的动态调整。

随着技术的不断进步和创新,强化学习在未来可能会有更加广泛的应用场景。

(1)智能电网:优化能源分配和消耗,实现更高效的电力管理。

(2)医疗保健:协助医生做出更准确的诊断和治疗决策。

(3)智能城市:在城市规划和管理中,优化交通流量和公共服务。

(4)金融领域:在投资和风险管理中做出更精准的预测和决策。

强化学习的未来应用无疑是令人兴奋的,它将继续推动技术边界的扩展,为我们提供更加智能、高效的解决方案。

10.1.2 强化学习基本概念

在探索强化学习的迷人世界之前,理解一些关键性概念至关重要。这些概念,包括状态、动作、回报等,不仅构成了 RL 的核心框架,而且是理解和构建任何 RL 算法的基础。它们有助于我们深入理解决策过程,是设计能够有效做出决策的算法的基础。此外,理解这些概念还对于选择和设计最适合特定问题的 RL 算法、优化算法性能、将理论应用于实际问题及在试验设计和问题解决方面起着重要作用。

强化学习主要涉及智能体通过与环境的交互学习最佳行为或策略的过程。让我们通过一个简单的生活中的例子来理解强化学习的基本概念:假设你正在学习如何玩一款新的电子游戏(这里的电子游戏就是环境)。在这个过程中,你(智能体)需要通过不断尝试和经验积累来掌握游戏的技巧。以下是强化学习中的一些基本概念。

(1)智能体:希望训练得到的模型,负责根据环境变化做出决策动作。在当前玩一款新的电子游戏的例子中,智能体就是指"你自己"。

(2)环境:智能体所在的游戏世界,提供了游戏的规则、挑战和反馈。环境决定了游戏中可能发生的事件和可以采取的行动。

(3)状态:游戏的每个瞬间,例如角色的位置、生命值、得分等都构成了游戏的当前状态。

(4)状态的概率密度函数(State Probability Density Function):这个函数描述的是,从当前状态转移到下一种状态的概率。在游戏中,这可以类比为角色从一个场景移动到另一个场景的概率,这取决于玩家的行动和游戏环境的规则。

(5)状态价值函数(State Value Function,$V(s)$):这个函数给出了对处于特定状态的长期收益的评估。例如,在游戏中,如果在某个级别有一个很强的角色,则状态价值函数可以帮助评估这个级别对于最终赢得游戏的价值。

(6)策略(Policy):这相当于游戏玩法或战略,即在游戏的每种状态下你应该采取哪种行动。例如,遇到敌人时选择战斗还是逃跑。

(7)动作(Action):在游戏中,可以执行各种行动,例如移动、跳跃、攻击或使用物品等。

(8)动作的概率密度函数(Action Probability Density Function):在有些游戏中,可以采取的行动可能有不确定性或随机性。例如,当你使用一种"魔法攻击"时,实际上攻击的强度可能在一定范围内变化。这里的概率密度函数就描述了每个可能的攻击强度出现的概率。更抽象地说,这个函数描述了在给定状态下,采取每种可能行动的概率。

(9)动作价值函数(Action-Value Function,$Q(s,a)$):也叫 Q 函数,相较于状态价值函数,动作价值函数评估的是在特定状态下采取特定行动的长期收益。这可以帮助你决定在游戏中的每种状态下应该采取哪种行动,例如攻击敌人、使用道具还是逃跑。

(10)奖励(Reward):游戏中的奖励可以是得分、金币、道具获取或达到新等级等。这些奖励反馈了你的行动好坏,引导你学习如何玩得更好。

(11)累计回报(Cumulative Reward):这是指从当前时刻开始,未来获得的回报(例如分数、奖励等)的总和。在游戏中,这可以代表从现在起到游戏结束可以获得的总分数。这个概念是强化学习中极为重要的,因为所有学习和优化的目标都是为了最大化累计回报。

(12)探索(Exploration):在游戏中尝试新策略或行动,看是否能找到更有效的打法。就像你尝试不同的路径或使用新武器,来看是否能更高效地通过关卡。

（13）利用（Exploitation）：使用你已经知道的最佳策略来赢得游戏。例如，如果你知道某个特殊的技能可以轻松击败敌人，则可能会倾向于重复使用它。

（14）轨迹（Trajectory）：在一局游戏中，从开始到结束，你所经历的每个画面（状态 s），你做出的每个决策（动作 a），以及对这些决策的立即反馈（奖励 r），共同组成了这个游戏的完整轨迹。这个轨迹详细记录了你的整个游戏过程，展现了你的策略效果及环境对这些策略的响应。

下面给出上述概念的标准严格定义：

（1）智能体：在强化学习框架中，智能体是指一个能够观察并与环境交互的实体。它是通过执行动作并根据环境反馈（通常是奖励信号）来做出决策的系统。智能体的目标是学习如何选择动作以最大化长期累计奖励。

（2）环境：智能体所处的外部系统，它定义了问题的界限和规则。在强化学习中，环境接收智能体的动作并响应给出新的状态和奖励，这决定了智能体的学习过程。

（3）状态：对环境在特定时刻的描述或观察。它通常被视为智能体用来做出决策的信息集合。状态必须包含关于环境的足够信息，以便智能体能够有效地做出行动选择。

（4）状态的概率密度函数：一个数学函数，用于描述在给定当前状态和智能体的动作下，环境转移到各个可能的下一状态的概率分布。这个函数是理解和预测环境动态的核心要素。

（5）状态价值函数：一个函数，它给出了在策略 π 下，从状态 s 开始并遵循该策略所能获得的预期回报的估计值。状态价值函数是用于评估在某状态下开始并遵循特定策略所能达到的长期表现。

（6）策略：从状态到动作的映射。在确定性策略中，它定义了在给定状态下智能体将要执行的动作；在随机性策略中，它定义了在给定状态下选择每个可能动作的概率。

（7）动作：智能体可以在给定状态下选择执行的任何操作。动作根据环境的反馈影响智能体所处的状态及它接收的累计回报。

（8）动作的概率密度函数：这个函数描述了在给定状态和策略下，选择每个可能动作的概率分布。特别是在连续动作空间中，这个函数定义了所有可能动作的概率密度。

（9）动作价值函数：给出了在策略 π 下，从状态 s 开始并采取动作 a，然后遵循策略 π 所能获得的预期回报的估计值。它是评估在特定状态下执行特定动作并随后遵循特定策略的长期表现的关键。

（10）回报：环境根据智能体执行的动作给出的立即反馈。它是强化学习过程中引导智能体学习和行动选择的关键信号。

（11）累计回报：从当前时刻开始到未来某个时间点或时序结束时，智能体获得的回报之和。它是强化学习中最关注的优化目标，智能体的学习和决策旨在最大化这个累计值。

（12）探索：智能体尝试未知或较少尝试动作的过程，其目的是发现更有价值的行动选择或信息，以改善其决策策略。

（13）利用：指智能体选择那些已知为产生最大回报的动作的过程。在利用中，智能体依赖已有知识做出决策,而非寻求新的信息。

（14）轨迹:在强化学习中,轨迹是指智能体在与环境交互的过程中经历的一系列状态(s)、动作(a)和奖励(r)的序列。

10.1.3 理解强化学习中的随机性

在强化学习中,随机性(或不确定性)是一个核心概念,它出现在各方面,包括环境的动态特性、智能体的策略、学习过程和奖励信号等。理解和处理这些随机性对于设计有效的RL 算法至关重要。以下详细介绍强化学习中的随机性。

1. 环境的随机性

状态转移的随机性:在大多数强化学习问题中,环境的状态转移可能具有随机性,即当智能体在某状态下执行一个动作时,它可能以一定的概率转移到多个不同的后续状态。

例如,在棋盘游戏中,对手的行动可能无法预测;在机器人导航中,传感器噪声和执行误差可能导致实际运动与预期有所不同。

奖励的随机性:在某些 RL 问题中,即使在相同的状态和动作下,每次得到的奖励也可能有所不同,反映了环境中的不确定性或噪声。

2. 策略的随机性

探索与利用:在强化学习中,智能体需要在探索(尝试新的或少见的行动以获得更多信息)和利用(根据已有知识选择最佳行动)之间找到平衡。探索通常涉及随机性,例如,智能体可能会以一定的概率随机地选择一个动作,而不是总是选择当前看来最佳的动作。

随机策略:在某些算法中,如策略梯度方法,策略本身可能是随机的,意味着即使在相同的状态下,智能体也可能以一定的概率选择不同的动作。

3. 学习过程的随机性

初始化:强化学习算法的性能可能受到初始条件的影响,例如神经网络权重的初始随机赋值。另外,在使用经验回放(如 DQN 中)的学习过程中,从经验缓冲池中随机抽取样本也引入了随机性。

随机梯度下降(Stochastic Gradient Descent,SGD):在基于梯度的学习方法中,梯度的估计通常基于随机选择的样本,而非全体数据集,这也引入了随机性。

强化学习中的随机性是双刃剑:一方面它增加了学习过程的复杂性和挑战;另一方面,适当的随机性有助于智能体探索环境,避免陷入局部最优,因此,合理地理解和利用随机性是设计高效强化学习系统的关键。

10.2 基于价值的深度强化学习(DQN)

10.2.1 DQN 介绍

要理解 DQN,首先需要理解 Q 值。Q 值是一个函数,$Q(s, a)$ 表示在状态 s 下执行动作 a 可以得到的预期奖励。直观上讲,Q 值告诉智能体哪些动作在长期来看更有利。

  Q 学习的目标是找到最优的 Q 值函数，从而智能体可以通过查看 Q 值来选择最佳动作。如何找到 Q 函数？深度学习的魅力就是当遇到解决不了的问题时直接扔给神经网络进行学习即可。在 DQN 中，我们使用一个深度神经网络来预测 Q 值，网络输入的是状态，输出的是每个动作的 Q 值。

  想象一下，有一个机器人（智能体）在玩一个游戏。它的目标是获取尽可能多的分数（奖励）。游戏中的每个场景可以视为一种"状态"，机器人可以采取各种动作（例如向左走、向右走）。在传统的游戏学习方法中，可能会告诉机器人每步具体该做什么，但在 DQN 中，我们不这么做，我们让机器人自己学习。机器人会尝试不同的动作，并观察哪些动作带来更高的分数。在传统机器学习方法中，机器人有一个记分板（Q 表），上面记录了在每个场景（状态）中采取不同动作可能获得的分数。在游戏变得非常复杂时，记分板（Q 表）变得非常大，机器人不可能记住所有的信息。这时，我们用一个神经网络来帮助机器人估计这个记分板上的分数，即 Q 值。神经网络试图预测在特定状态下采取特定动作可以得到的分数（Q 值）。

  问题来了，如何使神经网络所预测的 Q 值尽可能地接近真实的 Q 值？注意，因为环境的复杂性和不确定性。这些 Q 值通常不能直接计算，而是需要通过与环境的交互来逐渐估计和逼近。贝尔曼方程和时序差分学习是解决这种问题的关键。

10.2.2　贝尔曼方程与时序差分学习

  贝尔曼方程是强化学习中的一个核心概念。贝尔曼方程基于马尔可夫决策过程（MDP），它提供了一种计算当前状态价值或动作价值（考虑未来奖励）的递归方法。递归的思想是将一个大问题分解为相似的小问题。在这里，贝尔曼方程将一个长期的序列决策问题分解为一步决策问题和剩余的序列决策问题。对于动作价值函数 $Q(s, a)$，贝尔曼方程可以表示为

$$Q(s,a) = E\left[R_{t+1} + \gamma \max_{a'} Q(S_{t+1}, a') \mid S_t = s, A_t = a\right] \tag{10-1}$$

  这里，E 表示期望值，R_{t+1} 是奖励，γ 是折扣因子，用来衡量未来奖励的当前价值。这里有以下几个要点。

  （1）即时奖励 R_{t+1}：表示在状态 s 下执行动作 a 之后智能体立即获得的奖励。

  （2）折扣未来奖励 $\gamma \max_{a'} Q(S_{t+1}, a')$：代表智能体预期在下一种状态 S_{t+1} 采取最佳动作 a' 能够获得的折扣后的未来回报。这里，γ（折扣因子）确保了未来的奖励相比于即时奖励的重要性降低。这是一个符合常理的设定，就像现实生活中，十年后给你一百块钱带来的期望肯定远远小于即可给你一百块钱带来的期望。

  （3）期望值 $E[\cdot]$：因为环境的不确定性或策略的随机性，贝尔曼方程使用期望值来综合所有可能的下一状态和奖励，确保智能体的决策考虑了所有可能的未来情景。

  在强化学习中，直接评估或学习一个策略在长期（整种状态空间和时间范围）上的总体效果是非常困难的。使用递归方式，贝尔曼方程使我们能够通过评估从当前状态出发的一步行动，然后将其余的问题归结为已经定义好的子问题（评估后续状态），这样可以简化学习过程，并使学习在每个步骤上都是可行的，而且在实际环境中，尤其是非静态环境中，状态和

奖励的动态可能会随时间变化。递归分解使策略能够更灵活地适应这种变化，因为它侧重于当前的最佳行动和预期的即时后果，而非一个长期固定的计划。

在贝尔曼方程中，期望 $E[\cdot]$ 是关于环境动态从状态 s 通过动作 a 转移到下一种状态 s' 并获得奖励 R_{t+1} 的统计平均。这个期望的准确计算通常需要环境的完整模型（状态转移概率和奖励函数），这在很多实际应用中是未知的或者难以精确获得的。这主要因为几个原因，包括环境的不确定性、状态空间和动作空间的庞大及模型的未知性，在 10.1.3 节介绍过。这些因素使直接计算贝尔曼方程中的期望值变得不切实际或计算上不可行，因此我们采用时序差分（TD）学习方法来估计这个值。

时序差分学习是一种用来估计价值函数的方法，它不需要环境的完整模型，而是通过从实际经验中学习来估计期望值。具体来讲，TD 学习简化了贝尔曼方程，不必计算期望，直接使用当前估计和下一种状态（或下几种状态）的奖励来更新价值估计，其更新规则可以表述为

$$Q(S_t, A_t) \leftarrow Q(S_t, A_t) + \alpha\left[R_{t+1} + \gamma \max_{a'} Q(S_{t+1}, a') - Q(S_t, A_t)\right] \quad (10\text{-}2)$$

其中，α 是学习率。$R_{t+1} + \gamma \max_{a'} Q(S_{t+1}, a')$ 是 TD 目标，代表了对下一种状态的价值的估计。这个估计方法肯定比直接估计下一种状态的价值要准确，因为当前的价值 R_{t+1} 是已经观测到的。这就像你从家出发上学的途中有一个商店，当你走到商店时再预估到达学校的时间，肯定比刚从家出发就预测到校时间要准确，因为从家到商店的时间已经被观察到了。那么这个值怎么得到呢？在深度强化学习（如 DQN）中，神经网络被用来逼近 Q 函数。网络的输入是状态（及可能的动作），输出是该状态（和动作）的 Q 值估计，因此，在任意时刻，下一状态的价值实际上是由神经网络基于其当前的参数估计得出的。实际上，这个 TD 目标就是我们在训练神经网络时的标签。$R_{t+1} + \gamma \max_{a'} Q(S_{t+1}, a') - Q(S_t, A_t)$ 是 TD 误差，表示当前奖励加上下一种状态的折现后的估计价值与当前状态的估计价值之间的差异。这里记作 δ_t。

更新 Q 值的基本思想是：如果我们在某种状态-动作对 (S_t, A_t) 得到的奖励比我们原本预期的奖励要多，则我们应该增加这种状态-动作对的 Q 值。反之，如果得到的奖励比预期的奖励少，我们则应该减少这种状态-动作对的 Q 值。

因此，TD 学习中的 Q 值更新公式为

$$Q(S_t, A_t) \leftarrow Q(S_t, A_t) + \alpha \times \delta_t \quad (10\text{-}3)$$

其中，α 是学习率，它决定了我们在每次更新时要改变多少 Q 值。理解这个更新过程如果 δ_t 为正（实际获得的奖励加上对未来奖励的估计超过了当前 Q 值的估计），则我们提高 $Q(S_t, A_t)$。

如果 δ_t 为负（实际获得的奖励加上对未来奖励的估计低于当前 Q 值的估计），则我们降低 $Q(S_t, A_t)$。

通过这种方式，TD 学习算法能够不断地调整其对每种状态-动作对价值的估计，以更好地适应和学习环境的动态特性。注意，Q 值的更新并不直接等同于监督学习中的损失函数。Q 值的更新更像是一种迭代式的价值估计过程，通过不断地基于 TD 误差的校正，使预

测的 Q 值更接近于真实(或最优)的 Q 值。可以说,在训练的每个步骤中,TD 更新的目标 Q 值充当了类似于监督学习中真实标签的角色,但这个"标签"本身也在不断学习和调整中,没有像监督学习中那样固定不变的"真实标签"。

10.2.3 训练神经网络

10.2.2 节解释了如何通过 TD-Learning 让神经网络的预测 Q 值更接近真实 Q 值,接下来解决另一个问题,如何训练这个神经网络来预测 Q 值?

训练神经网络的首要步骤是数据收集。强化学习中的数据通常由智能体在与环境的交互过程中所获得的状态、动作、奖励和下一种状态组成。这些数据被存储在经验回放缓冲区内,以供后续训练使用。接下来进行抽样,神经网络的训练涉及从经验回放缓冲区中随机抽取一批样本。这样做有助于减少样本数据间的相关性,进而降低训练过程的方差。对于每个抽样出的样本,我们根据 TD 目标和网络的当前预测计算损失。TD 目标是依据贝尔曼方程计算得到的,如在 Q-Learning 中,目标可表示为 $R_{t+1} + \gamma \max_{a'} Q(S_{t+1}, a'; \theta^-)$,其中 θ^- 代表目标网络的参数。损失函数通常选用均方误差,其目的是最小化预测 Q 值和 TD 目标之间的差距,公式如下:

$$\text{LossMSE} = \frac{1}{N} \sum_{i=1}^{N} (y_i - Q(s_i, a_i; \theta))^2 \tag{10-4}$$

其中,N 是样本数量。y_i 是第 i 个样本的 TD 目标值,根据贝尔曼方程计算得出。这个 TD 目标不仅参与当前损失函数的计算,也参与 TD 误差的计算,进而更新得到更准确的 Q 值,详见 10.2.2 节。$Q(s_i, a_i; \theta)$ 是神经网络关于当前参数 θ 下,状态 s_i 和动作 a_i 的预测 Q 值。

在训练过程中,通过梯度下降方法最小化 MSE,以此调整网络参数 θ,使预测的 Q 值 $Q(s, a; \theta)$ 接近 TD 目标 y,即减少神经网络输出与期望输出之间的误差。整个训练过程是一个持续的迭代过程,直至达到既定的性能标准或完成预设的训练周期。在此过程中,应注意保持探索与利用之间的平衡。智能体不仅要利用现有策略来最大化即时奖励,还应不断地探索新的策略,以发现可能获得更高长期回报的行为模式。

10.2.4 估计网络与目标网络

10.2.1 节描述过估计 TD 目标的方式,即 $R_{t+1} + \gamma \max_{a'} Q(S_{t+1}, a')$ 是 TD 目标,在 DQN 中,神经网络被用来逼近 Q 函数。网络的输入是状态(及可能的动作),输出是该状态(和动作)的 Q 值估计,因此,在任意时刻,下一状态的价值 $Q(S_{t+1})$ 实际上是由神经网络基于其当前的参数估计得出的。这是一种自举的方式,单个网络同时进行 Q 值的估计和 TD 目标的计算会导致一种"追逐自己尾巴"的情况,其中 Q 值的更新可能过于频繁和剧烈。在这种情况下,网络试图在一个连续变化的目标上进行训练,很难收敛,容易造成训练过程的不稳定性和振荡。为了解决这个问题,在 DQN(Deep Q-Networks)及其变体中,一般使用两种神经网络——估计网络和目标网络,如图 10-1 所示。

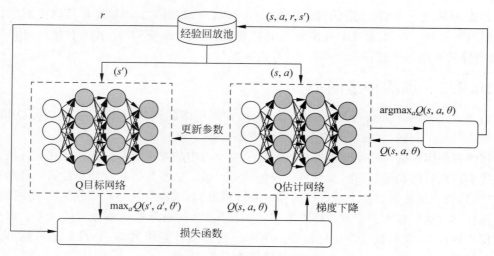

图 10-1　DQN 网络结构

　　估计网络(也称为在线网络或主网络)用于实时估计值函数。换句话说,这个网络负责根据当前状态和动作,预测 Q 值。在学习过程中,此网络的参数不断更新以反映最新学习的结果。目标网络在结构上与估计网络相同,但其参数更新频率较低。目标网络的主要作用是在计算 TD 目标(Temporal-Difference Target)时提供一个相对稳定的 Q 值估计。这个 TD 目标通常用于计算损失函数和进行梯度下降。

　　由于目标网络的更新滞后于估计网络,所以可以为学习过程提供一个较为稳定的学习目标。这有助于减少每次更新所带来的方差,从而使训练过程更加平滑,而且,分离的目标网络可以在一定程度上防止过拟合。因为目标网络不会立即反映出最新的学习成果,从而避免了估计网络可能因过度适应最近的经验而忽略了长期的策略。

　　注意,目标网络的参数不是每次迭代都更新。通常,它的参数会在固定的时间步或者固定的训练周期后从估计网络复制过来。这个更新间隔是一个超参数,需要根据具体的应用场景和任务来调整。

10.3　基于策略的深度强化学习

10.3.1　算法介绍:基于策略的强化学习

　　想象一下,你正在教一个机器人学习如何走路。在基于策略的强化学习方法中,你直接告诉这个机器人在每步该如何行动。这种指导是通过一个概率模型实现的,即策略函数。策略函数考虑当前的环境(机器人的当前状态),然后输出每个可能动作的概率。机器人根据这些概率来选择其动作,因此,在每种状态下,机器人有一个清晰的概率指导,它决定下一步如何行动。这种方法的关键优势是可以处理更加复杂和多样的动作选择,例如在连续动作空间中选择合适的动作力度和方向。

相比之下,在 DQN 这类基于值的强化学习方法中,我们不是直接告诉机器人每步怎么做,而是给它一个评分系统:对于每个可能的动作,DQN 评估其带来的预期回报(Q 值)。机器人的任务是在每步选择那个预期回报最高的动作。这就好比不是告诉机器人具体怎么走,而是给每步一个分数,让它自己找出得分最高的步骤。这种方法在离散动作空间中表现得非常好,因为可以轻松地比较和选择有限个动作中的最佳选项。

现在,如果动作空间变得非常大或者是连续的(想象让机器人学习怎样以任意速度和方向跑步),则基于值的方法就变得复杂且效率不高了。因为对于每个可能的动作,你都需要计算一个预期回报,并从中选择最佳的,但在连续动作空间中,可能的动作是无限的,这使找出最佳动作变得非常困难。

相反,基于策略的方法则可以更自然地处理这种情况。因为你不需要为每个可能的动作分别计算一个值,而是直接根据当前状态生成动作的概率分布。这使机器人能够在连续的动作空间中平滑地选择动作,而不是在有限的选项中做出选择。

10.3.2 策略优化

DQN 算法使用了一种被称为 TD(时序差分)学习的技术。在 TD 学习中,我们利用贝尔曼方程来迭代地更新动作值函数(Q 值)。这里的关键点是 Q 值的计算和更新:对于一个给定的状态(例如机器人在特定的位置)和一个动作(例如向前移动一步),Q 值是表示执行这个动作并且之后遵循最优策略所能获得的预期总回报。在 DQN 中,这个 Q 值是通过神经网络来估计的,网络的输入是状态和动作,输出是对应的 Q 值。当机器人观察到新的状态和回报时,DQN 使用这些信息来更新神经网络,以便更好地估计 Q 值。通过不断的学习,DQN 逐渐学会预测哪些动作会带来最大的总回报。

相比之下,基于策略的强化学习方法采用了不同的途径。这里直接对策略本身进行优化,而不是像在 DQN 中那样间接通过 Q 值来推导策略。策略本身通常由一个神经网络表示,输入是状态,输出是在这种状态下采取每个可能动作的概率,如图 10-2 所示。

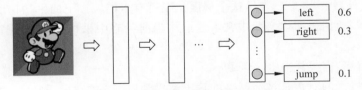

图 10-2　策略梯度指导代理的动作选择

策略梯度方法是通过调整策略网络的参数来直接最大化累计回报的期望值,其中,REINFORCE 算法是一种经典的策略梯度方法。在 REINFORCE 中,我们让策略网络指导动作的选择,然后根据实际获得的回报来调整网络参数。如果一个动作导致了正的回报,就增加未来选择这个动作的概率;反之,如果导致了负面的回报,则选择这个动作的概率就会减少。具体的算法步骤如下。

(1)初始化策略模型:策略通常由一个参数化的模型表示,例如一个神经网络。这个网络根据输入的状态来输出每个可行动作的概率。

（2）生成一个或多个片段：在每个迭代中，使用当前的策略在环境中执行多个完整的轨迹（Trajectory），直到达到终止状态。每个轨迹是一种状态、动作和回报的序列。

（3）计算回报：对于片段中的每个步骤，计算从当前状态到片段结束所获得的累积回报。这个累积回报通常是对未来回报的一个折扣累计和，其中折扣因子 γ 决定了未来回报的权重。

（4）策略梯度更新：对于轨迹中的每个步骤，调整策略模型的参数，以增加在给定状态下选择实际执行的动作的概率。这个调整是根据策略梯度进行的，通常使用梯度上升法实现。策略梯度由每个步骤的累积回报和动作概率的梯度的乘积给出。重复上述步骤直到策略收敛或达到某个性能标准。

策略梯度的基本形式可以表示为

$$\nabla_\theta J(\theta) = E\left[\sum_{t=0}^{T} G_t \cdot \nabla_\theta \log \pi_\theta(a_t \mid s_t)\right] \tag{10-5}$$

从直观上对上述公式的解释如下。

（1）期望回报：$J(\theta)$ 是在策略 π_θ 下的期望回报。我们的目标是调整 θ 来最大化 $J(\theta)$。

（2）梯度上升：由于要最大化 $J(\theta)$，所以需要朝着梯度 $\nabla_\theta J(\theta)$ 的方向调整 θ。这意味着如果某个方向上的梯度为正，则增加 θ 在这个方向上的值会增加期望回报。

（3）策略概率的对数：$\log \pi_\theta(a_t \mid s_t)$ 是在给定状态 s_t 下选择动作 a_t 的策略概率的自然对数。对数运算使梯度计算更为稳定和高效。

（4）梯度 $\nabla_\theta \log \pi_\theta(a_t \mid s_t)$：这部分表明策略概率对参数 θ 的敏感程度。直观上说，它告诉我们，微小地调整 θ 会如何影响在状态 s_t 下选择动作 a_t 的概率。

（5）累积回报 G_t：这是从时间 t 到轨迹结束的累积折扣回报。G_t 的引入确保了动作的选择不仅考虑立即回报，而是基于其长期影响。通过 G_t，策略梯度方法可以促进那些可能立即回报不高，但长期效果好的动作。

（6）期望：外层的期望 E 表示这个梯度是在所有可能轨迹下的平均梯度。由于直接计算整个期望通常不可行，所以实践中常常通过从当前策略中采样一个或多个轨迹来估计这个期望。

针对上述解释，需要注意 3 个问题：

第一，策略概率的对数是神经网络的输出结果乘以 log 的意思吗？

是的，策略概率的对数指的是将神经网络输出的动作概率取自然对数。在策略梯度方法中，如 REINFORCE 算法，神经网络通常输出的是一个概率分布，表示在给定状态下采取各个可能动作的概率。例如，如果策略由神经网络 $\pi_\theta(a \mid s)$ 表示，其中 θ 是网络参数，则对于在状态 s 下选择动作 a 的概率 p，它的对数就是 $\log p = \log \pi_\theta(a \mid s)$。

第二，为什么要将策略概率对数的梯度与累积回报 G_t 相乘？

策略概率对数的梯度 $\nabla_\theta \log \pi_\theta(a_t \mid s_t)$ 指示了如何调整策略参数 θ 来增加在状态 s_t 下选择动作 a_t 的概率，而累积回报 G_t 作为一个权重与之相乘，用于调整每个动作的重要性。

这样做的原因主要是强化学习的目标是最大化累积回报,我们想要的是使获得更高回报的动作被更频繁地选择。通过将策略梯度与累积回报相乘,我们实际上在告诉算法,如果某个动作导致了高回报,则增加这个动作的选择概率;反之,如果某个动作导致了低回报或负回报,则降低这个动作的选择概率。

第三,由于直接计算整个期望通常不可行,所以在实践中常常通过从当前策略中采样一个或多个轨迹来估计这个期望,这个操作是蒙特卡洛采样吗?

这种方法属于蒙特卡洛采样。由于直接计算整个期望通常是不可行的(因为它涉及所有可能的状态和动作),所以我们通常通过采样的方法来估计它。在这里,蒙特卡洛采样指的是从当前策略 π_θ 中采样一个或多个完整的轨迹,然后根据这些轨迹来估计期望值。这种方法的好处是它不需要一个模型来表示环境(无模型方法),并且能够处理连续的状态和动作空间,然而,它的缺点是可能需要大量的样本来获得准确的估计,特别是在环境变化复杂或者回报函数波动较大的情况下。

10.3.3 对比梯度上升和时序差分

梯度上升和时序差分学习是强化学习中的两种不同的优化策略,它们各有优势和局限性。下面对这两种方法进行对比。

在基于策略的强化学习方法中使用梯度上升的优点主要体现在以下三方面。

(1)直接优化策略:梯度上升直接对策略进行优化,使学习过程更直接和高效,特别是在复杂或连续的动作空间中。

(2)更好的探索:策略梯度方法通常能更好地探索动作空间,因为它们通过概率性策略来选择动作,这意味着总有一定的概率去尝试不同的动作,而不是一直选择最大的概率动作。

(3)避免局部最优:由于其具有探索特性和直接优化策略的能力,所以策略梯度方法可能更容易跳出局部最优解。

在基于策略的强化学习方法中使用梯度上升的主要缺点如下。

(1)高方差:策略梯度方法特别是基于蒙特卡洛的策略梯度,可能会受到较高方差的影响,从而影响学习的稳定性和收敛速度。

(2)样本效率低:这些方法通常需要更多的样本来准确估计梯度,尤其是在复杂环境中。

(3)调参敏感:策略梯度方法在实践中可能更依赖于调参(如学习率、策略网络的结构等)。

在 DQN 中使用时序差分学习的主要优点如下。

(1)样本效率高:TD-Learning 通过每个步骤的更新,而不是等待整个轨迹完成,通常样本效率高。

(2)稳定性:相比于蒙特卡洛方法的策略梯度,TD-Learning 通常能提供更稳定的学习更新,因为 Q 值的更新不完全依赖于实际获得的长期回报,而是部分地依赖于对未来价值的现有估计,加上当前状态的观测价值,从而使学习更新更加平滑和稳定。

(3)低方差:方差在这里指的是从一个更新到下一个更新估计值变化的不确定性。在蒙特卡洛方法中,值函数的每次更新完全基于整个轨迹的实际回报,这导致了估计的方差较高,尤其是在回报信号变化较大或轨迹很长时,而在 TD-Learning 中,由于每次更新部分基于当前的值函数估计,所以意味着每个更新更加平稳,对于单一异常的状态转换或回报不会过度反应,从而导致整体的估计方差较低。

在 DQN 中使用时序差分学习的主要缺点如下:

(1)在 TD-Learning 中,双重利用(Double Sampling)问题指的是在同一过程中对同一个样本数据(例如状态转移)的重复使用。例如,在 Q 学习这种 TD-Learning 方法中,Q 值的更新是基于当前 Q 值($Q(s,a)$)和下一状态的最大 Q 值($\max_{a'} Q(s',a')$)进行的。这里,$Q(s,a)$ 和 $\max_{a'} Q(s',a')$ 都是基于相同的经验(状态转移)估计的,因此可能会导致对于未来回报的过度乐观估计。

这种过度估计可能会导致学习的偏差,因为算法可能会过分强化那些其实并不是最优的策略或动作。这个问题在有噪声或者探索不充分的环境中尤其显著。当然,在后续的DQN 改进算法中,这个双重利用的问题可以通过划分评价网络和目标网络来缓解。

(2)探索问题涉及强化学习中的一个核心问题:探索(Exploration)和利用(Exploitation)的平衡。探索是指尝试新的不熟悉的动作来获得更多信息,而利用是指基于已有的信息来选择看似最优的动作。

在基于值的方法(如 DQN)中,通常使用贪心策略(总是选择当前估计值最高的动作)或 ε-贪心策略(大部分时间选择最优动作,但有一个小概率 ε 随机选择其他动作)来平衡这两者,然而,这种方法可能不够灵活,特别是在动作空间很大或连续的环境中,因为它们可能会忽视那些短期内看起来不是最优,但长期来看可能更好的策略。

相比之下,概率性策略(例如策略梯度方法中使用的)允许算法在每种状态下根据某种概率分布来选择动作,这种方法可能更能鼓励算法探索不同的动作,尤其是在初期或当环境变化时。

(3)需要值函数逼近:TD-Learning 方法通常依赖于值函数(如 Q 函数)的估计来指导策略的选择。在简单或低维的状态空间中,这种估计相对容易,然而,在高维状态空间或复杂环境中(例如,拥有大量状态和动作的游戏),准确估计值函数变得非常具有挑战性。值函数逼近(Function Approximation)就是在这样的情况下使用的技术,例如使用神经网络来近似复杂的值函数。值函数逼近的一个关键挑战是如何保证估计的准确性和泛化能力。如果值函数逼近做得不好,则可能会导致学习过程不稳定或收敛到次优策略。此外,在高维空间中,值函数逼近可能需要大量的数据和计算资源。

10.4　演员-评论家模型

10.4.1　算法介绍:演员-评论家模型

演员-评论家(Actor-Critic)模型是一种结合了基于值的方法和基于策略的方法的强化学习框架。这个模型的核心思想是将策略决策(演员)和值函数估计(评论家)的优点结合起来,以期达到更好的学习效率和策略性能。在以下内容中,我们将详细探讨演员-评论家模型的原理、结构及它如何克服其他方法的限制。

演员部分负责基于当前策略选择动作。这个策略通常是随机的,允许算法在探索(尝试新动作)和利用(选择已知最佳动作)之间取得平衡。演员的策略是通过某种参数化形式实现的,一般使用神经网络,其参数通过策略梯度方法更新,具体解释如下。

(1) 输入:演员网络的输入通常是环境的当前状态。

(2) 输出:输出是对每个可能动作的概率分布(在离散动作空间中)或者特定动作的参数(如均值和标准差,在连续动作空间中)。

1. 演员的学习过程

(1) 损失函数:演员网络的训练通常通过策略梯度方法进行训练,例如 REINFORCE 或 Actor-Critic 方法的策略梯度。损失函数通常是负的对数概率乘以优势函数(Advantage Function),即 $-\log(\pi(a\,|\,s))\times A(s,a)$,其中 $\pi(a\,|\,s)$ 是在状态 s 下选择动作 a 的概率,而 $A(s,a)$ 是动作的优势值。

(2) 优化方法:梯度上升是常用的优化方法,用于最大化奖励期望。

评论家部分估计所选动作的值,通常是状态-动作对的 Q 值或仅是状态的价值 V。这个评价帮助演员判断所选择的动作是好还是坏。评论家的更新通常依赖于 TD-Learning 或其他值函数近似方法,并且它提供的价值反馈用于指导演员的策略更新,具体解释如下。

(1) 输入:输入通常是当前状态或状态和动作的组合。

(2) 输出:输出是对当前状态或状态-动作对的价值估计,即 Q 值(状态-动作值函数)或 V 值(状态值函数)。

2. 评论家的学习过程

(1) 损失函数:评论家的损失函数通常是 TD 误差的平方,即 $[R+\gamma V(s')-V(s)]^{2}$,其中 R 是奖励,γ 是折扣因子,$V(s)$ 和 $V(s')$ 分别是当前状态和下一种状态的价值估计。

(2) 优化方法:梯度下降是最常用的优化方法,用于最小化价值估计的误差。

10.4.2　演员-评论家模型算法训练

在演员-评论家模型中,学习过程涉及一个交互式的环节,其中演员负责选择动作,而评论家则负责评估这些动作的好坏。下面详细解释这个过程的每个步骤。

1. 基于当前策略,演员选择一个动作

演员部分的神经网络根据当前环境状态输入,输出一个动作。这个动作可以是具体的行动(在离散动作空间中),或者动作的参数(如在连续动作空间中的动作均值和标准差)。演员的策略通常包含一定的随机性,以便于探索(探索新动作)和利用(选择已知的最佳动作)之间取得平衡。

2. 环境反馈

环境根据选择的动作返回新的状态和奖励:一旦演员执行了一个动作,环境便会做出反应,返回新的状态和与该动作相对应的奖励。这些信息对于后续的学习更新至关重要。

3. 学习更新

评论家使用 TD 误差来评估所采取动作的价值。评论家会计算 TD 误差,即实际获得的回报(包括即时奖励和对未来状态的价值估计)与之前预测的价值之间的差异。这个 TD 误差反映了评论家对演员行为的评价,一个正的 TD 误差表示实际结果比预期的结果好,而一个负的 TD 误差则意味着实际结果比预期的结果差。同时,演员根据评论家的反馈来更新其策略,利用评论家提供的 TD 误差,演员更新其策略以增加在类似情境下选择更有价值动作的概率。这种策略更新通常通过梯度上升方法实现,即调整演员神经网络的参数,使那些获得高评价(高 TD 误差)的动作在未来被更频繁地选中。

4. 迭代下去直到轨迹结束

演员-评论家模型通过这样的循环来不断地学习和适应,演员基于当前策略做出选择,环境提供反馈,评论家评估选择的结果,然后演员根据这些评估来优化其决策过程。

10.4.3 演员-评论家模型算法的优缺点

演员-评论家模型是一种结合了策略梯度和值函数近似的强化学习方法,因此也理所当然地继承了他们各自具有的优点和局限性,其主要优点如下。

(1)稳定性与效率的结合:演员-评论家模型结合了基于策略的方法(如 REINFORCE)的优点和基于值的方法(如 Q 学习或 DQN)的优点,比单独使用策略梯度方法或值函数方法更稳定、更高效。

(2)适用于连续动作空间:与仅基于值的方法(如 DQN)不同,演员-评论家模型适用于连续动作空间的问题,使其在处理诸如机器人控制等问题时更有效。这个优点继承自基于策略的强化学习。

(3)减少方差,提高学习效率:评论家的引入帮助减少策略估计的方差,从而提高学习效率。这个优点继承自基于价值的强化学习。

(4)在线学习和离线学习:可以应用于在线学习(从每个步骤中学习)和离线学习(从一个完整的情节中学习),提供灵活的学习方式。

主要缺点如下。

(1)复杂性和计算成本:需要同时训练两个模型(演员和评论家),这可能导致模型更加复杂和计算成本更高。

(2)稳定性问题:尽管比纯策略梯度方法更稳定,但是演员-评论家算法的稳定性仍然不如传统的基于值的方法,如 DQN。

(3)调参难度:需要调整更多的超参数(如两个不同网络的学习率、折扣因子等),调参可能比单一模型方法更加困难。

(4)过度估计的风险:由于评论家模型可能过度估计值函数,特别是在使用函数逼近器(如神经网络)时,可能导致学习过程不稳定。

演员-评论家模型在处理复杂的强化学习问题时提供了一个平衡效率和稳定性的有力工具,特别是在连续动作空间和需要策略与值函数同时学习的情景中,然而,其增加的复杂性、调参难度和潜在的稳定性问题也需要特别注意。在实际应用中，如何根据特定问题的需求来平衡这些优点和缺点，是设计和实施演员-评论家模型的关键挑战。

10.4.4 对比生成对抗网络和演员-评论家模型算法

先简短回顾一下这两个模型。

1. 生成对抗网络（GAN）

基本概念：GAN 由两部分组成，即生成器和判别器。生成器的目标是创建逼真的数据（如图片），而判别器的目标是区分真实数据和生成器生成的假数据。

训练性质：在 GAN 中，生成器和判别器呈对抗关系。生成器尝试欺骗判别器，而判别器努力不被欺骗。这种对抗过程促进了两者的能力提升，最终生成器能生成极为逼真的数据。

学习机制：GAN 的学习过程是一个动态平衡的游戏，其中生成器不断地改进其生成的数据以逃避判别器的识别，而判别器则不断地提升其辨别能力。

2. 演员-评论家模型

基本概念：演员-评论家模型由两部分组成，即演员和评论家。演员负责选择动作，而评论家负责评价这些动作并提供反馈。

训练性质：与 GAN 不同，演员-评论家模型中的演员和评论家是合作关系。评论家提供的反馈帮助演员改进其策略，以此优化动作的选择过程。

学习机制：在演员-评论家模型中，演员的动作选择受到评论家提供的价值评估指导，评论家基于演员的表现来调整自己的价值估计。这种机制有助于同时优化策略选择和价值判断。

注意思考一个问题：评论家提供的反馈帮助演员改进其策略，以此优化动作选择过程。可是在 GAN 中，也是判别器给生成器反馈以提升生成质量，为什么训练性质一个是对抗，一个是合作呢？

这是因为两种模型的核心区别在于它们的目标和动态互动方式的不同。

从目标中分析，GAN 的生成器和判别器有完全相反的目标。生成器的目标是生成足以欺骗判别器的假数据，而判别器的目标是准确地区分真实数据和生成器产生的假数据。它们之间的互动是一个零和游戏（Zero-Sum Game），即一方胜利意味着另一方损失。

而演员和评论家的目标是相互补充的。演员需要选择最佳动作，而评论家则提供关于这些动作好坏的反馈，以帮助演员做出更好的决策。他们共同工作，以提高整体的决策质量，实现共同的目标（如最大化累积回报）。

从互动方式上来解释，GAN：互动是基于对立和欺骗的。生成器试图通过生成尽可能逼真的数据来"欺骗"判别器，而判别器则要识破这些欺骗性数据。

而演员-评论家的互动是基于指导和改进的。评论家通过评估演员的行为来提供指导性的反馈，而演员则利用这些反馈来优化自己的行为策略。

这种区分对于理解这两个模型在设计、优化和应用上的不同非常重要。对抗性和合作性不仅决定了这两种模型的内部动态，也影响着模型的训练方式和稳定性。例如，在 GANs

中,平衡生成器和判别器的能力是实现高质量生成结果的关键,而在演员-评论家模型中,有效地整合演员和评论家的反馈来稳步提高性能则更为重要。

简而言之,尽管两种模型都涉及一种反馈机制,但它们的互动方式、目标和最终的应用背景决定了一个是基于对抗的,另一个是基于合作的。

到底是对抗提升好一些,还是合作共赢好一些?实际上,选择对抗还是合作,取决于具体的应用场景、目标和所面临的问题的性质。每种方法都有其独特的优势和局限性。

GAN 的魅力在于创新性和创造性,在生成新内容(如图像、音乐、文本)方面,对抗方法能够产生新颖、多样且逼真的结果。这是因为通过对抗训练可以揭露和改进模型的弱点,实现相互进化。局限性则是对抗训练可能导致模型训练不稳定,难以收敛,而且由于模型的对抗本质,最终结果可能具有不可预测性。

演员-评论家模型的魅力在于协同工作,合作模型能够在多个组件间建立协同关系,推动共同目标的实现,例如在强化学习任务中提升决策质量,获得最大回报。相比于对抗模型,合作模型通常训练更加稳定和高效。局限性则体现在创造力有限,合作模型可能不如对抗模型那样在创造力和创新性上表现突出。

综合考虑,如果目标是探索新的、未知的或创造性的内容生成,则对抗方法可能更适合。如果目标是稳定地解决特定问题或在预定义的框架内优化性能,则合作模型可能更优。这就是为什么 GAN 模型一般负责生成任务,而演员-评论家则是强化学习领域模型的原因。

进一步地可以将对抗与合作的思考上升到哲学层面,特别是在人际关系和社会交往上,可以探讨如何在竞争与合作之间寻找平衡,以及这两种态度如何影响个人和社会的发展。

在哲学的视角下,人性的本质及其在社会发展中的作用常被解读为对抗与合作两种基本态度的体现。托马斯·霍布斯认为人的自然状态是"人对人是狼",这一观点强调了个体间的竞争、自利和生存斗争,而让-雅克·卢梭则提出相反的看法,他认为人本性善良,强调社会和合作是人类文明发展的基石。

对抗在社会发展中通常被视为创新和进步的催化剂。竞争和挑战能激发个人潜能,推动技术、艺术乃至社会制度的发展,然而,合作则有助于社会的稳定和和谐。通过共享资源、知识和技能,个体和集体能够共同应对复杂的挑战,建立更强大的社会联系。

在道德和伦理的层面,对抗可能涉及竞争中的公正性、诚实和责任等复杂问题,而合作则更多地强调共情、利他主义和集体福祉的重要性。

人际关系中的对抗和合作也是必不可少的两个方面。对抗有助于个体建立自我边界和独立性,而合作则增强了关系的亲密度和团队的凝聚力。对抗,特别是正面的对抗,如公平竞争和开放辩论,能够激发新思想和有利于个人成长,而合作,则通过相互支持和理解,在共同面对挑战时加深了彼此之间的信任和理解。

最终,我们看到,在哲学和人际关系层面,对抗与合作不是简单的二分法,而是相互依赖、互补的两种力量。找到对抗和合作之间的平衡,是个体和社会不断探索和调整的过程。这不仅是对人性、道德伦理和社会发展的深刻理解,也是我们认识自身和周围世界的方式。

这或许就是算法的魅力吧。

图 书 推 荐

书　　　名	作　　者
轻松学数字图像处理——基于 Python 语言和 NumPy 库(微课视频版)	侯伟、马燕芹
自然语言处理——基于深度学习的理论和实践(微课视频版)	杨华 等
Diffusion AI 绘图模型构造与训练实战	李福林
图像识别——深度学习模型理论与实战	于浩文
HuggingFace 自然语言处理详解——基于 BERT 中文模型的任务实战	李福林
深度学习——从零基础快速入门到项目实践	文青山
动手学推荐系统——基于 PyTorch 的算法实现(微课视频版)	於方仁
AI 驱动下的量化策略构建(微课视频版)	江建武、季枫、梁举
TensorFlow 计算机视觉原理与实战	欧阳鹏程、任浩然
自然语言处理——原理、方法与应用	王志立、雷鹏斌、吴宇凡
人工智能算法——原理、技巧及应用	韩龙、张娜、汝洪芳
跟我一起学机器学习	王成、黄晓辉
深度强化学习理论与实践	龙强、章胜
Java+OpenCV 高效入门	姚利民
Java+OpenCV 案例佳作选	姚利民
计算机视觉——基于 OpenCV 与 TensorFlow 的深度学习方法	余海林、翟中华
深度学习——理论、方法与 PyTorch 实践	翟中华、孟翔宇
Flink 原理深入与编程实战——Scala+Java(微课视频版)	辛立伟
Spark 原理深入与编程实战(微课视频版)	辛立伟、张帆、张会娟
PySpark 原理深入与编程实战(微课视频版)	辛立伟、辛雨桐
Python 预测分析与机器学习	王沁晨
Python 人工智能——原理、实践及应用	杨博雄 等
Python 深度学习	王志立
编程改变生活——用 Python 提升你的能力(基础篇·微课视频版)	邢世通
编程改变生活——用 Python 提升你的能力(进阶篇·微课视频版)	邢世通
编程改变生活——用 PySide6/PyQt6 创建 GUI 程序(基础篇·微课视频版)	邢世通
编程改变生活——用 PySide6/PyQt6 创建 GUI 程序(进阶篇·微课视频版)	邢世通
Python 量化交易实战——使用 vn.py 构建交易系统	欧阳鹏程
Python 从入门到全栈开发	钱超
Python 全栈开发——基础入门	夏正东
Python 全栈开发——高阶编程	夏正东
Python 全栈开发——数据分析	夏正东
Python 编程与科学计算(微课视频版)	李志远、黄化人、姚明菊 等
Python 游戏编程项目开发实战	李志远
Python 概率统计	李爽
Python Web 数据分析可视化——基于 Django 框架的开发实战	韩伟、赵盼
Python 玩转数学问题——轻松学习 NumPy、SciPy 和 Matplotlib	张骞
AR Foundation 增强现实开发实战(ARKit 版)	汪祥春
AR Foundation 增强现实开发实战(ARCore 版)	汪祥春
ARKit 原生开发入门精粹——RealityKit+Swift+SwiftUI	汪祥春
HoloLens 2 开发入门精要——基于 Unity 和 MRTK	汪祥春
HarmonyOS 移动应用开发(ArkTS 版)	刘安战、余雨萍、陈争艳 等
openEuler 操作系统管理入门	陈争艳、刘安战、贾玉祥 等
JavaScript 修炼之路	张云鹏、戚爱斌

书 名	作 者
深度探索 Vue.js——原理剖析与实战应用	张云鹏
前端三剑客——HTML5+CSS3+JavaScript 从入门到实战	贾志杰
剑指大前端全栈工程师	贾志杰、史广、赵东彦
HarmonyOS 应用开发实战(JavaScript 版)	徐礼文
HarmonyOS 原子化服务卡片原理与实战	李洋
鸿蒙操作系统开发入门经典	徐礼文
鸿蒙应用程序开发	董昱
鸿蒙操作系统应用开发实践	陈美汝、郑森文、武延军、吴敬征
HarmonyOS 移动应用开发	刘安战、余雨萍、李勇军 等
HarmonyOS App 开发从 0 到 1	张诏添、李凯杰
从数据科学看懂数字化转型——数据如何改变世界	刘通
JavaScript 基础语法详解	张旭乾
5G 核心网原理与实践	易飞、何宇、刘子琦
恶意代码逆向分析基础详解	刘晓阳
深度探索 Go 语言——对象模型与 runtime 的原理、特性及应用	封幼林
深入理解 Go 语言	刘丹冰
Vue+Spring Boot 前后端分离开发实战	贾志杰
Spring Boot 3.0 开发实战	李西明、陈立为
Flutter 组件精讲与实战	赵龙
Flutter 组件详解与实战	[加]王浩然(Bradley Wang)
Dart 语言实战——基于 Flutter 框架的程序开发(第 2 版)	亢少军
Dart 语言实战——基于 Angular 框架的 Web 开发	刘仕文
IntelliJ IDEA 软件开发与应用	乔国辉
FFmpeg 入门详解——音视频原理及应用	梅会东
FFmpeg 入门详解——SDK 二次开发与直播美颜原理及应用	梅会东
FFmpeg 入门详解——流媒体直播原理及应用	梅会东
FFmpeg 入门详解——命令行与音视频特效原理及应用	梅会东
FFmpeg 入门详解——音视频流媒体播放器原理及应用	梅会东
Power Query M 函数应用技巧与实战	邹慧
Pandas 通关实战	黄福星
深入浅出 Power Query M 语言	黄福星
深入浅出 DAX——Excel Power Pivot 和 Power BI 高效数据分析	黄福星
从 Excel 到 Python 数据分析:Pandas、xlwings、openpyxl、Matplotlib 的交互与应用	黄福星
云原生开发实践	高尚衡
云计算管理配置与实战	杨昌家
虚拟化 KVM 极速入门	陈涛
虚拟化 KVM 进阶实践	陈涛
Python 数据分析从 0 到 1	邓立文、俞心宇、牛瑶